电子技术与控制工程基础训练

钱培怡 仉宝玉 任 斌 编著

中国石化出版社

内 容 提 要

本书对以往所用教材的体系和内容进行了调整和完善，并将基础实验课程训练和专业实验课程训练进行了汇总，选编的实验项目强调工程实用性，着眼于培养和提高学生的工程设计、实验调试及综合分析能力。全书共分 6 章，主要内容有：电子电路的基本设计与训练、电路设计与 PCB 制作、电子工艺基本技能与训练、自动控制原理实验、单片机 C 语言基础训练和 EDA 基础知识与训练。

本书可作为高等院校各电类专业基础课和专业课的实验实训教材，也可作为其他非电类理工科专业学生的实验指导书。

图书在版编目（CIP）数据

电子技术与控制工程基础训练／钱培怡，仇宝玉，任斌编著 .—北京：中国石化出版社，2021.5
　ISBN 978-7-5114-6250-3

Ⅰ . ①电… Ⅱ . ①钱… ②仇… ③任… Ⅲ . ①电子技术 Ⅳ . ①TN

中国版本图书馆 CIP 数据核字（2021）第 084676 号

中国石化出版社出版发行
地址:北京市东城区安定门外大街 58 号
邮编:100011　电话:(010)57512500
发行部电话:(010)57512575
http://www.sinopec-press.com
E-mail:press@sinopec.com
北京科信印刷有限公司印刷
全国各地新华书店经销
*
787×1092 毫米 16 开本 21 印张 503 千字
2021 年 5 月第 1 版　2021 年 5 月第 1 次印刷
定价:60.00 元

前　言

随着教学改革的深入发展，对学生实践能力的培养已成为重中之重。本书是为普通高等院校实验课程改革而编写的。编写本书遵循的原则是适应当前对人才的需要，强化工程实践训练，培养创新意识和提高学生的综合素质。本书对以往所用教材的体系结构进行了调整，将基础实验课程训练和专业实验课程训练进行了汇总，选编的实验项目强调工程实用性，着眼于培养和提高学生的工程设计、实验调试及综合分析能力；变单元制教学为"主题+项目"式教学方式，更注重各知识点的系统和配合，突出基础训练和应用能力的培养，深入浅出，有利于学生在学习过程中牢固掌握并灵活应用所学的知识，真正做到学习和企业接轨。同时，该书紧跟电子技术发展新趋势，总结生产实践中的技术经验，具有较强的创新性和理论性。

本书的主要特点：

(1)内容设计具有创新性、针对性。着重培养学生电子电路设计、调试、训练、制作和整机装配工艺等，体现了理论与实训的相互融合、相互渗透。

(2)体验性好，通俗易懂。结合现代先进的教学手段和教学方法，对各知识点的关键处给出精准的解释和提醒。精心设计的实验项目既有硬件实验，又有软件仿真实验，涵盖了经典控制理论知识的重点和难点。

(3)内容全面，实例丰富。内容编写突出以掌握国内外流行的电子设计自动化技术为目标，以培养学生的创新意识为主导，以实践训练为主线。结合大量实例边学边做，从做中学，可以使学习更深入、更高效。

(4)实用性强。本书的最大特色是插入了许多实物图和操作步骤图，以便学生直观地理解、认识，更好地把理论与实践结合起来。

参加本书编写工作的单位有辽宁石油化工大学信息与控制工程学院和计算机与通信工程学院。其中第 1 章由钱培怡、仇宝玉、任斌编写；第 2 章由尹薇薇、李悦编写；第 3 章由钱培怡、仇宝玉、尹薇薇、杨洋、王艳编写；第 4 章由李悦、王惠秋编写；第 5 章由钱培怡、付贵增编写；第 6 章由任斌、王惠秋编写。

由于编者水平有限，错误、疏漏之处在所难免，恳请广大读者批评指正。

目　　录

第1章　电子电路的基本设计与训练

1.1　电子电路设计的目的要求及内容安排

电子电路设计是在模拟电子技术和数字电子技术学习的基础上，进行的实践性较强的综合训练。设计的内容既有综合性又有探索性，侧重于对理论知识的灵活运用，对提高学生的素质和科学实验能力非常有益。

在大学开设的相关课程中，有不少电路、电子技术方面的实验内容，但这些基础实验的着眼点是放在验证基本理论和电路性能上，学生通过这样的实验只能初步了解电路实验的步骤和基本方法，熟悉常用实验设备的使用方法，却很难有条件训练学生动手解决电路问题的能力。因此，不少高校在学生学完模拟电子技术基础和数字电子技术基础课程后，又增设了电子工艺实训和电子电路设计等相关实践环节，为学生创造一个既动手又动脑，独立开展电路电子技术实验的机会。学生既可以运用实验手段检验理论设计中的问题所在，又可运用学过的知识，指导电路调试工作，使电路功能更加完善，从而使理论和实际有机地结合起来，锻炼分析和解决电路问题的实际本领，真正实现由知识向能力的转化。

通过这种综合训练，学生可以初步掌握电子系统设计的基本方法，也能够提高动手组织实验的基本技能，对于提高学生的素质和科学实验能力非常有益。是高校突出基础技能、设计性综合应用能力、创新能力和计算机应用能力的培养，以适应培养面向21世纪人才的要求。

1.1.1　电子电路设计的目的

电子电路设计为电子技术学科的理论论证和实际技能的培养奠定了基础，可以加深理解重要的基础理论，通过实验现象掌握基本的操作技能和解决实际问题的能力。

1. 综合运用理论知识，选择电子电路的设计方案

电子电路设计的是实际的电路装置，涉及的知识面广，需要综合运用所学的理论知识，从实际出发，掌握查阅文献资料的一般方法，进行方案的比较及设计，得出较好的设计方案。

2. 通过实验调试，使理论设计逐步完善

电子电路设计不能只是理论设计，更需要搭建出实际的电路，学生们既可以运用实验手段检验设计中存在的问题，又可以运用所学过的知识指导电路调试，完善电路功能，从而使理论与实践相结合，实现学习由知识向能力的转化。

3. 通过设计与调试，掌握工程设计的方法及实施

电子电路设计的题目相对较为简单，学生利用所学的理论知识解决起来并不困难。电子电路设计的目的是让学生从理论学习的轨道逐渐向工程实际的方向转化，把过去熟悉的定性分析、定量计算逐步和工程估算、实验调试等手段结合起来，从而达到掌握工程设计的步骤和方法，了解实验的操作步骤和实施方案的目的，为今后从事电子系统的设计打下良好的基础。

4. 误差分析与测量结果的处理

在测量的过程中，由于各种原因，待测量的测量值和真实值之间总是存在一定差别，即测量误差。因此，要分析误差产生的原因，以及调整设计方案减少误差，使测量结果更加准确。

1.1.2　电子电路设计的要求

1. 电子电路设计的条件

电子电路设计是理论和实践相结合的教学实践，必须具备以下条件。

1）理论基础

学习过相关的理论课程及实验环节。掌握单元电路的基本工作原理，电路的分析方法和初步的电子电路设计方法。具有一定的实践经验，能够熟练地搭接电路并进行电路的调试。

2）硬件基础

理论的设计最终要通过实践的验证，因此应当具备完成电子电路设计、调试工作的基本实验条件。

2. 电子电路设计应达到的要求

基于电子电路设计的基本条件，教师做好组织教学工作，由学生独立完成，并达到以下几点要求：

（1）巩固和加深对电子电路基本知识的理解，培养学生综合运用所学理论知识的能力；

（2）培养学生查阅文献资料的能力，能够独立思考，综合运用知识分析问题、解决问题；

（3）能够进行方案的初步设计，根据性能指标要求选取元器件，并进行方案的性能比较，得到初步设计方案；

（4）掌握常用仪器设备的使用方法，能够进行简单电路的调试及性能指标测试，提高动手实践能力；

（5）掌握编写设计说明书的方法，能够正确反映设计成果和实验成果，能正确绘制电路图；

（6）通过电子电路设计，培养学生逐步树立严谨的科学作风和工作态度。

1.1.3　电子电路设计的内容

1. 题目选择

电子电路设计题目是否合适直接影响到教学效果，一般来说，应当从以下几个方面加

以考虑。

1）符合教学大纲要求

能够独立运用所学的电路、模拟电子技术、数字电子技术等的理论知识，进行基本的电子电路设计实践。对于需要深化和拓展的知识，教师应在设计过程中加以补充，并使学生能够理解和接受。

2）题目难易适中

设计题目应从学生实际出发，做到难易适中。既要保证设计内容对学生所学知识有一定的提升，包含足够的未知内容让学生去探索，还要保证学生能够在规定的时间内完成。由于学生水平不同，可因人而异，设定不同的题目。不同层次的学生能够经过自己的努力可以完成任务，并有所收获。不同题目之间要具有较为宽泛的范围以适应不同爱好的学生，让每个学生都有喜欢的设计题目。

3）反映电子技术的新水平

设计题目应当尽可能反映电子技术的最新水平，符合科学发展的前沿，具有一定的应用价值。通过设计，不仅使学生掌握新型电路和元器件，而且设计成果有一定的实用价值，有利于激发学生的学习兴趣，极大地提高教学效果。

2. 题目类型

本书中介绍的设计题目大致有以下三种类型。

1）电子电路仪器

如音频信号发生器设计、函数信号发生器设计、可调直流稳压电源设计、数字频率计电路设计等。

2）典型的电子电路

如数字压力称设计、多组竞赛抢答器设计、温度越限报警系统的设计、音调控制电路的设计、石英晶体振荡器设计等。

3）电子装置整机装配

如数字万用表的组装、半导体收音机的组装与调试、黑白电视机的组装与调试、无线对讲机的组装与调试等。

1.1.4　电子电路设计的安排

电子电路设计一般安排在一个学期内，视具体的条件而定，既可以集中进行也可以分散完成。理论设计可分散进行，实验及调试环节可集中进行。具体的设计，通常分为三个阶段。

1. 理论设计阶段

1）布置设计任务书

教师向学生下发设计任务书，规定技术指标及其他要求。在设计任务书中，对系统应完成的设计任务进行具体分析，充分了解系统的性能、指标、内容及要求，以便明确系统应完成的任务。设计任务书应明确规定：设计题目、设计时间、主要技术指标、给定条件和原始数据、所用仪器设备及参考文献等。

2）选定设计方案

方案选择是根据掌握的知识和资料，针对系统提出的任务、性能和条件，完成系统的设计功能。教师帮助学生明确设计任务，讲授必要的电路原理和设计方法。启发学生的设计思路，由学生进行方案比较，并选定设计方案。在这个过程中，要勇于探索，敢于创新，力争做到设计方案合理，功能齐全，运行可靠。根据选定的设计方案，画出系统框图。框图要正确反映系统应完成的任务和各部分组成及其功能，清晰地标出信号的传输关系。

3）分析计算

选定设计方案后，着手进行设计计算。系统是由单元电路组成的，为保证单元电路达到功能指标要求，需要用电子技术知识对参数进行计算，只有把单元电路设计好才能提高整体设计水平。在此过程中，使学生逐步掌握工程估算的方法，并能够根据计算的结果，按元件系列及标称值合理地选取元器件。然后按照选取的元器件，对电路性能进行验算，如能满足性能指标，则可认为理论设计完成。

2. 实验调试阶段

理论设计完成之后，即可开始实验安装调试。安装调试前，由指导教师介绍仪器设备及元器件的使用方法和使用注意事项，然后在教师的指导下，学生开始搭接电路，进行实验调试。利用电子仪表对电路的工作状态进行检查，排除电路中的故障，调整元器件，不断改进电路性能，使设计的电路实现设计的指标要求。

实验调试阶段是电子电路设计的难点和重点。这一阶段安排的时间较长，力求学生集中进行，便于教师的指导。通过实验调试，使学生掌握测量、观测的方法，学会查找电路问题，并能分析问题及解决问题，逐步改进设计方案，从而掌握电子电路的一般调试规律，增强实际动手能力。实践表明，即使按照设计的参数安装，往往也难以达到预期的效果，必须通过安装后的测试和调整，来发现和纠正设计中的不足和安装的不合理，然后采取措施加以改进，使系统达到预定的技术指标。

3. 总结报告阶段

设计报告是学生对设计的全过程做出系统的总结报告，是对学生书写科学论文和科研总结报告的能力训练。通过书写设计报告，不仅把设计、组装、调试的内容进行全面的总结，而且把实践内容上升到理论高度。设计报告的内容应包括以下几个方面：

（1）设计任务书及主要技术指标和要求；

（2）方案论证及整机电路工作原理；

（3）单元电路的分析设计、元器件选取；

（4）实际电路的性能指标测试；

（5）设计结果的评价；

（6）收获与心得体会。

在设计报告中，应说明设计的特点和存在的问题，提出改进的设计建议。对调试过程中出现的主要问题也应该做出分析，从理论和实践两个方面找出问题的原因及改进措施和效果。设计报告的书写要文理通顺、书写简洁、符号标准、图表齐全、讨论深入、结论简明。

1.1.5　电子电路设计的考核

学生完成电子电路设计后，由指导教师根据学生的综合表现评定成绩。具体包括电路基本知识的掌握程度，选定方案是否合理，计算是否准确，电路的搭接及测量、调试能力，独立分析问题、解决问题的能力，创新精神，报告的撰写水平，严谨的治学态度等。教师对每个学生的设计做出评语，成绩按优、良、中、及格和不及格五个等级评定。

1.2 电子电路设计的教学方法

1.2.1 电子电路设计的目的

电子电路设计的目的是培养学生的自学意识，增强独立分析问题、解决问题及动手实践的能力。

1. 培养学生的自学意识

电子电路设计以学生自学为主，对于模拟电子电路和数字电路理论上讲授过的内容，设计时不必重复讲解。教师只要根据设计任务，提出参考书目，由学生自学。电子电路设计重点培养学生的自学能力，对于设计中的重点和难点，通过典型分析和讲解，启发学生自主思维，帮助学生掌握自学的方法。培养学生查阅文献资料的能力，遇到问题时，通过独立思考、借助工具书，得到满意的答案。

2. 提高独立分析问题、解决问题的能力

电子电路设计是一个动脑又动手的综合实践项目，要提高学生独立分析问题、解决问题的能力，需要让学生在实践中开动脑筋，积极探索，充分发挥学习的主动性和创造性。在时间的安排上，要给学生留出时间去钻研问题，独立地解决实践中的问题。通过学生间的讨论交流，互相启发，集思广益。

3. 提高学生动手实践能力

关键是让学生把动脑和动手有机结合起来。为了培养学生严谨的科学作风，从理论分析计算到动手实验，每一步都要按规定去做。由学生自选元器件及所需仪器设备，独立测量、调试并对实验结果做出分析和处理。让学生明确每一步操作的目的和应得到的结果，遇到问题能够找到原因并及时解决。

电子电路设计是对学生的综合训练，为了培养学生严谨的科学作风，设计过程中要引导学生每一步都要按规定去做，符合规范标准，把虚拟的课题实例化。通过设计，既增加了学生的动手能力，又拓展了理论知识。

1.2.2 模拟电路设计的基本方法

电子电路设计为学生创造了一个动手又动脑，独立开展电路电子技术实验的机会。学生可以运用实验手段检验理论设计中的问题，又可运用学过的知识，指导电路调试工作，使电路功能更加完善，从而使理论和实际有机地结合起来，锻炼分析和解决电路问题的实际本领，真正实现由知识向能力的转化。通过这种综合训练，学生可以初步掌握电子系统设计的基本方法，也能够提高动手组织实验的基本技能，为以后参加各种电子竞赛以及进行毕业设计打下良好的基础。

无论是在生产还是生活中，人们越来越多地使用一些电子设备和装置，如：扩音机、

录音机、示波器、正弦信号发生器、报警器、温控装置等，这些都属于模拟电路。尽管用途不同，但从工作原理来看，有着共同之处。

1. 模拟电路的组成

模拟电路一般由传感器件、信号放大器与变换电路（模拟电路）和执行机构组成，如图1.2-1 所示。

图 1.2-1　模拟电路的组成方框图

1）传感器件

各种模拟电路都需要输入或产生一种连续变化的电信号，这种信号可以由专门的部件把非电的物理量转换为电量，这种部件通常称为传感器。例如：话筒、磁头、热敏器件、光敏器件等。也有些设备无需这种转换，而是直接由探头输入或电路本身产生电信号，如示波器、信号源等。

2）模拟电路

必须把得到的电信号进行放大或者变换，通过对信号的放大或者变换，使信号具有足够大的能量，以实现人们所预期的功能服务。

3）执行机构

电路中都设置了不同的执行机构，如喇叭、电铃、继电器、示波器、表头等，把传来的电能转换成其他形式的能量，以完成人们需要的功能。

2. 模拟电路设计的主要任务

电子系统中，无论是传感器送来的电信号，还是直接输入或电路本身产生的电信号一般都是十分微弱的，往往不能推动执行机构工作，而且有时信号的波形也不符合执行机构的要求，所以需要对这种信号进行放大或者变换，才能保证执行机构的正常工作。可见，信号放大和信号变换是模拟系统设计的主要任务。

3. 模拟电路设计的教学方法

随着生产工艺水平的提高，线性集成电路和各种具有专用功能的新型元器件迅速发展起来，给电子系统设计工作带来了很大的变革。但是，从我国现有的条件来看，集成元件的生产，无论品种还是数量，还不能满足电子技术发展的需求，所以，分立元件的电路还在大量地应用。而这种分立件电路的设计方法，主要是运用基本单元电路的理论和分析方法，比较容易为初学设计者所掌握。另外，有助于学生熟悉各种电子器件，掌握电路的设计基本程序和方法，学会布线、组装、测量、分析、调试等基本技能。理论知识告诉我们，任何复杂的电路，都是由简单的单元电路组合而成的。所以，要设计一个复杂的电子系统，可以分解为若干具有基本功能的电路，如放大器、振荡器、整流器、波形变换电路等，然后分别对这些单元电路进行设计。使一个复杂任务变成简单任务，利用我们学过的知识即可完成。

在各种基本功能电路中，放大器是最基本的电路形式，其他电子线路多是由放大器组合或派生而成的。如振荡器是由基本放大器引入正反馈后形成的，恒压源、恒流源是由基本放大电路引入负反馈后形成的，多级放大电路是由基本放大电路通过直接耦合、阻容耦合及变压器耦合而成的。因此，基本放大电路的设计是模拟电路的设计基础与核心。

1）明确系统的设计任务要求

对系统的设计任务进行具体分析，充分了解系统的性能、指标、内容及要求，以便明确系统设计应完成的任务。实现某一性能指标的电路，设计方案是多种多样的，设计的方法灵活性大，没有固定的程序和方法，通常根据给定的条件和要求的技术指标来加以确定。如功率放大电路设计，需要考虑的主要性能指标有：输出功率足够大、效率要高及非线性失真要小。根据输出功要率确定电路组成，大功率放大器一般选择变压器耦合乙类推挽电路。

2）方案选择

方案选择是根据系统提出的任务完成系统的功能设计，把系统要完成的功能划分为若干单元电路，并画出能表示各单元功能的整机原理框图。在方案设计过程中，力争做到方案设计合理、可靠、经济、功能完备、技术先进，并针对设计方案不断进行可行性和优缺点的分析，最后设计出一个完整系统框图。框图包括系统的基本组成和各单元电路之间的相互关系，并能够正确反映系统应完成的任务和各组成部分的功能。

3）元器件参数的计算

根据系统的性能指标和功能框图，明确各单元电路的设计任务。根据学习过的理论知识，在对基本电路进行分析的基础上，根据各单元电路的性能指标要求，分别计算元器件参数。元器件参数的计算通常都是从输出级开始逐级向前计算，如大功率放大器，首先设计输出级，根据输出功率，提出对晶体管参数的要求，再选择晶体管型号。然后按照输出管应当提供的功率指标和负载求得变压器的变比和功率级的元器件参数。最后根据输出级所需的激励功率、输出级的输入阻抗设计激励级。具体设计时，可以模拟成熟的电路，也可以根据设计需求进行改进与创新，但都必须保证性能要求。不仅要保证单元电路本身设计要合理，而且要保证各单元电路间要相互配合，注意各部分的输入信号、输出信号和控制信号的关系。只有很好地理解电路的工作原理，正确利用计算公式，计算的参数才能满足设计要求。

4）元器件选取

理论计算出的参数值，往往不是元器件的标称值，必须根据参数的计算结果，按照元器件系列及标称值选取元器件，以便实验中选件组装。

（1）阻容元件的选择　电阻和电容元件种类很多，不同的电路对电阻和电容的要求也不同。设计时要根据电路的要求选择性能和参数合适的阻容元件，并要注意功耗、容量、频率和耐压范围是否满足要求。

（2）分立元件的选择　分立元件包括二极管、晶体三极管、场效应管、光电二极管、光电三极管、晶闸管等，应根据设计要求分别选择。选择的器件种类不同，注意事项也不同。例如，选择晶体三极管时，要注意是 NPN 型还是 PNP 型管，是高频管还是低频管，是大功率管还是小功率管，并注意管子的相关参数是否满足电路设计的指标要求。

（3）集成电路选择　由于集成电路可以实现很多单元电路甚至整机电路的功能，所以选用集成电路来设计单元电路和整体电路既方便又灵活，不仅使系统体积减小，而且性能可靠，便于调试及运用。集成电路不仅要在功能和特性上实现设计方案，而且要满足功耗、电压、速度、价格等多方面的要求。集成电路的型号、原理、功能、特征可查阅相关手册。

5）技术指标的校核

因选取的元器件的标称值同理论计算值不同，最后还需要按照实际选用的元件标称值按理论计算公式或工程估算公式进行校验核算，若符合指标要求可确定为预订设计方案。否则，需要重新设计及计算，再选择合适的元器件。

6）电路图的绘制

电路图的绘制通常是在系统框图、方案选择、元器件参数计算、元器件选取、技术指标校核的基础上进行的，它是组装、调试和维修电路的依据。绘制电路图时应注意以下几点：

（1）布局合理　电路图的绘制要布局合理，有时一个总电路图是由几部分组成，绘图时应尽量把电路图画在一张图纸上。如果电路图比较复杂，需绘制几张电路图，则应把主电路画在同一张图纸上，把一些比较独立或次要的部分画在另外的图纸上，在图的断口处做上标记，标出信号从一张图到另一张图的引出点和引入点，说明各图纸在电路连接之间的关系。为了便于看清各单元电路的功能关系，每一个功能单元电路的元器件应集中布置在一起，并按工作顺序排列，有利于对图的理解和阅读。

（2）注意信号的流向　电路图一般应从输入端或信号源开始，由左至右或由上至下，按信号的流向依次画出各单元电路，反馈通路的信号流向则与此相反。

（3）图形符号要标准　图形符号表示器件的概念，符号要标准，图中应加适当的标注。其中，电路图中的中、大规模集成电路器件，一般用方框图表示，在方框中标出它的型号，在方框的边线两侧标出每根线的功能名称及管脚号。

（4）连线要规范　电路连线应为直线，并且交叉和折弯较少，一般不画斜线，互相连通的交叉点处用圆点表示。根据需要，可以在连接线上加注信号名和其他标记，表示其功能或去向。有的连线可用符号表示，如电源一般用电压数值表示，地线用符号表示。

设计的电路是否满足设计要求，必须通过组装、调试进行验证。模拟电路设计没有固定的模式，电路设计的性能指标要求往往是多方面的，有时这些要求之间又会相互矛盾。对一个实际电路而言，并非要求面面俱到，应该根据实际情况，分清主次，才能在设计中做出最佳的设计方案。

1.2.3　数字电路设计的基本方法

随着计算机技术的发展，数字系统在自动控制、广播通信和仪表测量等方面得到了广泛的应用。设计与制造具有特定功能的数字电路，是电子工程技术人员必须掌握的基本技能。

1. 数字电路的组成

数字电子系统是运用数字电子技术实现某种功能的电子系统。在自动控制、广播通信和仪表测量等方面已经得到了极为广泛的应用。从电路结构来看，多是由一些单元数字电路组成。因为各种系统功能不同，具体电路组成上也有很大区别。但是从系统功能上来看，各种数字系统都有共同的原理方框图（图1.2-2）。从图中可以看出，数字电子系统分为四个部分。

1）输入电路

输入电路包括传感器、A/D转换器和各种接口电路。其主要功能是将待测或被控的连续变化量，转换成在数字电路中能工作和加工的数字信号。这一变换过程，经常是在控制电路统一指挥下进行。

2）控制电路

控制电路包括振荡器和各种控制门电路。

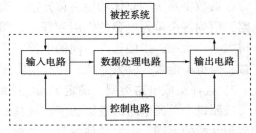

图1.2-2 数字电路的组成方框图

主要功能是产生时钟信号及各种控制节拍信号。它是全电路的神经中枢，控制着各部分电路统一协调工作。

3）数据处理电路

数据处理电路包括存储器和各种运算电路。主要功能是加工和存储输入的数字信号和经过处理后的结果，以便及时地把加工后的信号送给输出电路或控制电路。它是实现各种计数、控制功能的主体电路。

4）主体电路

主体电路包括D/A转换器、驱动电路和各种执行机构。主要功能是将经过加工的数字信号转换成模拟信号，再做适当的能量转换，驱动执行机构完成测量和控制等任务。

以上四个部分中，控制电路和数据处理电路是整个电路的核心环节。

2. 数字电路设计的主要任务

一般说来，数字电路装置的设计应当包括：数字电路的逻辑设计、安装调试，最后做出符合指标要求的数字电路装置。电路的逻辑设计部分，也称为电路的预设计。电路的预设计有两部分任务要完成。

1）数字电路的系统设计

根据数字装置的技术指标和给定的条件，选择总体电路方案。所谓总体方案就是按整机的功能要求，选定若干具有简单功能的单元电路，使其级联配合起来完成复杂的逻辑任务。

2）单元电路的设计

根据单元电路的类型（组合电路/时序电路），将其逻辑要求用真值表、状态表、卡诺图等表示出来，然后用公式法或卡诺图法化简，求得最简的逻辑函数表达式，最后按表达式画出逻辑图。

由于数字集成电路的迅速发展，各种功能的单元电路已经由厂家制成中大规模的器件大批生产，只要选取若干集成器件，很容易实现某些专用的逻辑功能。所以，要求设计者具有一定的集成电路的知识，熟悉各种集成器件的性能、特点和使用方法，以合理选择总体方案，恰当地使用器件。当没有合适的集成器件组成单元电路时，仍需采用逻辑电路的一般设计方法，由基本逻辑门和触发器组成单元电路。

3. 数字电路设计的基本方法

1）分析任务要求，确定总体方案

根据数字系统的总体功能，首先把一个较复杂的逻辑电路分解为若干个较简单的单元电路，明确各个单元电路的作用和任务，然后画出整机的原理方框图。每个原理方框不宜分得太小、太细，以便选择不同的电路或器件，进行方案比较，同时也便于单元之间相互连接；但也不能太大、太笼统，使其功能过于繁杂，不便于选择单元电路。

2）选择集成电路类型，确定单元电路的形式

按照每个单元电路的逻辑功能，选择一些合适的集成器件完成需要的工作。由于器件类型和性能的不同，需要器件的数量和电路连接形式也不一样。所以，需要将不同方案进行比较。一般情况下，选择性能可靠、使用器件少、成本低廉的方案。同时，也应考虑元器件容易替换、购置方便等实际问题。有的逻辑单元没有现成集成器件可用，需要按一般逻辑电路设计的方法进行设计。但要充分利用已有条件和变量间的约束，求出最简表达式，最后实现逻辑电路时，应尽可能减少基本逻辑单元的数目和类型。

3）单元电路的连接问题

各单元电路选定之后，还要认真仔细地解决它们之间的连接问题。要保证各单元之间在时序上协调一致，并能稳定工作，应当避免竞争冒险现象和相互之间的干扰。在电气特性上应该相互匹配，保证各部分的逻辑功能得以实现。注意计数器初始状态的处理，解决好电路的自启动问题。

4）画出整机框图和逻辑电路图

以上各部分设计完毕之后，画出整机框图和逻辑图。框图能扼要地反映整机的工作过程和工作原理，要求清晰地表示出控制信息和数字信息的流动方向。逻辑电路图是电路的实施图纸，应当清晰、工整、符合电路图纸制图原则。

（1）要标明输入端和输出端，以及信息流动方向；

（2）通路尽可能用线连接，不便连接时，应在断口两端标出，互相连通的交叉线应打点标出；

（3）同一电路分作两张以上绘制时，应用同一坐标系，并应标明信号的连接关系；

（4）所使用的元器件逻辑符号应符合国家标准。

4. 组合逻辑电路的设计方法

在数字电路中，根据逻辑功能的不同特点，可以把数字电路分为两类：一类是组合逻辑电路（简称组合电路），另一类是时序逻辑电路（简称时序电路）。在组合电路中，任意时刻的输出信号仅取决于该时刻各个输入信号的取值，与电路原来的状态无关。由于电路中不含有记忆元件，所以输入信号作用前的电路状态，对输出信号没有影响。组合电路的设计是根据给定的实际逻辑问题，设计出满足这一逻辑功能的最简逻辑电路。所谓最简，是指电路所用的器件数最少，器件的种类最少，而且器件间的连线也最少。组合逻辑电路设计的基本方法如下。

1）分析设计要求

在许多情况下，提出的设计要求是用文字描述的一个具有一定因果关系的事件，需要根据设计要求，把文字叙述的实际问题转换成用逻辑语言表达的逻辑功能。需要对各个条件和要求进行一定的抽象和综合，明确哪些是输入变量，哪些是输出变量。一般来说，总是把引起事件的原因定为输入变量，而把事件的结果作为输出变量，同时分析输入变量和输出变量之间的关系。

2）列逻辑真值表

以二值逻辑的 0、1 两种状态分别表示输入变量和输出变量的两种不同状态，进行逻辑变量赋值。并按变量之间的关系列出逻辑真值表。至此，便将一个实际的逻辑问题抽象为一个逻辑函数了，且以真值表的形式给出。

3）写出逻辑函数式

为了便于对逻辑函数进行化简和变换，需要把真值表转换为对应的逻辑函数式。

4）选定器件的类型

为了产生所需要的逻辑函数，既可以用小规模集成的门电路组成相应的逻辑电路，也可以用中规模集成的常用组合逻辑器件等构成相应的逻辑电路。应根据对电路的具体要求和器件的资源情况决定采用哪一种类型的器件。

5）逻辑函数化简

由真值表列出函数表达式进行化简时，根据变量的数量选择不同的化简方法。一般变量较少时，采用卡诺图方法，简单易行。变量超过 5 个时，通常采用公式法进行化简或变换。

在进行函数化简或变换过程中，需要注意：

（1）充分利用逻辑变量之间的约束条件化简函数，以便得到比较简单的表达式；

（2）结合给定或选用的元器件类型，求得最佳逻辑表达式。

在使用小规模集成的门电路进行设计时，为获得最简的设计结果，应将函数式化成最简形式，即函数式中相加的乘积项最少，而且每个乘积项中的因子也最少。在使用中规模集成的常用组合逻辑电路设计电路时，需要把函数式变换为适当的形式，以便能用最少的器件和最简的连线接成所要求的逻辑电路。

6）画出逻辑电路的连接图

按照化简后的最简逻辑表达式，画出逻辑电路图。

7）工艺设计

为了把逻辑电路实现为具体的电路装置，还需要做一系列的工艺设计工作，包括机箱、面板、电源、显示电路、控制开关等，最后完成组装与调试。

组合逻辑电路的设计，应是在电路级数允许的条件下，使用器件少，电路简单，成本低廉。如果器件数目相同，输入端总数最少的方案较佳。

5. 时序逻辑电路的设计方法

在数字电路中，任一时刻的输出信号不仅取决于该时刻的输入信号，而且还与电路原来的状态有关，这种电路称之为时序逻辑电路，简称时序电路。从电路的组成来看，时序逻辑电路不仅包含组合电路，还包含具有记忆功能的存储电路，因此时序电路的分析与设计比组合逻辑电路的分析与设计要复杂。

1）时序电路的分析方法

（1）时序逻辑电路的描述方法

为了描述时序电路的逻辑功能，通常需要用三个逻辑方程式表达：

① 输出方程　表示输出量与输入量及存储电路的现态之间的关系；

② 状态方程　表示存储电路的次态与它的现态及驱动信号之间的关系；

③ 驱动方程　表示存储电路的驱动信号与输入变量及存储电路的现态之间的关系。

上述三个方程可以全面地反映时序逻辑电路的功能，为了更加直观、形象，还需要借助于一些图表来描述时序逻辑电路的功能。

① 状态表　表格形式反映电路的输出、次态和输入、现态的对应取值关系；

② 状态图　用几何图形反映状态转换规律及相应输入、输出取值的情况；

③ 时序图　用随时间变化的波形图来表达时钟信号、输入信号、输出信号及电路状态等取值的关系，又称为工作波形图。

（2）时序电路的分析方法

分析时序逻辑电路就是求出给定时序电路的状态表、状态图或时序图，从而确定电路的逻辑功能和工作特点。一般分析步骤如下：

① 写逻辑方程式　从给定的电路中，首先根据触发器的类型和时钟触发方式，写出触发器的特性方程，以及各触发器的时钟信号和驱动信号的表达式，并根据电路写出输出信号的逻辑表达式。

② 求状态方程　将驱动方程代入相应触发器的特性方程，求得各个触发器次态的逻辑表达式，即状态方程。状态方程必须在时钟信号满足触发条件时才成立。

③ 依次按现态和输入的取值求次态和输出　根据给定的输入条件和现态的初始值依次求次态和输出，如果没有给出以上条件，则依次按假设现态和输入的取值，求出相应的次态和输出。计算过程不要漏掉任何可能出现的现态和输入的取值组合，并且均应把相应的次态和输出求出。

④ 列状态表、画状态图（或时序图）　状态表表示输入、现态和时钟条件满足后的次态及输出的取值关系，其中，输出是现态的函数，即输出取值是由输入和现态决定的。根据状态表画状态图或时序图。

⑤ 说明逻辑功能　根据分析结果，说明时序电路的逻辑功能和特点。

2）同步时序逻辑电路的设计方法

时序逻辑电路的设计是时序逻辑电路分析的逆过程，根据设计所要求的逻辑功能，画出实现该功能的状态图或状态表，然后进行状态化简及状态分配，求状态方程、输出方程并检查能否自启动，求各个触发器的驱动方程，最后画出逻辑电路图。

设计所得到的设计结果应力求简单。当选用小规模集成电路做设计时，电路最简的标准是所用的触发器和门电路的数目最少，而且触发器和门电路的输入端数目也最少。当使用中、大规模集成电路时，电路最简的标准是使用的集成电路数目最少，种类最少，而且相互间的连线也最少。

（1）逻辑抽象 分析给定的逻辑问题，确定输入变量、输出变量以及电路的状态数。通常都是取原因作为输入变量，结果作为输出变量。定义输入、输出逻辑状态和每个状态的含意，并将电路状态顺序编号。

（2）列出原始状态图或状态表 根据设计功能要求，确定输入变量和输出变量、现态和次态及它们之间的逻辑关系，列出满足设计要求的状态图或状态表。

（3）状态化简 在初步建立的状态表或状态图中，常有多余的状态。状态越多，设计的电路需要的触发器数目越多。因此，在满足设计要求的前提下，状态越少，电路越简单。

（4）状态编码 按照化简后的状态数，确定触发器的数目，并选择触发器的类型，进行状态编码，列出编码状态转换表。状态分配的情况，直接关系到状态方程和输出方程是否最简，实现方案是否最经济，往往需要仔细考虑，多次比较才能确定最佳方案。

（5）选定触发器类型 因为不同功能的触发器驱动方式不同，所以用不同类型触发器设计出的电路也不一样。因此，在设计具体的电路前，必须选定触发器的类型。选择触发器类型时，应考虑到器件的供应情况，并应力求减少系统中使用的触发器种类。

（6）求状态方程、输出方程、驱动方程 用卡诺图或公式法对状态表化简，求出次态的逻辑表达式和输出函数的表达式。根据所选触发器的类型，从状态方程求出各个触发器的驱动方程。

（7）画逻辑电路图 根据得到的方程式画逻辑电路图。

（8）检查电路能否自启动 如果电路不能自启动，需要采取措施加以解决。可以在电路开始工作时通过预置数将电路的状态置成有效循环中的某一种，或通过修改逻辑设计加以解决。

3）异步时序逻辑电路的设计方法

在异步时序逻辑电路中，各触发器的时钟脉冲不是同一个信号，而是根据翻转时刻的需要引入不同的触发信号。异步时序电路的设计，要把时钟脉冲作为未知量适当选择，其他步骤与同步时序电路相似，电路组成较同步时序电路简单。其设计方法如下：

（1）分析设计要求，建立原始状态图；

（2）确定触发器的数目及类型，选择状态编码；

（3）画时序图，选择时钟脉冲；

（4）求状态方程、输出方程，检查能否自启动；

（5）求驱动方程；

（6）画逻辑电路图。

1.3 电子电路的识图、测量和调试方法

电子电路的识图，就是对电路进行分析，识图能力体现了对所学知识的综合应用能力。通过识图，开阔了视野，可以提高评价性能优劣的能力和系统集成的能力，为电子电路在实际中的应用提供有益的帮助。

1.3.1 基本电路的分析方法

为了能顺利识图，读者需要掌握基本电路的基本分析方法。

1. 基本电路

以模拟电路为例，基本电路包括：

（1）基本放大电路；

（2）电流源电路；

（3）集成运算放大电路；

（4）有源滤波电路；

（5）正弦波振荡电路；

（6）电压比较器；

（7）非正弦波发生电路；

（8）波形变换电路；

（9）信号转换电路；

（10）功率放大电路；

（11）直流电源。

2. 分析方法

1）小信号情况下的等效电路法

用半导体的低频小信号模型取代放大电路交流通路中的三极管，即可得到放大电路的交流等效电路，由此可估算放大倍数、输入电阻和输出电阻。

2）反馈的判断方法

反馈的判断方法包括有无反馈、反馈元件、正反馈和负反馈、直流反馈和交流反馈、电压反馈和电流反馈、串联反馈和并联反馈。正确判断电路中引入的反馈是读电路的基础。

3）集成运放应用电路的识别方法

根据集成电路处于开环还是闭环及反馈的性质，可以判断电路的基本功能。若引入负反馈，则构成运算电路，可实现信号的比例、加法、减法、积分、微分、指数、对数、乘法和除法等运算功能。若引入正反馈或处于开环状态，则构成电压比较器，可实现波形变换功能。

4）运算电路运算关系的求解方法

在运算电路中引入深度负反馈时，可认为集成运放的净输入电压为零（即虚短），净输入电流为零（即虚断）。以虚短和虚断为基础，利用基尔霍夫电流定律或叠加定理即可求出输出与输入的运算关系式。

5）电压比较器电压传输特性的分析方法

求解电压比较器的电压传输特性采用三要素法，即输出的高低电平、阈值电压和输出电压在输入电压过阈值时的跃变方向。

6）波形发生电路的判振方法

对于正弦波振荡电路，首先判断波形发生电路的基本组成是否包含了基本放大电路、反馈网络、选频网络和稳幅环节，然后判断放大电路是否处于放大模式，再判断电路是否符合正弦波振荡的相位条件，最后看幅值条件是否满足。只有上述条件都满足，电路才能产生振荡。

7）功率放大电路最大输出功率和转换效率的分析方法

首先求出最大不失真输出电压，然后求出负载最大输出功率。再求得电源的平均功率，输出功率与电源的平均功率之比即为转换效率。

8）直流电源的分析方法

直流电源的分析方法包括整流电路、滤波电路、稳压管稳压电路、串联型直流稳压电路、三端稳压电路和开关型稳压电路的分析方法。针对不同的电路分别采用对应的分析方法，得出它们的主要参数。

1.3.2　识图的步骤

在分析电子电路图时，首先将整个电路分解成若干具有独立功能的单元电路，进而弄清楚每一单元电路的工作原理和主要功能，然后分析各单元电路之间的联系，从而得出整个电路所具有的的功能和性能特点，必要时再进行定量估算。

1. 了解功能

了解所读电路用途，对于分析整个电路的工作原理、各部分功能以及性能指标均有指导意义。对于已知电路均可根据其使用场合而大概了解其主要功能，有时还可以了解电路的主要性能指标。

2. 划分电路

将所读电路分解为若干具有独立功能的单元电路，具体的分解与电路的复杂程度、读者对基本电路的掌握程度和读图经验有关。有些电路的组成具有一定的规律，如集成运放一般由输入级、中间级、输出级和偏置级四个部分组成，而串联型稳压电源一般由调整管、基准稳压电源、输出电压取样电路、比较放大电路、保护电路和启动电路等组成。

3. 单元电路分析

分析各单元电路的工作原理和主要功能。分析功能不但要求读者能够识别电路的类型，而且还能分析电路的性能特点，这是确定整个电路功能和性能的基础。

4. 整体电路分析

首先，将各单元电路用框图表示，并采用适合的方式，如文字、表达式、曲线、波形等表述其功能。然后，根据各单元电路的联系将框图连接起来，得到整体电路的方框图。由方框图不仅能直观地看出各单元电路如何相互配合以实现整体电路的功能，还可定性地分析出整个电路的性能特点。

5. 性能估算

对各单元电路进行定量估算，从而得到整个电路的性能指标。从估算过程可以获知每一单元电路对整体电路的哪一性能产生怎样的影响，为调整、维修和改进电路打下基础。

1.3.3　电子电路的测量方法

电子电路安装完毕，需要借助仪表，通过实验的方法测量出电路的有关性能指标。测量结果不仅仅验证理论设计是否达到技术指标的要求，而且还能发现电路中的新问题，并提出改进设计的意见和措施，从而使设计的电路更加完善。

1. 电子测量的范畴

一般来说，采用电子技术进行测量都属于电子测量的范畴，本书主要介绍在电子电路中，测量有关电量值的过程，归纳起来大致有三个方面：

（1）电能的测量　电能的测量包括电流、电压和电功率的测量；

（2）电路参数的测量　包括测量电子元件参数和电路阻抗、品质因数以及分布参数等；

（3）电信号的测量　包括信号的波形、频率、相位以及干扰噪声等。

2. 电子测量的方法

1）直接测量

直接测量是指通过测量仪表，直接得到测量值的方法。例如，用电压表测量某元器件的电压。

2）间接测量

间接测量是指利用直接测量的量与被测量的已知函数关系，得到被测量值的方法。这种方法常用于被测量的量不便于直接测量，或者间接测量的结果比直接测量更为准确的场合。例如，测量放大器的电压放大倍数，一般是分别测量输出电压和输入电压的有效值，再通过计算得到。

在选择测量方法时，应首先研究被测量量本身的特性及所需要的精确度、实验条件及所具有的测量设备等因素，综合考虑后，确定采用哪种测量方法和选择哪些测量设备。一个正确的测量方法，可以得到好的结果，否则，不仅测量结果不可信，而且有可能损坏测量仪器、仪表和被测设备或元器件。

3. 电子测量的特点

1）电子测量范围宽、量程广、精度高、速度快

电子测量由于具有测量频率范围宽、量程广、精度高、速度快，易于实现测量技术的特点，已经广泛应用于现代科学各个领域，且测量技术不断地发展。

2）电子测量方法有别于物理测量方法

电子测量的对象是各种电量，是看不见、摸不着的，不像长度、质量那样可以由人的感官觉察到，所以必须借助于电子仪器、仪表间接地反映它们的数值和变化规律。因此，要想掌握电子测量的方法，必须掌握常用电子仪器的使用方法，以便根据测量要求正确地选择使用。

3）电子测量需掌握测方法和测量技术

电子测量不仅要借助于仪器、仪表等工具，还需要掌握基本的测量方法和测量技术。测量一个电量的方法是多种多样的，需要掌握测量的方法和技巧，使得测量的方法既简单、误差又小。例如，测量电流，可以直接用电流表来测量，若受到环境限制不能用电流表测量时，就需要改换成测量电压，或用波形比较的方法间接测量。

4. 误差的种类和产生的原因

电子测量所得到的值和真实值之间总是有误差的。对于测量误差的大小和起因应有正确的分析，才能取得较为准确的测量结果。电子测量过程中，引起误差的原因很多，如仪

器精度、测量方法、实验环境等，必须对误差进行分析研究，才能掌握其规律，得到比较精确的测量结果。

1) 误差

误差就是测量结果与真实值的差别。产生误差的原因多种多样，有的是人们对规律认识有局限性，不能正确地把某些实际量值反映和测量出来，有的是测量仪器、仪表不精确，有的是测量方法不严密，甚至工作疏忽或错误造成的。

2) 误差的表示方法

（1）绝对误差

绝对误差为测量值与真实值的偏差，其表示公式为：

$$\Delta x = x - x_0 \qquad\qquad (1.3-1)$$

式中，Δx 为绝对误差；x 为测量值；x_0 为真实值。绝对误差虽然能够反映误差的大小，但实际测量中，往往只有测量值，真实值尽管客观存在，却很难确定，一般把理论计算值或更高一级的标准仪器测量的值作为(代替)真实值。

（2）相对误差

绝对误差往往不能确切地反映被测量的准确程度，因此，工程上常采用相对误差来比较测量结果的准确性。相对误差是绝对误差与真实值的比值，通常用百分数来表示。其表示公式为：

$$\gamma = \frac{\Delta x}{x_0} \times 100\% \qquad\qquad (1.3-2)$$

3) 误差的分类及处理

按误差的性质和特点可分为系统误差、随机误差和疏失误差。

（1）系统误差

系统误差是指在相同的条件下，重复测量同一个被测量时，误差保持恒定，或随着条件的改变，误差随之有规律地变化。

系统误差产生的原因很多，如测量仪器精度不高，测量仪表使用不当，测量环境变化及测量方法不完善等。系统误差的原因多种多样，但总是有规律的。根据系统误差产生的原因，采取一定的措施，是可以预测、消除和减小的。处理系统误差的方法，应从以下几个方面考虑：

① 检查系统误差是否存在，并估计大小；

② 分析造成系统误差的原因，凡有可能消除或减小的系统误差，尽量在测量前消除；

③ 不能在测量前消除的系统误差，可在测量过程中采取某些措施，尽可能消除其影响；

④ 估计测量结果中残存的系统误差值、范围和变化趋势。

（2）随机误差

随机误差又称为偶然误差，是指在相同条件下重复测量同一个量时，误差发生不规律的变化。随机误差是由一些微小的、互不相关的干扰因素造成的，如噪声干扰、电磁场的微小变化、空气扰动等，是不能预计和控制的，也不能用实验的方法减小或消除。但可通过多次测量，采用统计的方法估测，取算术平均值来消除随机误差的影响。

（3）疏失误差

疏失误差是一种过失误差，是指由于测量者对仪器不了解、粗心，测量条件的突然变化等导致读数不正确而引起的。对于疏失误差，必须根据统计检验方法和某些准则去判断哪个测量值属于异常值，然后去除。

1.3.4　电子电路的调试方法

在电子电路设计时，不可能周密地考虑各种复杂的客观情况，必须通过电子系统安装后的测试，来发现和调整设计方案中的不足，然后采取措施加以改进，使设计达到预定的技术指标。电子电路的调试是电子电路设计的重要环节之一，要求理论和实际紧密结合，既要掌握理论知识，又要熟悉实验方法，才能做好电路的调试工作。

1. 调试前的直观检查

电路组装完毕，在通电前先要仔细检查电路，对连线、元件、电源进行认真检查。

1）连线检查

检查电路连线是否正确，包括是否有错线、少线和多线。

（1）按照电路图检查安装的线路　根据电路图连线，按一定顺序逐一检查安装好的线路，较易发现错线或少线。

（2）按照实际线路来对照原理图进行查线　以元件为中心进行查线，把每个元件引脚的连线一次查清，检查每个引脚的去向在电路图上是否存在，不但可以查出错线和少线，还容易查出有无多线的情况。

2）元件检查

检查元器件引脚之间有无短路，连接处有无接触不良，二极管方向、三极管引脚、集成电路、电解电容等是否连接有误。

3）电源检查

检查直流电源极性是否正确，信号源连线是否正确，电源端对地是否存在短路。

电路经过上述检查并确认无误后，可以转入调试阶段。

2. 模拟电路的一般调试方法

模拟电路都是由各种功能的单元电路组成，一般有两种调试方法。一种方法是安装好一级电路即调试一级电路，采用逐级调试的方法；另一种方法是组装好全部电路，统一调试。

1）调试步骤

（1）通电观察　把经过准确调试的电源接入电路，观察有无异常现象，如冒烟、异常气味、元件发热及电源是否有短路等。如果出现异常，应立即切断电源，待排除故障后才能再通电。

（2）静态调试　静态调试是指在没有外加信号的条件下，所进行的直流测量和调试的过程。通过测量各级晶体管的静态工作点，可以了解各三极管的工作状态，及时发现已经损坏的元器件，并及时调整电路参数，使电路工作状态符合设计要求。

（3）动态调试　动态调试是在静态调试的基础上进行的。在电路的输入端接入适当频率和幅值的信号，各级的输出端应有相应的输出信号。按着信号的流向逐级检查输出波形、参数和性能指标，如线性放大电路不应有非线性失真，波形产生和变换电路的输出波形应符合设计要求。调试时，可由前级开始逐级向后检测，便于找出故障点，及时调整改进。

（4）指标测试　电路正常工作后，即可进行技术指标测试。根据设计要求，逐级测试技术指标实现情况，凡未能达到性能指标要求的，需分析原因并改进电路，以实现设计要求。

2）注意事项

调试结果是否正确，很大程度上受测量是否正确和测量精度的影响。为了保证调试的效果，必须减小测量误差，提高测量精度。因此，调试过程中应注意以下的问题：

（1）正确使用电源的接地端　凡是使用地端接机壳的电子仪器测量，仪器的接地端应和放大器的接地端接在一起，否则仪器机壳引入的干扰不仅会使放大器的工作状态发生变化，而且会使测量结果出现误差。

（2）尽可能使用屏蔽线　在信号比较弱的输入端，尽可能使用屏蔽线。屏蔽线的外屏蔽层要接到公共地线上。

（3）仪器的输入阻抗必须远大于被测处的等效阻抗　测量电压所用仪器的输入阻抗必须远大于被测处的等效阻抗。若测量电压所用仪器的输入阻抗小，则在测量时会引起分流，测量结果误差很大。

（4）测量仪器的带宽必须大于被测电路的带宽　测量仪器的带宽必须大于被测电路的带宽，否则，测试结果不能反映放大器的真实情况。

（5）要正确选择测量点　用同一台测量仪器进行测量时，测量点不同，仪器内阻引进的误差大小将不同，要正确地选择测量点，以减小误差。

（6）认真查找故障原因　调试时出现故障，要认真查找故障原因，切不可遇到故障就拆掉线路重新安装。因为故障的原因没有解决，重新安装的电路仍可能存在各种问题。若是电路原理出现问题，即使重新安装也无法解决问题。应当把查找故障并分析故障原因看作是一次极好的学习机会，通过它来不断提高自己分析问题和解决问题的能力，真正达到电子电路设计的目的。

3. 数字电路的一般调试方法

数字电路多采用集成器件，并在数字逻辑实验箱多孔实验板上搭接电路并进行调试。调试方法按单元电路分别测试，但要把重点放在总体电路的关键部位。

1）调试步骤

（1）调试振荡电路，以便为系统提供标准的时钟信号。

（2）调整控制电路，保证分频器、节拍发生器等控制信号产生电路能正常工作。

（3）调试信号处理电路，如寄存器、计数器、累加器、编码器和译码器等，保证它们符合设计要求。

（4）调整输出电路、驱动电路及各种执行机构，保证输出信号能推动执行机构正常工作。

2）注意事项

数字电路因集成电路管脚密集，连线众多，各单元电路之间时序关系又严格，所以出现故障不易找出原因。因此，调试过程中应注意以下的问题：

（1）检查易产生故障的环节　出现故障时，可以从简单部分逐级查找，逐步缩小故障点的范围，也可以对某些预知点的特性进行静态和动态测试，判断故障部位。

（2）注意各部分电路的时序关系　对各单元电路的输入和输出波形时间关系要十分熟悉，同时也要掌握各单元电路之间的时间关系，应对照设计的时序图，检查各点波形。尤其是哪些是上升沿触发，哪些是下降沿触发，以及它们和时钟信号的关系。

（3）检查能否自启动　注意时序逻辑电路的初始状态，检查电路能否自启动，应保证电路开机后顺利进入正常工作状态。

（4）注意元器件的类型　若电路中既有 TTL 电路，又有 MOS 电路，还有分立件，要选择合适的电源，要注意电平转换及带负载能力等问题。

1.4　典型电子电路设计基础训练

1.4.1　声光控开关的设计

1. 设计内容

设计并制作声光控节电开关。

2. 设计要求

（1）按给出电路图的要求，选取元件、识别和测试。

（2）用仿真软件进行电路仿真。

（3）分析电路原理，在面包板上连接电路并调试。声控节电开关照明时间控制在 1min 内，整个电路采用分立元器件或者数字集成电路组成。

3. 总体设计方案提示

1）任务分析

节电开关，在白天或光线较亮时，节电开关呈关闭状态，灯不亮；夜间或光线较暗时，节电开关呈预备工作状态。当有人经过该开关附近时，脚步声等把节电开关启动，灯亮，延时 40~50s 后节电开关自动关闭，灯灭。

图 1.4-1 是声光控节电开关原理框图，由话筒、声音放大、倍压整流、光控、电子开关、延时和交流开关七部分电路组成。

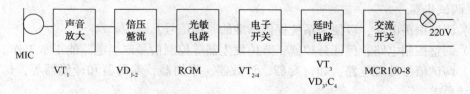

图 1.4-1　声光控节电开关原理框图

2）声光控节电开关电路图

电路原理：如图 1.4-2 所示，话筒 MIC_1 和 VT_1、$R_1 \sim R_3$、C_1 组成声音拾取放大电路。为了获得较高的灵敏度，VT_1 的 β 值选用大于 100。话筒 MIC 也选用灵敏度高的。R_3 不宜过小，否则电路容易产生间歇振荡，C_2、D_1 和 D_2、C_3 构成倍压整流电路。把声音信号变成直流控制电压。R_4、R_5 和光敏电阻 R_{11} 组成光控电路。有光照射在 R_{11} 上时，阻值变小，对直流控制电压衰减很大。VT_2、VT_3 和 R_7、D_3 组成的电子开关截止，C_4 内无电荷，单向可控硅 MCR 截止，灯泡不亮。在 MCR 截止时，直流高压经 R_9、R_{10}、D_4 降压后加到 C_3、CW_1（稳压管）上端。C_3 为滤波电容，CW_1 为稳压值 12~15V 的稳压二极管，保证 C_3 上电压不超过 15V 直流电压。当无光照射 R_{11} 时，R_{11} 阻值很大，对直流控制电压衰减很小，VT_2、VT_3 等组成的电子开关导通，D_3 也导通，使 C_4 充电。R_8、C_5 和单向可控制 MCR、D_5~D_8 组成延时与交流开关。C_4 通过 R_8 把直流触发电压加到 MCR 控制端，MCR 导通，灯泡点亮。灯泡发光时间长短由 C_4、R_8 的参数决定，按图中所给出的元器件数值（R_8 为 22kΩ），发光 30s 左右后，MCR 截止，灯熄灭。C_5 为抗干扰电容，用于消除灯泡发光抖动现象。

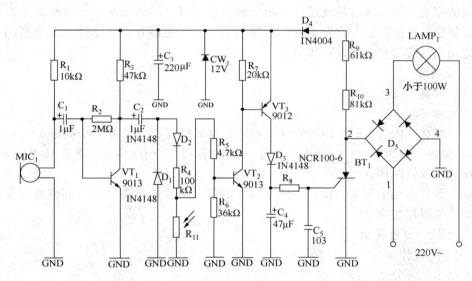

图 1.4-2　声光控节电开关电路图

4. 设计、调试提示

（1）设计电路图：用 multisim8 软件进行仿真。

（2）连接电路：依据仿真成功的电路，在一块面包板上连接电路。

（3）检测：为确保接线能一次成功，所有元器件都要认真检测，判别元器件是否完好。最容易分不清二极管+、−极，三极管 E、B、C 极位置。同时更特别注意对可控硅检测。

（4）故障分析：

① 元器件安装后，通电 220V 电压检查，如有不正常情况，检查元器件是否安装正确。

② 在这种不明确情况下，可以不通交流电，加入 8V 直流电压到 D_4 阳极，检查各个三极管工作电压。

a. $V_E = +6.8V$（VT_3 的 E 极电压）。

b. 检查电子开关是否正常。将万用表电压档测可控硅（MCR100-6）阴阳极电压，当短接 VT_3 的 E、C 极，可控硅（MCR100-6）阳极电压下降为零，说明电子开关电路正常。

c. 检测 MIC 话筒两端电压为 2~3V 左右，说明 MIC 话筒连接正确。再检查 R_{11} 光敏电阻两端电压值，光照时电压较低，不受光时电压较高，说光控电路工作正常。

d. 整体测试。将光敏电阻用不透光的物体遮挡住，测量 VT_3 发射极对地电压，当话筒发出声音时，测得的电压就为 5V 以上，然后没有声音后又变为 0。

以上各项测试是正常工作时的电压变化情况，如实际连接好后不能实现设计的功能，按照单元电路的分析方法，分步查找原因。

1.4.2 臭氧发生器电路设计

臭氧(O_3)是一种强氧化剂。适量臭氧可以起到杀灭环境中的病菌，净化空气的作用；高浓度的臭氧可以给医院病房、手术室灭菌消毒，而且由于气体可以进入任意缝隙和空间，比紫外线消毒更具优越性。臭氧还可以用于纯净水消毒、游泳池水净化以及工业废水处理等。但臭氧稳定性很差，在常温下自行分解为氧气，不能储存，只能边生成边利用。臭氧发生器适用于医院诊室、接待室和家庭。

1. 设计内容

设计一台臭氧发生器电路。

2. 设计要求

（1）一般在室内有人时，用于空气"清新"，臭氧浓度不宜过大，可采用每隔 0.5h 电路提供 5min 臭氧，间断工作；而室内无人时，用于"消毒"，则连续发生臭氧 1h 后自动停机。因此工作方式设置两挡。

（2）由于臭氧比空气重，在正常使用时一般将发生器放置在比较高的位置，为方便使用，需要增加遥控切换电路。

3. 总体设计方案提示

1）主电路设计

主电路由三部分组成：

（1）振荡电路，要求振荡频率 $f = 20 \sim 30\text{kHz}$；

（2）功率放大电路；

（3）升压变压器，将输出电压变到 300V，供给放电器件，这里规定采用电压比为 10：3000 的高频变压器。

采用高电压下尖端放电或陶瓷沿面放电技术产生臭氧，可以提高效率。本设计规定采用 200mg/h 的陶瓷放电器件，型号 N-20。电路符号如图 1.4-3 所示。

采用小型风机将产生的臭氧从机器内排出。

图 1.4-3　放电器件符号

2）控制电路设计

（1）"清新"方式控制振荡器 5min 工作，30min 停止，交替进行。

（2）"消毒"方式控制振荡器连续 1h 工作后，停止工作。

（3）两挡的切换应用遥控器控制操作或用开关手动操作。

3）遥控电路设计

（1）控制"清新""消毒"两挡遥控切换。

（2）简单的切换状态显示。

4）电源电路设计

本设计供电电源 AC220V，功率不超过 20W。

4. 设计、调试提示

1）总体设计

根据设计任务与设计要求，用具有一定功能的若干单元电路组成一个整体，满足设计题目提出的各项指标和功能。本设计的参考框图如图 1.4-4 所示。

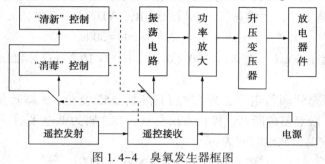

图 1.4-4　臭氧发生器框图

2）单元电路设计、元器件选择及参数计算

单元电路是在框图的基础上进行设计的，可以从负载往前逐步设计，也可以按从前往后的顺序逐步设计。比较简单的环节可以合并设计。实现同一功能可用不同电路，要进行比较，确定其一。

（1）振荡和功效电路

本设计振荡、功放、升压和放电部分选了两个方案，如图 1.4-5 所示。图 1.4-5（a）是变压器反馈式压控振荡器。三极管 V 既是振荡管又是功放管。变压器要有 3 个绕组，一次侧 L_1（10 匝）接于集电极；二次侧 L_2（3000 匝）接负载 R_L，即放电器件；L_3（7 匝）为反馈绕组。要注意同名端，若接错则不能起振。振荡频率通过 RP 调节。对于图 1.4-5（b），IC 选用 NE555 组成多谐振荡器，振荡频率为：

$$f = 1.44/[(R_1 + 2R_2)C_1]$$

首先确定 $C_1 = 2000\text{pF}$，取振荡频率 $f = 25\text{kHz}$，若 $R_1 = 3\text{k}\Omega$，则可计算出 $R_2 = 12.9\text{k}\Omega$，选取标称值为 $13\text{k}\Omega$ 的电阻。

实际上图 1.4-5（a）电路比较节省元件，但由于本题目给出的变压器只有两个绕组，故此处选用图 1.4-5（b）电路。V 选用 3DD15D 或 Tip41C。其余元件参数为：$C_2 = 0.01\mu\text{F}$，

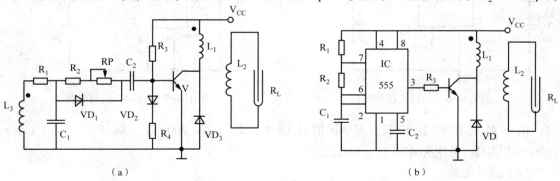

（a）　　　　　　　　　　　　　　　　　（b）

图 1.4-5　振荡和功率放大电路

$R_3 = 300\Omega$，VD 为 1N4007。

（2）"清新"控制电路

根据要求采用占空比 1∶7 的多谐振荡器，即 5min 输出高电平，30min 输出低电平，交替循环。可以采用多种方法实现。这里采用 555 和 R_1、R_2、VD_1、VD_2组成振荡电路，如图 1.4-6 所示。刚通电时，由于 C_1 上的电压不能跃变，即 2 脚起始为低电平，555 置位，3 脚呈高电平。三极管 V 饱和导通，继电器 KA 线圈通电，其常开触电闭合，可以接通高频振荡和功放电源，电路工作，生成臭氧。此后通过 R_1、VD_1对 C_1充电，充电时间为：

$$t_充 = 0.70R_1C_1 = 5 \times 60s = 300s$$

若先确定 C_1 为 1000μF，则 $R_1 = 300/(0.70 \times 1000 \times 10^{-6})k\Omega = 428.6k\Omega$。取标称值为 430kΩ 的电阻。

当 C_1 上的电压充到阈值电平，即 $(2/3)V_{CC}$时，555 复位，3 脚转呈低电平，V 截止，KA 线圈失电，常开触点复位断开，停止发出臭氧。在 3 脚为低电平后，C_1通过 VD_2、R_2及 555 内部的放电管放电，放电时间为：

$$t_放 = 0.70R_2C_1 = 30 \times 60s = 1800s$$

前面已确定 C_1 为 1000μF，则 $R_2 = 1800/(0.70 \times 1000 \times 10^{-6})k\Omega = 2571.4k\Omega$。取标称值为 2.7MΩ 的电阻。另外，$C_3$为基极限流电阻，$VD_3$并联在 KA 线圈两端，可以在 V 关断时，形成续流通路，避免三极管上出现高电压，造成击穿，起到保护作用。

（3）"消毒"控制电路

"消毒"控制电路为单稳态延时电路，采用 555 组成单稳态延时电路是比较方便的，如图 1.4-7 所示。单稳态电路的暂稳态过程为 1h，555 的 2 脚要求低电平触发，因此加了一级三极管反相器。V_1基极通过微分电路加入高电平时 IC 触发，3 脚输出高电平（暂态）1h 之后，则翻转为低电平（稳态）。单稳态的暂态时间为：

$$t = 1.1R_2C_1 = 3600s$$

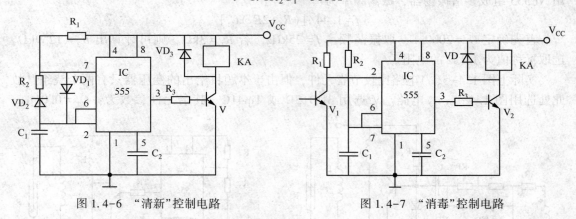

图 1.4-6　"清新"控制电路　　　　　　图 1.4-7　"消毒"控制电路

由于延时时间比较长，C_1 取值比较大，取 $C_1 = 2000μF$，则 $R_2 = 3600/1.1 \times 2000 \times 10^{-6}M\Omega$，选用标称值为 1.6MΩ 的电阻。

（4）遥控电路

图 1.4-8(a)是发射器。以 555 为核心，组成多谐振荡器，按下按钮 SB，从 IC_1 的 3 脚输出的

脉冲电平驱动红外发射管 LED 发出红外脉冲信号。图 1.4-8(b)是接收器。红外接收管 VD₁是与红外发射管 LED 配套的，VD₁将接收到的红外光脉冲变成电信号，经 V₁放大触发 IC₂。IC₂是声控集成电路，型号为 BH-SK-Ⅱ。它工作于双稳态模式，受触发后 12 脚输出高电平，使 V₂饱和导通，继电器 KA 线圈充电。再按一下发射器按钮 SB，则 IC₂内的触发器翻转，输出低电平，使 V₂截止，KA 线圈失电。这样，就可以通过 KA 的常开、常闭触点控制"清新""消毒"的切换。

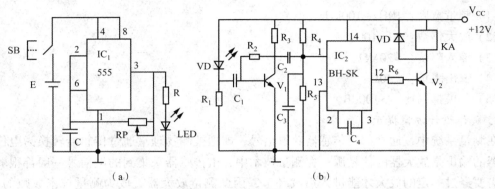

图 1.4-8 遥控电路

（5）电源电路

由于电路对电源的要求不高，采用 20~25W 变压器，将 220V 交流电变成 15V，经桥式整流，电容滤波，再经三端稳压器 W7812 稳压，输出 12V 直流。W7812 最大输出电流为 2A，已经足够给电路供电了。

（6）总原理图设计

在单元电路设计的基础上，进行各种方案的比较，将选中的单元电路有机组合，绘出总原理图。本设计原理图如图 1.4-9 所示。

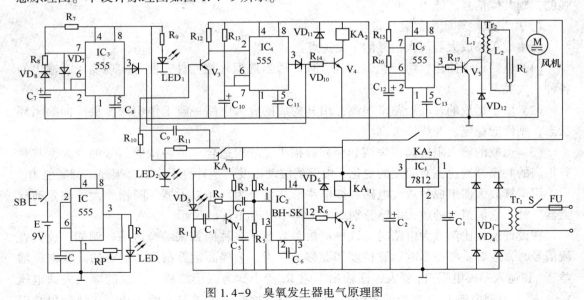

图 1.4-9 臭氧发生器电气原理图

1.4.3 测控放大器电路设计

1. 设计内容

设计并制作一个具有较优良性能的测量放大器。

2. 设计要求

（1）频带宽度：10Hz～100kHz；

（2）放大倍数：50～100；

（3）输入阻抗：>20MΩ；

（4）输出阻抗：<30Ω；

（5）共模抑制比：>100dB。

3. 总体设计方案提示

在测量系统中，通常都用传感器获取信号，即把被测物理量通过传感器转换为电信号，传感器的输出是放大器的信号源。在测量技术中，由传感器采集到的电信号一般都很弱小，往往需要经过一定的放大才能进入后续环节，因此测量放大器就成为测量技术成败的关键环节。被测量信号既可能是直流信号也可能是交流信号，信号的幅度都很小（毫伏级），且往往混合有一定的噪声，这些都是测量放大器设计中应考虑的问题。然而，多数传感器的等效电阻均不是常量，它们随所测物理量的变化而变化。这样，对于放大器而言，信号源内阻 R_S 是变量，根据电压放大倍数的表达式可知，放大器的放大能力将随信号大小而变。为了保证放大器对不同幅值信号具有稳定的放大倍数，就必须使得放大器的输入电阻 R_1 较大，R_1 愈大，因信号源内阻变化而引起的放大误差就愈小。此外，从传感器所获得的信号常为差模小信号，并含有较大共模部分，其数值有时远大于差模信号，故放大器还应有较强的抑制共模信号的能力。

1）用集成运算放大器完成设计

用集成运算放大器放大信号的主要优点：

（1）电路设计简化，组装调试方便，只需适当选配外接元件，便可实现输入、输出的各种放大关系；

（2）由于运放的开环增益都很高，用其构成的放大电路一般工作中深度负反馈的闭环状态，则性能稳定、非线性失真小；

（3）运放的输入阻抗高，失调和漂移都很小，故很适合于各种微弱信号的放大，其具有很高的共模抑制比，对温度的变化、电源的波动以及其他外界干扰都有很强的抑制能力。

用运算放大器组成的放大电路，按电路形式可分为反相放大器、同相放大器和差动放大器三种。它们组成的放大电路分别如图 1.4-10(a)(b)(c) 所示。

在设计反相比例放大电路时，选择运放参数要从多种因素来综合考虑。例如，放大直流信号时，应着重考虑影响运算精度和漂移的因素，为提高运算精度，运放的开环电压增益 A_{uo} 和输入差模电阻 R_{ID} 要大，而输出电阻 R_O 要小。为减小漂移，运放的输入失调电压 V_{IO}、输入失调电流 I_{IO} 和基极偏置电流 I_{IB} 均要小。这些因素随温度的变化在运放输出端引起的总误差电压最大可为：

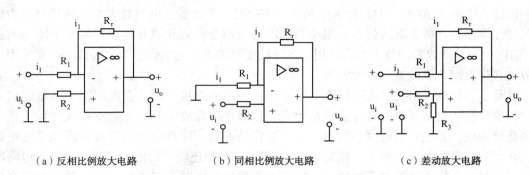

（a）反相比例放大电路　　　（b）同相比例放大电路　　　（c）差动放大电路

图 1.4-10　运算放大器组成的放大电路

$$\Delta V_{\mathrm{O}} = \pm \frac{R_1 + R_{\mathrm{F}}}{R_1}\left(\frac{\mathrm{d}V_{\mathrm{IO}}}{\mathrm{d}T}\Delta T\right) \pm R_{\mathrm{F}}\left(\frac{\mathrm{d}V_{\mathrm{IO}}}{\mathrm{d}T}\Delta T\right) + R_{\mathrm{F}}\left(\frac{\mathrm{d}V_{\mathrm{IB}}}{\mathrm{d}T}\Delta T\right)$$

如放大交流信号，则要求运放有足够的带宽，即要求运放的大信号带宽大于信号的频率。若运放手册已给出开环带宽指标 B_{wo}，则闭环后电路的带宽将被展宽。对单级运放可用公式 $B_{\mathrm{wc}} = B_{\mathrm{wo}} \times A_{\mathrm{uo}}(R_1/R_{\mathrm{F}})$ 计算。

外接电阻阻值的选择对放大电路的性能也有着重要影响。通常有两种计算方法：一种是从减小漂移、噪声，增大带宽考虑，在信号源的负载能力允许条件下，首先尽可能选择较小的 R_1，然后按闭环增益要求计算 R_{F}，而取同相端平衡电阻 $R_2 = R_1//R_{\mathrm{F}}$，以消除基流引起的失调；另一种计算法是从减小增益误差着手，首先算得 R_{F} 的数值，最佳的 $R_{\mathrm{F}} = [R_{\mathrm{ID}}R_{\mathrm{O}}/(2K)]^{1/2}$，式中 $K = R_1/(R_1//R_{\mathrm{F}})$，然后再按闭环增益要求计算 R_1。

同相比例放大电路的最大优点是输入电阻高，例如 CF741 型运放，其实际输入电阻值 R_1 约为 100MΩ。由于同相比例放大电路的反相输入端不是"虚地"，其电位随同相端的信号电压变化，使运放承受着一个共模输入电压，信号源的幅度受到限制，不可超过共模电压范围，否则将带来很大的误差，甚至不能正常工作。

设计同相比例放大电路时，对运放的选择除反相输入电路中提出的要求外，还特别要求运放的共模抑制比 K_{CMR} 要高。比例电阻的计算，一般应先计算最佳反馈电阻 R_{F}，其值为：

$$R_{\mathrm{F}} = \sqrt{\frac{(A_{\mathrm{VF}} - 1)R_{\mathrm{O}}R_{\mathrm{OD}}}{2}}$$

然后按闭环增益的要求确定 R_1 的数值。

在差动放大电路的设计中，电阻匹配的问题十分重要。差动电路的共模抑制比 K_{CMR} 由运放本身的共模抑制比 K'_{CMR} 和由于外部电阻失配而形成的共模抑制比 K''_{CMR} 两部分组成。设备电阻匹配，公差相同，电阻精度均为 δ，则

$$K''_{\mathrm{CMR}} \approx (1 + R_3/R_1)/4\delta, \quad K''_{\mathrm{CMR}} = (K'_{\mathrm{CMR}} \cdot K''_{\mathrm{CMR}})/(K'_{\mathrm{CMR}} + K''_{\mathrm{CMR}})$$

由上式可知，闭环增益（R_3/R_1）愈小，电阻失配的影响愈大，甚至成为限制电路共模抑制能力的主要因素。

差动放大电路的差模输入电阻 $R_{\mathrm{ID}} \approx R_1//R_2$，共模输入电阻 $R_{\mathrm{I}} \approx (R_1//R_3)/2$。考虑到失调、频带、噪声等因素，反馈电阻 R_{F} 不宜大于 1MΩ，如取闭环增益为 100，则为 10kΩ，

而差模输入电阻为 20kΩ，共模输入电阻小于 500kΩ。差动放大电路放大交流信号时，为保证闭环差模增益在所要求的频率和温度范围内稳定不变，运放的开环增益须大于闭环增益 100 倍以上。单运放差动放大电路常用于运算精度要求不高的场合，为提高性能，常采用双运放或多运放组合成的差动放大电路。

此外，当高输入阻抗集成运算放大器安装在印制电路板上时，会因周围的漏电流流入运放形成干扰。通常采用屏蔽方法来抗此干扰，即在运算放大器的高阻抗输入端周围用导体屏蔽层围住，并把屏蔽层接到低阻抗处。这样处理后，屏蔽层与高阻抗之间几乎无电位差，从而防止了漏电流的流入，如图 1.4-11 所示。另外还应该指出的是，测量放大电路的输入阻抗越高，输入端的噪声也越大。因此，不是所有情况下都要求放大电路具有很高的输入阻抗，而是应该与传感器输出阻抗菌素相匹配，使测量放大电路的输出信噪比达到一个最佳值。

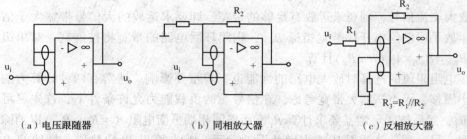

（a）电压跟随器　　　　　　　（b）同相放大器　　　　　　　（c）反相放大器

图 1.4-11　高输入阻抗集成运算放大器的屏蔽

采用单运放组成的同相并联差动比例放大线路(也称仪器放大器)，如图 1.4-12 所示。这种电路是由三个运算放大器组成的。集成电路采用 BG305 或 LM741，由 A_1 和 A_2 构成输入级，均采用了同相输入方式，使得输入电流极小，因此输入阻抗 R_{in} 很高；结构上采用对称结构形式，减小了零点漂移，因此共模抑制比很高；A_3 构成放大级，采用差动比例放大形式，电路的放大倍数由电阻 R_4、R_5、R_6、R_7 和电位器 RP 来进行调节，在图 1.4-12 中，当选取 $R_4 = R_5$，$R_6 = R_7$ 时，电路的放大倍数可由下式进行计算：

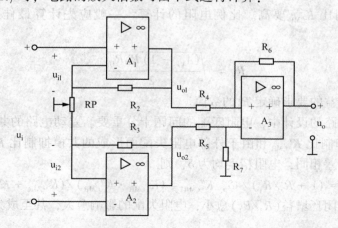

图 1.4-12　集成运算放大器构成的测量放大器电路原理图

$$A_{uF} = -\frac{R_6}{R_4}R_6\left(1 + \frac{2R_2}{RP}\right)$$

可见，改变 RP 即改变了负反馈的大小，故放大倍数 A_{uF} 也相应改变。图 1.4-13 给出了线路的输入、输出波形曲线。

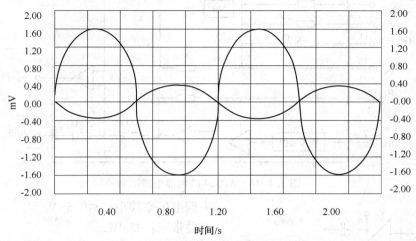

图 1.4-13 测量放大器线路的输入、输出波形曲线

在电路设计中，除注意选取运放的参数指标外，还应注意选取精密匹配的外接电阻，这样才能保证最大的共模抑制比；另外，由于输入阻抗很高，还应采取上述的屏蔽手段来抗除干扰。

2）用集成仪器放大器实现

在只需简单放大的场合下，采用一般的放大器组成仪器放大器来放大传感器输出的信号是可行的，但为保证精度常需采用精密匹配的外接电阻，才能保证最大的共模抑制比，否则非线性失真也比较大；此外，还需考虑放大器输入电路与传感器输出阻抗的匹配问题。故在要求较高的场合下常采用集成仪器放大器。集成仪器放大器放大电路外接元件少，无需精密匹配电阻，能处理微伏级至伏级的电压信号，可对差分直流和交流信号进行精密放大，能抑制直流及数百兆赫兹频率的交流信号的干扰信号等。由于上述特点，集成仪器放大器在放大电路中得到了广泛的应用。

AD524 集成仪器放大器的内部结构与基本接法如图 1.4-14 和图 1.4-15 所示。

AD524 是高精度单片式仪表放大器，它的封装采用 16 脚 DIP 陶瓷封装结构与 20 脚的 LCC 封装结构。它可以使用在恶劣的工作条件下需要获得高精度的数据采集系统中。它的输出失调电压漂移小于 25μV/℃，最大非线性仅为 0.003%。由于非线性度好，共模抑制比高，低漂移和低噪声，使 AD24 在许多领域中得到广泛应用。

（1）AD524 的性能特点与主要参数

低噪声：$V_{P-P} \leqslant 0.3\mu V(0.1\sim10Hz)$；

非线性小：$\leqslant0.003\%(G=1)$；

共模抑制比高：$\leqslant110dB(C=1000)$；

失调电压小：$\leqslant50\mu V$；

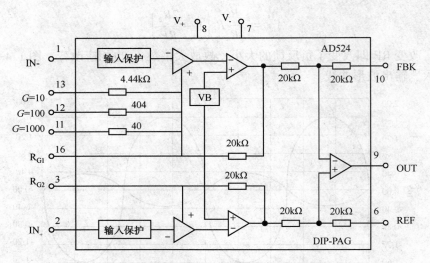

图 1.4-14 AD524 的内部电路结构

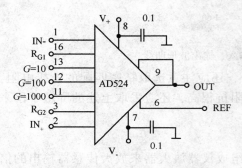

图 1.4-15 AD524 的基本接法

失调电压漂移小：$\leqslant 0.5\mu V/^{\circ}C$；

增益带宽：25MHz；

引脚编程增益：1，10，100，1000；

具有输入保护/失调电压调整等功能。

（2）AD524 的内部结构与基本接法

图 1.4-14 是 AD524 内部电路结构，其中有基本的精密增益电阻、输入保护电路、三运放偏置电阻及精密运算放大器。图 1.4-15 是其基本接法。增益选择端×10、×100、×1000 分别表示放大倍数为 10、100 与 1000，当 R_{G2} 选择端与其一相连时，就可设置成所需要的增益值。例如，将 R_{G2} 与×1000 相连时，增益值就是 1000。当要设置任意增益时，在 R_{G1} 与 R_{G2} 之间接入一只增益电阻 R_G 即可。若需要调节失调电压时，在 4、5 脚之间接入 10kΩ 电位器，电位器的中间滑线端接正电源即可。R_G 与增益 G 的关系由下式确定：

$$G=1+(40k\Omega/R_G)$$

1.4.4 数字压力秤电路设计

1. 设计内容

设计并制作一个具有数字显示功能的数字电子秤。

2. 设计要求

（1）设计一个数字电子秤电路。

（2）组装及调试各单元电路及系统电路。

（3）用数字表显示称重结果。

（4）测量范围：0~1.999kg、0~19.99kg、0~199.9kg。

（5）扩展要求：具有自动切换量程功能。

3. 总体设计方案

秤具是重量的计量器具，与普通秤具相比，数字电子秤具有数字直接显示被称物体的重量，精度高、性能稳定、测量准确及使用方便等优点，在各种生产领域和人民日常生活中得到广泛应用。

数字电子秤通常由五个部分组成：传感器、信号放大系统、模数转换系统、显示器和量程切换系统系统。其原理框图如图1.4-16所示。

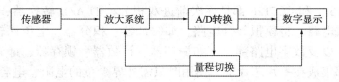

图1.4-16　数字电子秤原理框图

电子秤的测量过程是通过传感器将被测物体的重量转换成电压信号输出，称重的准确程度首先取决于传感器输出的信号，由于这一信号通常都很微弱，需要应用放大系统进行准确、线性地放大，放大后的电压信号经过模数转换把模拟量转换成数字量，再通过译码显示器显示重量。由于被测物体的总量相差较大，根据不同的测重范围要求，对量程进行切换；同时，显示器的小数点数位对应于不同量程而变化，即可实现电子称的要求。

1）传感器

电子秤传感器的测量电路通常使用电桥测量电路，它也可以使用阻值与压力成正比的滑臂式电位器实现。

电桥电路有四个电阻组成，如图1.4-17所示，桥臂是电阻R_1、R_2、R_3和R_4，为应变电阻，传感器电路将应变电阻阻值的变化转换为电压信号或电流信号作为输出。电桥对角A、B两点接电源电压V_+，C、D两点为输出，接到电桥的负载上。电桥未受力时处于平衡状态，即$R_1 \cdot R_2 = R_3 \cdot R_4$，调节调零电位器RP，使C、D两点输出电压$u=0$；当传感器应变电阻受到外界压力影响时，桥臂电阻阻值产生变化，电桥失去平衡，$u \neq 0$，产生输出。在图1.4-18中，使用一个滑臂式电位器作为重量传感器，被测重量的物体作用在传感器上时，电位器的滑臂产生一定的位移，这个位移正比于物体的重量，使电位器的阻值发生变化，从而使输出电压正比于物体的重量；当未受外界重量压力时，其输出电压为零。

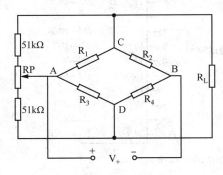

图1.4-17　电桥传感器及调零电路

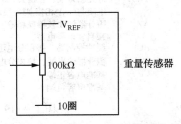

图1.4-18　滑臂式电位器传感器电路

2）放大系统

放大器电路实现对传感器输出的微弱信号按一定比例进行放大，放大器电路要求输入电阻高，输出电阻低，同时应具有很高的共模抑制比及良好的温度特性。

3）模数转换及显示系统

传感器的输出信号放大后，通过模数转换器把模拟量转换成数字量，再由显示器显示。由于大规模集成电路的广泛应用，$3\frac{1}{2}$位和$4\frac{1}{2}$位 A/D 转换已运用于各种测量系统。显示系统有由发光二极管（LED）组成的和液晶显示屏（LCD）型的。COM $3\frac{1}{2}$位单片 A/D 转换器 CC7106/7、CC7116/7 和 CC7126 都是逐次渐进双积分型的 A/D 转换器，这些单片 A/D 转换器是大规模集成电路，将模拟部分电路，如缓冲器、积分器、电压比较器、正负电压参考源和模拟开关，以及数字电路部分，如振荡器、计数器、锁存器、译码器、驱动器和控制逻辑电路等全部集成在一片芯片上，使用时只需外界少量的电阻、电容元件和显示器件，就可以完成模拟量至数字量的转换。

CC7106 和 CC7107 分别是液晶显示（LCD）和发光二极管显示（LED）的 A/D 转换器，CC7116 和 CC7117 区别于 CC7106 和 CC7107 之处，仅是增加了数据保持（HOLD）功能，同时在电路外部引出端去除了低参考（REFLO）端，通过芯片内部连接直接将 REFLO 端连到模拟公共端 COM。其中 CC7116 为液晶显示，CC7117 为发光二极管显示。CC7126 是低功耗液晶显示的 A/D 转换器，其功耗小于 1mW，而 CC7106 的功耗小于 10mW。上述几种 A/D 转换器的电路结构和工作原理大同小异。

本设计中 A/D 转换器采用 $3\frac{1}{2}$位双积分 A/D 转换芯片 7107，其输出可直接驱动 LED 显示器。ADC7107 的引脚排列图和功能框图如图 1.4-19 和图 1.4-20 所示。

$a_1 \sim g_1$	个位显示端，接个位LED的a~g段
$a_2 \sim g_2$	十位显示端，接十位LED的a~g段
$a_3 \sim g_3$	百位显示端，接百位LED的a~g段
ab_4	千位显示端，接千位LED的b、c段
POL	极性显示端，接千位LED的g段
V_+	正电源，通常接+5V
V_-	负电源，通常接-5V
$CP_1 \sim CP_3$	时钟脉冲输入端
COM	公共模拟地端
GND	逻辑线路电位段
IN_+	模拟输入高位端
IN_-	模拟输入低位端
V_{REF+}	基准电压高位端
V_{REF-}	基准电压低位端
TEST	灯光测试端，在检查LED时该端通过500Ω电阻与GND相接,则各段均显示
AZ	积分器和比较器反相输入端接自动调零电容
BUF	缓冲控制端，接积分电阻
INT	积分器输出端，接积分电容
C_{R+}	基准电容正端
C_{R-}	基准电容负端

图 1.4-19 ADC7107 的引脚排列图

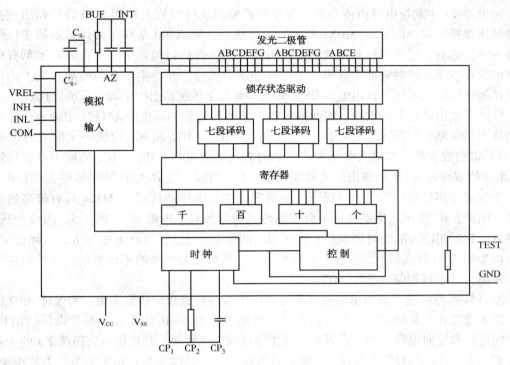

图 1.4-20　ADC7107 功能框图

数字显示电路可以采用七段数码管，将 A/D 转换电路输出的信号实现数字显示。

数字电子秤的参考电路如图 1.4-21 所示。

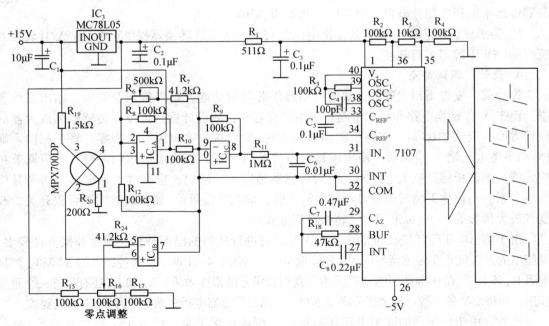

图 1.4-21　数字电子秤电路

图 1.4-21 中测量电路由传感器、温度补偿电路、传感放大器和 A/D 转换器组成。传感器采用摩托罗拉(Motorola)MPX700 型压力传感器，MPX700 系列压力传感器属于压阻传感器一类，它有良好的线性和精确的输出电压特性。传感器包含了一个在硅片上刻有压阻元件的膜片。该元件对施加于硅膜片上的外加压力敏感，并产生一个与施加在其上的压力成正比的线性输出电压，输出电压/压力的关系与加于传感器上的电源电压成正比。

传感器输出的是差动电压，因此放大电路采用四运放集成电路 LM324 中的三个运放组成的放大器电路，如图 1.4-21 中的 IC_{1A}、IC_{1B}、IC_{1C}。IC_{1A} 和 IC_{1B} 组成一个非对称双端输入-双端输出放大器，其输入电压为传感器的差动输出电压；IC_{1A}、IC_{1B} 的输出电压传输到 IC_{1C} 组成的双端输入-单端输出放大器输入端，IC_{1C} 的输出送到 A/D 转换器输入端。IC_{1B} 的另一个重要作用是提供零压力情况下传感器零点漂移电压的校正。LM324 具有较高的输入阻抗，因此，IC_{1A}、IC_{1B} 能够保证不会增加传感器的负载。电阻 R_{15}、R_{16}、R_{17} 组成分压器，提供 IC_{1B} 和反相输入端的可调电压，由于 IC_{1B} 的增益小于 1，故此电压经 IC_{1B} 后幅度减小，然后再加到 A/D 转换器上，这样，可减小由于传感器误差带来的不良影响，同时也使当压力为零时，显示器相应显示"0.00"。

A/D 转换器将放大器输出的模拟压力电压信号转换成相应的数字量。为保证 A/D 转换器电路正常工作，必须正确选取外接器件。电阻 R_2、R_3 和 R_4 用于设置参考电压；R_5 和 C_4 为定时电阻和定时电容，用于设置时钟发生电路的振荡频率，其数值与振荡频率 f 的关系为 $f = 0.45/(R_5 C_4)$；C_5 为参考电容，一般取值为 $0.1 \sim 1\mu F$；C_7 为自动稳零电容，为减小噪声，应选用较大容量的电容，一般取值为 $0.047 \sim 0.47\mu F$；R_{13} 和 C_8 为积分电阻和积分电容，为保证 A/D 转换器在输入电压范围内的线性度好，积分电阻应选取得足够大，一般取值为几十千欧~几百千欧；为保证 A/D 转换器在额定转换速率和积分器在额定电流的情况下，积分器输出不饱和，积分电容一般取值为 $0.1 \sim 0.47\mu F$。

IC_3 为集成稳压芯片 7805，其输出电压为+5V，为 A/D 转换器提供正电源，A/D 转换器所需的-5V 电源需另行转换。

4. 设计、调试要点

设计前，先查阅相关资料，掌握所用器件芯片的功能，管脚排列及输入、输出联线要求。由于 A/D 转换电路和显示电路均采用集成芯片，故设计重点可放在传感器和放大器的设计方面。调试 7103 时，将两模拟信号输入端 IN 短接，输出应显示为零；将正相输入端 IN_+ 与参考电压端 V_{REF_+} 短接，输出应显示为接近"1000"，若输出显示偏差较大，应调节相应元件。调试传感器放大电路时，应对传感器施以标准砝码，检查放大器输出是否与其成线性关系。当被称重物与当前显示相差较大时，应能转换量程(如切换放大器量程开关，改变其放大倍数等)，也可采用自动转换量程方式。

由于输出电压受环境温度的影响，因此，应进行适当的温度补偿。温度补偿方法较多，最简单的方法就是在传感器与电源之间串联电阻。如图 1.4-21 所示，将传感器的 3 脚和 1 脚接电阻 R_{19} 和 R_{20}。在 0~80℃的温度范围内可获得较满意的温度效果。R_{19} 和 R_{20} 还有另外一个重要作用，即将 15V 的电源电压大部分降至本身，以满足传感器电桥驱动电压为 3V 左右的要求。

此外，由于传感器的输出电压还与电源电压成比例关系，所以 15V 的电压必须稳定，7815 集成稳压芯片可完成这一任务。由于显示器工作状态转换过程中，会产生较大的脉动电流，为了防止测量精度受到影响，布线时应注意将所有的 V_{CC} 端接线都接到同一电源 V_{CC} 点上，同理，所有数字地和模拟地接线也应都接到同一数字地和模拟地点上。

1.4.5 电子拔河游戏机电路设计

1. 设计内容

设计一种能容纳甲乙双方参赛电子拔河游戏电路。

2. 设计要求

(1) 拔河游戏机需用 15 个（或 9 个）发光二极管排列成一行，开机后只有中间一个发亮，以此作为拔河的中心线，游戏双方各持一个按键，迅速地、不断地按动产生脉冲，谁按得快，亮点向谁方向移动，每按一次，亮点移动一次。移到任一方终端二极管发亮，这一方就得胜，此时双方按键均无作用，输出保持，只有经复位后才使亮点恢复到中心线。

(2) 显示器显示胜者的盘数。

3. 总体设计方案提示

1) 电路的原理框图 (图 1.4-22)

可逆计数器原始状态输出 4 位二进制数 0000，经译码器输出使中间的一只发光二极管发亮。当按动 A、B 两个按键时，分别产生两个脉冲信号，经整形后分别加到可逆计数器，可逆计数器输出的代码经译码器译码后驱动发光二极管点亮并产生位移，当亮点移动任何一方终端后，由于控制电路的作用，使这一状态被锁定，而对输入脉冲不起作用。如按动复位键，亮点又回到中点位置，比赛又可重新开始。

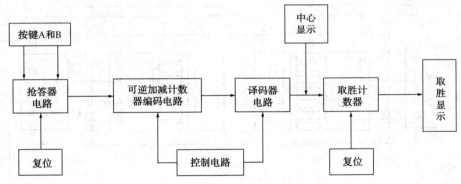

图 1.4-22 拔河游戏机线路框图

将双方终端二极管的正端分别经两个与非门后接至两个二-十进制计数器的加计数端，当任一方取胜，该方终端二极管发亮，产生一个下降沿使其对应的计数器计数。这样，计数器的输出即显示了胜者取胜的盘数。

2) 整机电路图 (图 1.4-23)

(1) 整形电路可逆计数器要有两个输入端，四个输出端，要进行加/减计数，因此选用 CC40193 双时钟二进制同步加/减计数器来完成。

CC40193 是可逆计数器，控制加减的 CP 脉冲分别加至 5 脚和 4 脚，此时当电路要求进行加法计数时，减法输入端 CP_d 必须为高电平；进行减法计数时，加法输入端 CP_u 也必须为高电平，若直接由 A、B 键产生的脉冲加到 5 脚或 4 脚，那么就有很多时机在进行计数输入

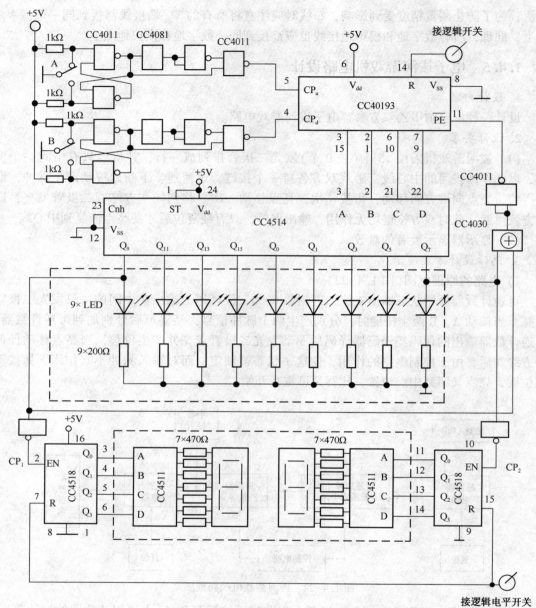

图 1.4-23 拔河游戏机整机线路图

时另一计数输入端为低电平，使计数器不能计数，双方按键均失去作用，拔河赛不能正常进行。加一整形电路，使 A、B 二键出来的脉冲经整形后变为一个占空比很大的脉冲，这样就减少了进行某一计数时另一计数输入为低电平的可能性，从而使每按一次键都有可能进行有效的计数。整形电路系由与门 CC4081 和与非门 CC4011 实现。

（2）译码电路

选用 4-16 线 CC4514 译码器。译码器的输出 $Q_0 \sim Q_{14}$ 分接 15 个（或 9 个）发光二极管，二极管的负端接地，而正端接译码器；这样，当输出为高电平时发光二极管点亮。

比赛准备，译码器输入为 0000，Q_0 输出为 0，中心处二极管首先点亮，当编码器进行加法计数时，亮点向右移，进行减法计数时，亮点向左移。

（3）控制电路

为指示出谁胜谁负，需用一个控制电路。当亮点移到任何一方的终端时，判该方为胜，此时双方的按键均宣告无效。此电路可用异或门 CC4030 和非门 CC4011 来实现。将双方终端二极管的正极接至异或门的两个输入端，当获得胜一方为"1"，而另一方则为"0"，异或门输出为"1"，经非门产生低电平"0"，再送到计数器的置数端 PE，于是计数器停止计数，处于预置状态，使计数器对输入脉冲不起作用。

（4）胜负显示

将双方终端二极管正极经与非门后的输出端分别接到两个 CC4518 数器的 EN 端，CC4518 的两组 4 位 BCD 码分别接到实验装置的两组译码显示器的 A、B、C、D 插口处。当一方取胜时，该方端二极管发亮，同时相应的数码管进行加——计数，于是就得到了双方取胜次数的显示，若一位数不够，则进行二位数的级联。

（5）复位

为能进行多次比较而需要进行复位操作使亮点返回中心点，可用一个开关控制 CC40193 的清零端即可。

胜负显示器的复位也应用一个开关来控制胜负计数器的清零端 R，使其重新计数。

3）工作情况

（1）比赛开始，裁判下达比赛命令后(用空格键代表裁判信号，摁一下空格键)，甲乙双方才能输入信号，否则，由于电路具有自锁功能，会使输入信号无效。裁判信号由键盘空格键来控制。

（2）"电子绳"由 15 个 LED 管构成，裁判下达"开始比赛"的命令后，摁一下空格键，位于"电子绳"中点的 LED 发亮。甲乙双方通过按键输入信号，用键盘上的数字键 A 键 B 键来模拟，摁一下 A 向左移动，摁一下 B 键向右移动。使发亮的 LED 管向自己一方移动，并阻止其向对方延伸，谁摁得快就向这一方移动。当从中点至自己一方的最后一个 LED 管发亮时，表示比赛结束，这时，电路自锁，保持当前状态不变，除非由裁判使电路复位，并对获胜的一方计数器自动加一。

（3）记分电路用两位七段数码管分别对双方得分进行累计，在每次比赛结束时电路自动加分。

（4）双方得分计数器的清零信号由键盘上的数字键 2 键、3 键来实现。当比赛结束时，计分器清零，为下一次比赛做好准备。

工作情况：该电路基本实现了电子拔河游戏机设计的基本要求，但每次比赛前都要进行清零，比较繁琐。

4. 设计、调试提示

（1）用一个抢答器电路来控制双方参赛按钮信号，先按下的一方优先，另一方再按下时不起作用。

（2）双方参赛按钮输入信号可作为一个可逆加减计数器的计数脉冲，一方进行加运算，使亮点向右移动，另一方进行减运算，使亮点向左移动。

（3）采用 4-16 译码器，使得在比赛开始前，译码信号为 1000，中间的 LED 点亮。

（4）设置裁判的开赛信号，只有开赛有效时，可逆计数器才可以工作。

（5）当亮点到达一方终端时，应产生使可逆计数器停止工作的信号。

（6）每一方设置一个得分计数器及显示器，当一方取胜时，计数器加一并显示。得分计数器应设置总清零信号，当比赛结束时，计分器清零，为下一次比赛做好准备。

1.4.6 数控增益放大器电路设计

1. 设计内容

设计一个数字控制增益的放大器。

2. 设计要求

在控制按键的作用下，放大器的增益依次在 1~8 之间转换，同时用 LED 数码管显示放大器的增益。

3. 总体设计方案提示

按设计要求，放大器的增益应在 1~8 之间，因此，可选择同相输入比例放大器，其电压增益为：

$$A_{uf} = 1 + \frac{R_2}{R_1}$$

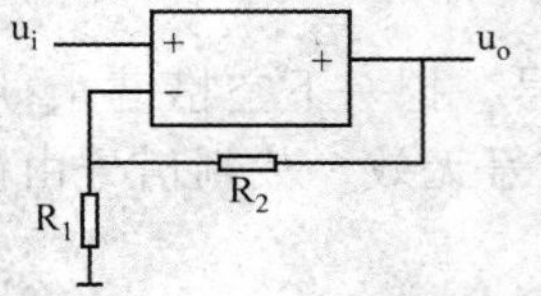

电路如图 1.4-24 所示。如果取 $R_1 = 10k\Omega$，则可以通过改变 R_2 实现增益的改变。当 $R_2 = 0$ 时，$A_{uf} = 1$；当 $R_2 = 10k\Omega$，$A_{uf} = 2$；当 $R_2 = 20k\Omega$，$A_{uf} = 3$；依次类推，当 $R_2 = 70k\Omega$，$A_{uf} = 8$。为达到放大器增益数字控制的目的，可由数据选择器和电阻构成数控电阻网络，代替图中的 R_2，通过改变数据选择器的地址编码，实现数控电阻的目的，由此设计图 1.4-25 所示的电路。图中 CD4518 构成八进制计数器，计数器的 Q_2、Q_1、Q_0 作为

图 1.4-24 同相比例放大器

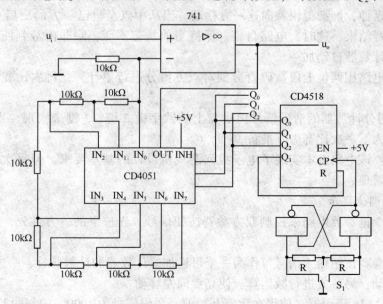

图 1.4-25 数控增益放大器

数据选择器 CD4051 的地址输入。由与非门、电阻和开关组成的消抖动电路，每按动一下按键 S_1，计数器加 1，数控电阻网络的等效电阻发生变化，由此控制放大器的增益在 1~8 之间变化。

为了直观地显示放大器的增益，译码/显示电路如图 1.4-26 所示。

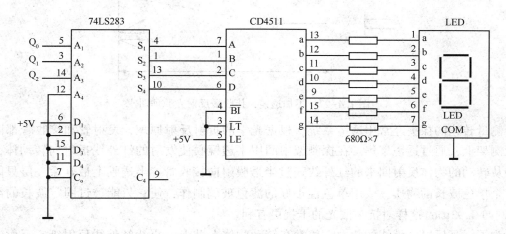

图 1.4-26 译码/显示电路

1.4.7 红外线数字转速表电路设计

1. 设计内容

设计四位数字显示红外线转速表。

2. 设计要求

（1）转速表探头用红外线发光管。测速范围为 0000~9999r/min，实现近距离测量。

（2）发射的红外线用一定的频率脉冲调制，接受的调制脉冲通过解调电路得到北侧转动体的转速脉冲。

3. 总体设计方案提示

1）红外线转速表的工作原理

红外线转速表是一种代替机械转速表，用来测量转动速率的计量仪表。红外线转速表采用的红外线探头有直射式和反射式两种。直射式控头、发光管和受光管在被测物体的两边，发光管射出的光线直接照射到受光管上，被测物体运动时阻挡光线，产生计数信号，这种控头经常用作光电计数。反射式控头、发光管和受光管在被测物体的同侧，当探头接近物体时，接收到脉冲的红外线信号，用于测量转速比较方便。

测量转速的探头根据测量距离可以采用透镜系统，也可不采用透镜系统。当被测物离开探头距离在 15cm 以内时，无需采用透镜。探头设计时可采用小功率发光管 5GL 和光敏受光管 3DU5C。组装电路如图 1.4-27 所示，两管并排放置，两个管子的中心线夹角很小，使它们在 10~15cm 远处相交。这种探头靠近物体上漫反射回来的光线工作，对全黑色物体，接收灵敏度很低，对白色物体和镜面反射接收最灵敏，也能接收其他颜色物体的反射光，但相应的探测距离要近些。

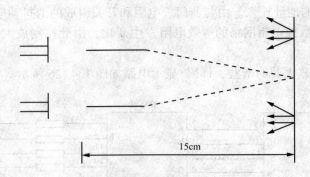

15cm

图 1.4-27　不加透镜，接收漫反射光原理图

　　测量转速的探头经常用透镜系统，根据光学的折射反射原理，发射管和接收管都固定在探测架上，通过透镜聚焦。在探测架中间用半透镜膜使发射的红外线折射向转动体，又能使从转动的物体反射回来的红外线通过半透膜射向接收管。半透膜上最好涂一层只能透过某个单色波长的物质，或用单色性很好的滤色玻璃制作，使它只能透过固定波长的红外线（例如 $0.93\mu m$）这样对抗杂散光的干扰更有利。

　　为了提高反射红外线的能力，通常在转动物体上贴上一小片红外线反射纸，反射效果极好。有时用镜面、铝箔、洁白平滑的纸、白油漆等也能提供反射性能。当转动物体转到反射纸恰好对着从发光管发出的红外线时，接收管接受到光信号，从单位时间内收到光信号的次数便可测出转速。测量远距离转动物体，可用中功率和大功率发光二极管（HL 系列发光二极管），还可采用砷化镓单异质结激光二极管（如 2EJD 系列），这种管子的峰值波长为 $0.90\mu m$，输出功率为 $2\sim10W$，额定工作电流为 $15\sim45A$，发射距离超过几十米。相应的接收管仍可采用硅光电三极管 3DU5C。

　　红外线转速表电路原理框图如图 1.4-28 所示。为了使红外线转速表不怕可见光干扰，系统可以设置振荡器和波形变换电路，使发射的红外线通过脉冲功率放大和调制，当受光管收到脉冲信号后，电路把调制发光管的脉冲信号和被受光管收到的脉冲信号选通出来；对收到的光电信号，必须"卸调"调制脉冲，即实行解调，从中取得真正需要的转速脉冲输

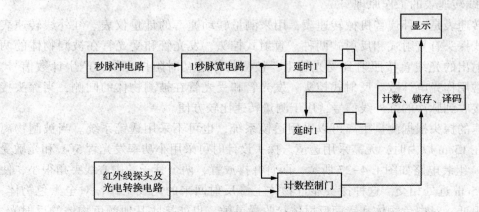

图 1.4-28　红外线转速表电路原理框图

出信号，解调后输出信号送入计数控制门计数。

秒脉冲电路可以得到1Hz的秒脉冲信号，通过1秒脉宽电路得到闸门时间(脉宽)为1秒的闸门信号，该1秒的脉宽就是转速表的取样时间，是计数控制门的输入信号。为了在测量过程中，只让显示数字在每次测量结束后自动改变一次数据，要对计数显示"锁存"，所以电路需要一个延时1锁存信号。在计数器每测量一次转速后，是计数器自动清零，故设置延时2电路，以提供延时清零脉冲。计数、锁存、译码显示电路完成光电转速表的转速数据显示。

2) 主要器件简介

(1) 第三代电子表集成电路5C702

图1.4-29是5C702的管脚排列顶视图及连线图。因为它用5V电源，更适合与TTL集成电路及COM集成电路配合使用。5C702由晶体振荡器(振荡频率为32768Hz)、整形器、16级二分频器、窄脉冲形成器、输出驱动器及复位电路组成。Q_1和Q_2输出脉冲信号的周期为2s，Q_{15}输出脉冲信号的周期为1s，Q_7输出脉冲信号的频率为256Hz。R为复位端，如果R端为高电平时，电路无输出。改变T_1和T_2的连接方式可以改变输出脉冲的宽度，T_1和T_2相连时，Q_1和Q_2输出脉冲宽度为31.25ms；T_1和T_2断开时，Q_1和Q_2输出脉冲宽度为7.8ms。

从5C702的Q_5端可直接引出秒信号，连接成图1.4-29(b)，经场效应晶体管3DO6作接口，可引出幅值为10V的秒信号，作为数字电子计时器的标准秒脉冲。

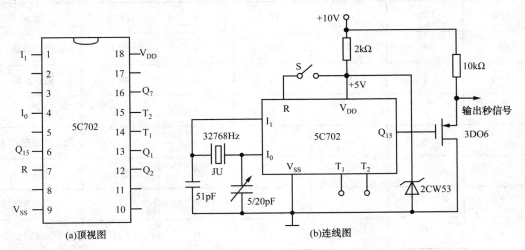

图1.4-29　5C702集成电路

(2) 计数/锁存/7段译码/驱动器CC40110

CC40110是COMS集成电路，内部计数器采用"约翰逊计数器"结构，按二-十进制加/减方式工作，锁存器将数据锁存，译码器、驱动器和输出驱动七段显示器，电源范围为3～8V，输出驱动电源可达10mA以上。CC40110逻辑图和引出端功能图如图1.4-30所示。a～g为驱动器输出端，和七段显示器连接；R为清零端，R="1"时，计数器复零；CP_U是加法计数时钟，CP_D是减法计数时钟；Q_{CO}输出进位脉冲，Q_{BO}输出借位脉冲；TE′为触发器使能端，TE′="0"时计数器工作，TE′="1"时计数器处于禁止状态，即不计数；LE 为锁存控制端，LE="1"时，计数器锁存。CC40110 各引出端具体功能参如表 1.4-1 所示。CC40110 可直接驱动 LED 显示器，不需接口电路。多位使用时，进位端 Q_{CO} 和借位端 Q_{BO} 都直接与相邻高位的 CP_U 和 CP_D 连接。以进位脉冲或借位脉冲上升沿起触发作用。

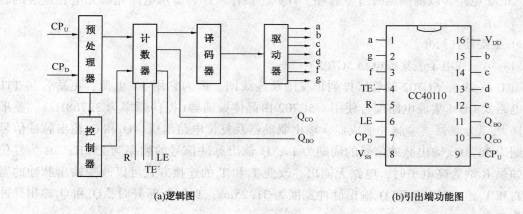

(a)逻辑图　　　　　　　　　　　　　　(b)引出端功能图

图 1.4-30　CC40110 集成电路

表 1.4-1　CC40110 真值表

CP_U	CP_D	LE	TE′	R	计数器	显示
↑	×	0	0	0	加 1	随计数器
×	↑	0	0	0	减 1	随计数器
↓	↓	×	×	0	不变	不变
×	×	×	×	1	复零	随计数器显示"0"
×	×	×	1	0	禁止	保持固定
↑	×	1	0	0	加 1	保持固定
×	↑	1	0	0	减 1	保持固定

（3）单稳态触发器 CC4098

CC4098（或 CC14528）单稳态触发器的管脚功能如图 1.4-31 所示。触发器从 TR+或 TR-端引入（上升沿触发则用 TR+端，下降沿触发则用 TR-端）。输入端 R′接"1"时，单稳态触发器按触发工作，接"0"时，Q 端输出"0"，Q′输出"1"。R_{ext} 和 C_{ext} 是外接的定时元件，其值决定输出脉冲宽度（暂态时间）。电路本身的传输延迟时间仅由内部单元的延时决定，与 R_{ext} 和 C_{ext} 的值无关。CC4098（或 CC14528）的真值表如表 1.4-2 所示。

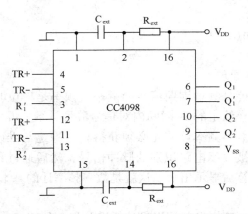

图 1.4-31　CC4098(或 CC14528)管脚功能图

表 1.4-2　CC4098 真值表

输入			输出	
TR+	TR-	R′	Q	Q′
↑	1	1	⊓	⊔
↑	0	1	Q	Q′
1	↓	1	Q	Q′
0	↓	1	⊓	⊔
×	×	0	0	1

4. 设计、调试要点

(1) 检查系统各部分电路的电源及共地接线是否接好。

(2) 检查晶振电路是否正常振荡,经分频后应得到秒脉冲信号。

(3) 检查 1 秒脉宽取样信号。

(4) 检查红外线发光管电路和接受管电路是否能正确发射和接收信号。

(5) 电路若采用红外线调制和解调信号,检查调制信号是否能被发射和接收,解调电路的输出信号应是被测转速的脉冲。

(6) 检查延时 1 电路能否完成锁存数据功能,检查延时 2 电路能否完成计数器清零。

(7) 检查计数、译码、显示电路可否正常显示,整机系统可否完成转速测量。

1.4.8　数字频率计电路设计

1. 设计内容

设计并制作出一种数字频率计。本设计与制作项目可以进一步加深我们对数字电路应用技术方面的了解与认识,进一步熟悉数字电路系统设计、制作与调试的方法和步骤。

2. 设计要求

(1) 频率测量范围:10~9999Hz。

(2) 输入电压幅度>300mV。

(3) 输入信号波形:任意周期信号。

（4）显示位数：4位。

（5）电源：220V、50Hz

3. 总体设计方案提示

1）数字频率计的基本原理

数字频率计的主要功能是测量周期信号的频率。频率是单位时间（1s）内信号发生周期变化的次数。如果我们能在给定的1s时间内对信号波形计数，并将计数结果显示出来，就能读取被测信号的频率。数字频率计首先必须获得相对稳定与准确的时间，同时将被测信号转换成幅度与波形均能被数字电路识别的脉冲信号，然后通过计数器计算这一段时间间隔内的脉冲个数，将其换算后显示出来。这就是数字频率计的基本原理。

2）系统框图

从数字频率计的基本原理出发，根据设计要求，得到如图1.4-32所示的电路框图。下面介绍框图中各部分的功能及实现方法。

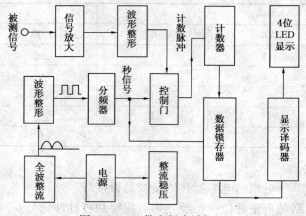

图1.4-32　数字频率计框图

（1）电源与整流稳压电路

框图中的电源采用50Hz的交流市电。市电被降压、整流、稳压后为整个系统提供直流电源。系统对电源的要求不高，可以采用串联式稳压电源电路来实现。

（2）全波整流与波形整形电路

本频率计采用市电频率作为标准频率，以获得稳定的基准时间。按国家标准，市电的频率漂移不能超过0.5Hz，即在1%的范围内。用它作普通频率计的基准信号完全能满足系统的要求。全波整流电路首先对50Hz交流市电进行全波整流，得到如图1.4-33（a）所示100Hz的全波整流波形。波形整形电路对100Hz信号进行整形，使之成为如图1.4-33（b）所示100Hz的矩形波。波形整形可以采用过零触发电路将全波整流波形变为矩形波，也可采用施密特触发器进行整形。

（3）分频器

分频器的作用是为了获得1s的标准时间。电路首先对图1.4-33所示的100Hz信号进行100分频得到如图1.4-34（a）所示周期为1s的脉冲信号。然后再进行二分频得到如图1.4-34（b）所示占空比为50%脉冲宽度为1s的方波信号，由此获得测量频率的基准时间。

利用此信号去打开与关闭控制门，可以获得在1s时间内通过控制门的被测脉冲的数目。分频器可以由计数器通过计数获得。二分频可以采用触发器来实现。

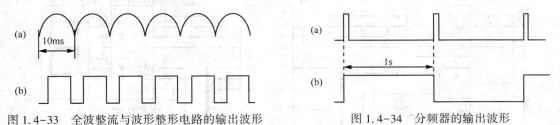

图1.4-33 全波整流与波形整形电路的输出波形　　　　图1.4-34 分频器的输出波形

（4）信号放大、波形整形电路

为了能测量不同电平值与波形的周期信号的频率，必须对被测信号进行放大与整形处理，使之成为能被计数器有效识别的脉冲信号。信号放大与波形整形电路的作用即在于此。信号放大可以采用一般的运算放大电路，波形整形可以采用施密特触发器。

（5）控制门

控制门用于控制输入脉冲是否送计数器计数。它的一个输入端接标准秒信号，另一个输入端接被测脉冲。控制门可以用与门或者或门来实现。当采用与门时，秒信号为正时进行计数，当采用或门时，秒信号为负时进行计数。

（6）计数器

计数器的作用是对输入脉冲计数。根据设计要求，最高测量频率为9999Hz，应采用4位十进制计数器。可以选用现成的10进制集成计数器。

（7）锁存器

在确定的时间（1s）内，计数器的计数结果（被测信号频率）必须经锁定后才能获得稳定的显示值。锁存器的作用是通过触发脉冲控制，将测得的数据寄存起来，送显示译码器。锁存器可以采用一般的8位并行输入寄存器，为使数据稳定，最好采用边沿触发方式的器件。

（8）显示译码器与数码管

显示译码器的作用是把用BCD码表示的10进制数转换成能驱动数码管正常显示的段信号，以获得数字显示。选用显示译码器时其输出方式必须与数码管匹配。

3）系统总电路

根据系统框图，设计出的电路如图1.4-35所示。图中稳压电源采用7805来实现，电路简单可靠，电源的稳定度与波纹系数均能达到要求。

对100Hz全波整流输出信号的分频采用7位二进制计数器74HC4024组成100进制计数器来实现。计数脉冲下降沿有效。在74HC4024的Q7、Q6、Q3端通过与门加入反馈清零信号，当计数器输出为二进制数1100100（十进制数为100）时，计数器异步清零。

实现100进制计数。为了获得稳定的分频输出，清零信号与输入脉冲"与"后再清零，使分频输出脉冲在计数脉冲为低电平时保持一段时间（10ms）为高电平。

电路中采用双JK触发器74HC109中的一个触发器组成单稳态触发器，它将分频输出脉冲整形为脉宽为1s、周期为2s的方波。从触发器Q端输出的信号加至控制门，确保计数器只在1s的时间内计数。从触发器Q′端输出的信号作为数据寄存器的锁存信号。

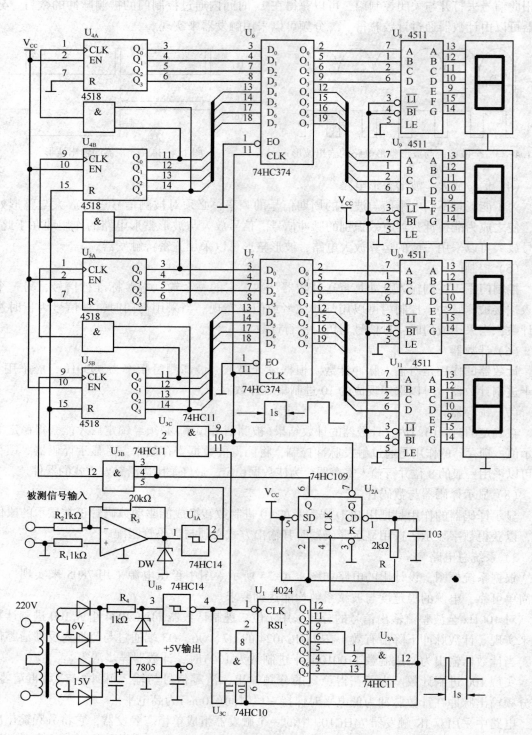

图 1.4-35 数字频率计电路图

被测信号通过 741 组成的运算放大器放大 20 倍后送施密特触发器整形，得到能被计数器有效识别的矩形波输出，通过由 74HC11 组成的控制门送计数器计数。为了防止输入信号太强损坏集成运放，可以在运放的输入端并接两个保护二极管。

频率计数器由两块双十进制计数器 74HC4511 组成，最大计数值为 9999Hz。由于计数器受控制门控制，每次计数只在 JK 触发器 Q 端为高电平时进行。当 JK 触发器 Q 端跳变至低电平时，Q′端的由低电平向高电平跳变，此时，8D 锁存器 74HC374(上升沿有效)将计数器的输出数据锁存起来送显示译码器。计数结果被锁存以后，即可对计数器清零。由于74HC4518 为异步高电平清零，所以将 JK 触发器的 Q′同 100Hz 脉冲信号"与"后的输出信号作为计数器的清零脉冲。由此保证清零是在数据被有效锁存一段时间(10ms)以后再进行。

显示译码器采用与共阴数码管匹配的 CMOS 电路 74HC4511，4 个数码管采用共阴方式，以显示 4 位频率数字，满足测量最高频率为 9999Hz 的要求。

4. 设计、调试提示

1) 器件检测

用数字集成电路检测仪对所要用的 IC 进行检测，以确定每个器件完好。如有兴趣，也可对 LED 数码管进行检测，检测方法由自己确定。

2) 电路连接

在自制电路板上将 IC 插座及各种器件焊接好；装配时，先焊接 IC 等小器件，最后固定并焊接变压器等大器件。电路连接完毕后，先不插 IC。

3) 电源测试

将与变压器连接的电源插头插入 220V 电源，用万用表检测稳压电源的输出电压。输出电压的正常值应为+5V。如果输出电压不对，应仔细检查相关电路，消除故障。稳压电源输出正常后，接着用示波器检测产生基准时间的全波整流电路输出波形。正常情况应观测到如图 1.4-33(a)所示波形。

4) 基准时间检测

关闭电源后，插上全部 IC。依次用示波器检测由 U_1(74HC4024)与 U_{3A} 组成的基准时间计数器与由 U_{2A} 组成的触发器的输出波形，并与图 1.4-34 所示波形对照。如无输出波形或波形形状不对，则应对 U_1、U_3、U_2 各引脚的电平或信号波形进行检测，消除故障。

5) 输入检测信号

从被测信号输入端输入幅值为 1V 左右、频率为 1kHz 左右的正弦信号，如果电路正常，数码管可以显示被测信号的频率。如果数码管没有显示，或显示值明显偏离输入信号频率，则做进一步检测。

6) 输入放大与整形电路检测

用示波器观测整形电路 U_{1A}(74HC14)的输出波形，正常情况下，可以观测到与输入频率一致、信号幅值为 5V 左右的矩形波。如观测不到输出波形，或观测到的波形形状与幅值不对，则应检测这一部分电路，消除故障。如该部分电路正常，或消除故障后频率计仍不能正常工作，则检测控制门。

7) 控制门检测

检测控制门 U_{3C}(74HC11)输出信号波形，正常时，每间隔 1s 时间，可以在荧屏上观测到被测信号的矩形波。如观测不到波形，则应检测控制门的两个输入端的信号是否正常，并通过进一步的检测找到故障电路，消除故障。如电路正常，或消除故障后频率计仍不能正常工作，则检测计数器电路。

8）计数器电路检测

依次检测 4 个计数器 74HC4518 时钟端的输入波形，正常时，相邻计数器时钟端的波形频率依次相差 10 倍。如频率关系不一致或波形不正常，则应对计数器和反馈门的各引脚电平与波形进行检测。正常情况各电平值或波形应与电路中给出的状态一致。通过检测与分析找出原因，消除故障。如电路正常，或消除故障后频率计仍不能正常工作，则检测锁存器电路。

9）锁存电路检测

依次检测 74HC374 锁存器各引脚的电平与波形。正常情况各电平值应与电路中给出的状态一致。其中，第 11 脚的电平每隔 1s 跳变一次。如不正常，则应检查电路，消除故障。如电路正常，或消除故障后频率计仍不能正常工作，则检测锁存器电路。

10）显示译码电路与数码管显示电路检测

检测显示译码器 74HC4511 各控制端与电源端引脚的电平，同时检测数码管各段对应引脚的电平及公共端的电平。通过检测与分析找出故障。

1.4.9　红外线探测防盗报警器的设计与制作

1. 设计内容

设计并制作一个红外线探测防盗报警器。

2. 设计要求

报警器能自动探测人体发出的红外线，当有人进入监控区域，立即发出报警声，报警声能持续 1min 左右。

3. 总体设计方案提示

1）任务分析

报警器启动后，持续监测周围环境。当有人进入时，报警器探测到人体红外线，由红外线探测器发出报警信号，同时启动延时电路使报警持续 1min。监控器在设计时要考虑到使用者启动监控器时也处于监控环境中，应给予离开的时间。红外线探测防盗报警器的原理框图如图 1.4-36 所示。

图 1.4-36　红外线探测防盗报警器原理框图

2）红外线传感器

红外线传感器原理是利用红外线的物理性质，即利用远红外线范围的感度作为人体检出用来进行测量。红外线传感器包括光学系统、检测元件和转换电路。光学系统按结构不同可分为透射式和反射式两类。检测元件按工作原理可分为热敏检测元件和光电检测元件。热敏元件应用最多的是热敏电阻。热敏电阻受到红外线辐射时温度升高，电阻发生变化，通过转换电路变成电信号输出。光电检测元件常用的是光敏元件，通常由硫化铅、硒化铅及硅掺杂等材料制成。

3）信号放大电路

红外线传感器发出的电信号极微弱，利用放大电路将信号放大，采用两级放大，第一级采用三极管放大，第二级采用运算放大器进行放大。

4）电压比较电路

判断红外线传感器是否接收到了热源信号，如果有就驱动报警电路。

5）报警延时电路

红外线接收到热源信号，由电压比较器输出传送的信号后，蜂鸣器发出声音，并保持1min。

4. 设计、调试提示

1）红外线探测电路

红外线传感器 IC_1 采用热释电红外线传感器 D203S（图1.4-37），波长为 $5\sim14\mu m$。人体体温基本恒定在37℃，会发出特定波长 $10\mu m$ 左右的红外线。IC_1 探测到前方人体辐射出的红外线信号时，由 IC_1 的 S 脚输出电信号送入到放大电路，经过放大比较之后可以使蜂鸣器发出响声。

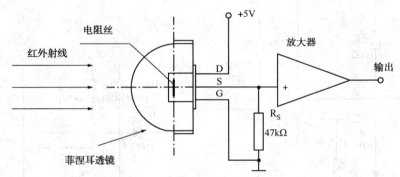

图1.4-37 红外线传感器 D203S 结构图

2）信号放大电路

信号放大电路如图1.4-38所示。C_1、VT_1 和运算放大器 LM358 等组成信号放大电路，由 IC_1 的 2 脚输出微弱的电信号，经三极管 VT_1 等组成第一级放大电路放大，再通过 C_2 输入到运算放大器 IC_{2A} 中进行高增益、低噪声放大，此时由 IC_{2A} 的 1 脚输出的信号已足够强，信号输入到电压比较电路。

3）电压比较电路

电压比较电路如图1.4-39所示。IC_{2B} 和 VD_1 等组成电压比较器，IC_{2B} 的第 5 脚由 R_{10}、VD_1 提供基准电压0.7V，当 IC_{2A} 的 1 脚输出的信号电压到达 IC_{2B} 的 6 脚时，两个输入端的电压进行比较，此时 IC_{2B} 的 7 脚由原来的高电平变为低电平。

4）报警延时电路

报警延时电路如图1.4-40所示。IC_{4A}、R_{14} 和 C_6 组成报警延时电路，其时间约为1min。IC_{4A} 选择 LM393，当 IC_{2B} 的 7 脚变为低电平时，C_6 通过 VD_2 放电，此时 IC_4 的 2 脚变为低电

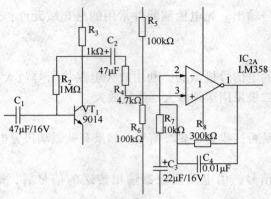

图 1.4-38　信号放大电路

平并与 IC_4 的 3 脚基准电压进行比较，当它低于其基准电压时，IC_4 的 1 脚变为高电平，VT_2 导通，蜂鸣器 BL 导通发出报警声。人体的红外线信号消失后，IC_{2B} 的 7 脚又恢复高电平输出，此时 VD_2 截止。由于 C_6 两端的电压不能突变，故通过 R_{14} 向 C_6 缓慢充电，当 C_6 两端的电压高于其基准电压时，IC_4 的 1 脚才变为低电平，时间约为 1min，即持续 1min 报警。

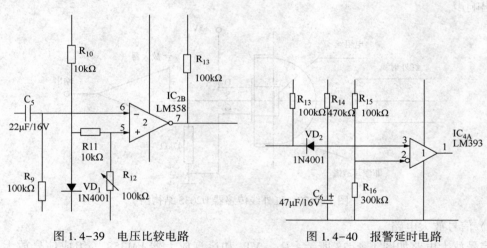

图 1.4-39　电压比较电路　　　　　　　图 1.4-40　报警延时电路

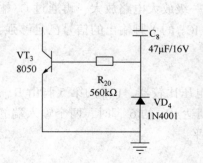

图 1.4-41　开机延时电路

5）开机延时电路

开机延时电路如图 1.4-41 所示。由 VT_3、R_{20}、C_8 组成开机延时电路，时间也约为 1min，它的设置主要是防止使用者开机后立即报警，好让使用者有足够的时间离开监视现场，同时可防止停电后又来电时产生误报。

6）12V 电源电路

如图 1.4-42 所示，报警器采用 9～12V 直流电源供电，由 T 降压，T 为 12V5W 的变压器，全桥 U 整流，C_{10}

滤波，检测电路采用 IC3-78L06 供电。报警器交直流两用，自动无间断转换。

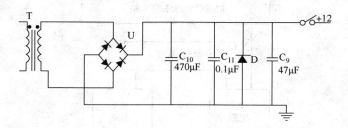

图 1.4-42 电源电路

7）总原理图设计

在单元电路设计的基础上，绘出总原理图如图 1.4-43 所示。

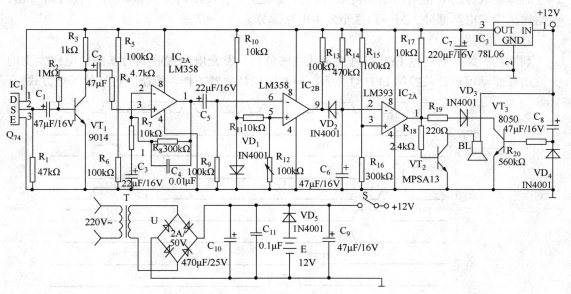

图 1.4-43 红外线探测防盗报警器电路图

1.4.10 小型电子声光礼花器设计与制作

1. 设计内容

设计并制作电子声光礼花器，模拟礼花燃放，达到声形兼备的效果。

2. 设计要求

（1）模拟的礼花燃放声音应能停顿（0.1~1）s。

（2）模仿礼花色彩时，由红、绿、蓝三色发光二极管呈三角形分布。

3. 总体设计方案提示

1）任务分析

制作礼花器，由模拟礼花色彩的发光电路和模拟礼花爆炸声的发声电路两部分组成。礼花器的原理框图如图 1.4-44 所示。

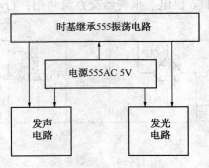

图 1.4-44　礼花器的原理框图

2）时基集成振荡电路

时基集成振荡电路采用 555 构成方波信号发生器，发出的方波振荡信号分两路送出，一路送至发光电路部分，另一路送至发声电路部分。

3）发光电路

利用红、绿、蓝三色 LED 灯阵模拟礼花的色彩，发光电路接收到时基集成电路发出的方波信号驱动模拟开关控制 LED 灯亮灭，同时驱动计数器工作，控制三色灯的闪烁方式。

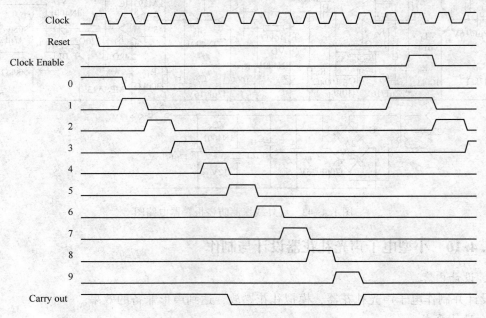

图 1.4-45　CD4017 波形图

发光电路中采用 CD4017 和 CD4066 分别作为计数器及模拟开关。

CD4017 是十进制计数器/脉冲分配器，内部装有 5 个 Johnson 计数器，具有 10 个译码输出端，CP、CR、INH 输入端。INH 为低电平时，计数器在时钟上升沿计数；反之，计数功能无效。CR 为高电平时，计数器清零。CD 4017 的波形图如图 1.4-45 所示，逻辑图如图 1.4-46 所示。引脚图如图 1.4-47 所示，真值如表 1.4-3 所示。

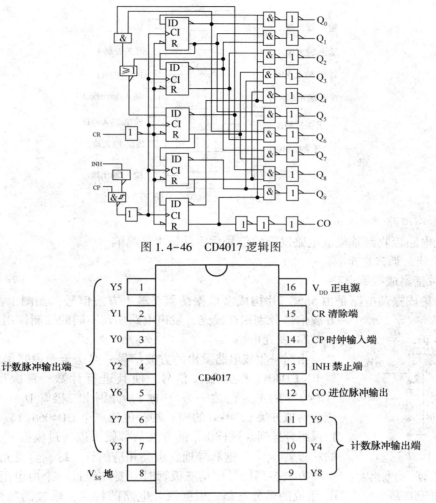

图 1.4-46 CD4017 逻辑图

Y5	1	16	V_{DD} 正电源
Y1	2	15	CR 清除端
Y0	3	14	CP 时钟输入端
Y2	4	13	INH 禁止端
Y6	5	12	CO 进位脉冲输出
Y7	6	11	Y9
Y3	7	10	Y4
V_{SS} 地	8	9	Y8

计数脉冲输出端 { Y5 Y1 Y0 Y2 Y6 Y7 Y3

CD4017

计数脉冲输出端 { Y9 Y4

图 1.4-47 CD4017 引脚图

表 1.4-3 CD4017 真值表

输入			输出	
CP	CR	INH	$Q_0 \sim Q_9$	CO
×	×	H	Q_0	
↑	L	L	计数	
H	↓	L		计数脉冲为 $Q_0 \sim Q_4$ 时：CO=H
L	×	L		计数脉冲为 $Q_5 \sim Q_9$ 时：CO=L
×	H	L	保持	
↓	×	L		
×	↑	L		

　　CD4066 是四双向模拟开关，主要用作模拟或数字信号的多路传输。内部有 4 个独立的模拟开关，每个模拟开关有输入、输出、控制三个端子，其中输入端和输出端可互换。图 1.4-48 为 CD4066 引脚图。

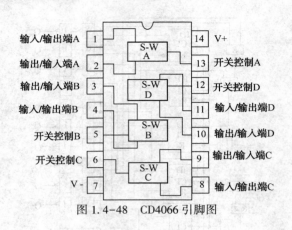

图 1.4-48　CD4066 引脚图

4）发声电路

发光电路接收到基集成电路发出的信号后驱动扬声器鸣响。

4. 设计、调试提示

1）时基集成振荡电路

时基集成振荡电路是由 555 芯片构成多谐振荡器，输出方波信号，如图 1.4-49 所示。方波信号分别送往发光、发声电路实现不同的控制作用。

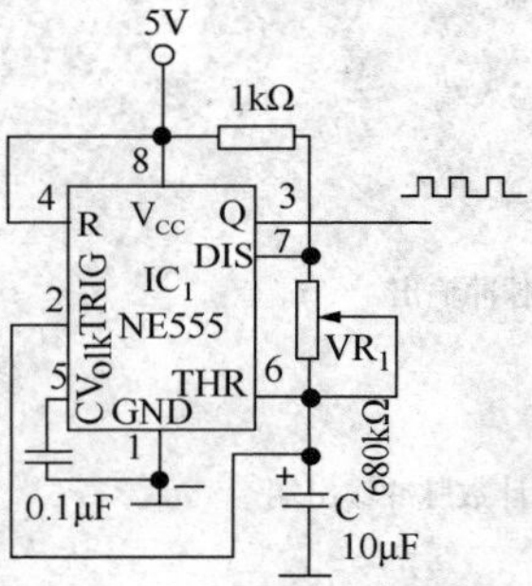

图 1.4-49　时基集成振荡电路

2）发光电路

由时基集成电路发出的方波信号一路送至十进制集成电路计数器 IC_3 CD4017 作为触发信号，使其进行计数。每次计数的结果（CD4017 的 $Y_0 \sim Y_6$ 之一为"1"时），分别由二极管 $D_1 \sim D_{12}$ 传输到相应的模拟开关 CD4066 的控制端，可使三个 CD4066（1）（2）（3）或单独或组合导通。这样 IC_1 的方波信号就可以通过模拟开关驱动相应的三极管 $T_1 \sim T_3$ 饱和导通，点亮相应的红、绿、蓝发光二极管。

方波振荡信号驱动三极管时，要先经过一个由电阻 R_b 和电容 C_b 组成的微分电路，根据微分电路的特点，后接的三极管是在方波上升沿开始后导通，然后 V_b 点的电压按指数规律衰减至 0，因此三极管驱动的 LED 也有一个从突然点亮而渐暗的短暂过程，这个过程的长短可由 R_b 和 C_b 的数值时间常数来调整。

CD4017 计数器的输出与 CD4066 模拟开关的接通状态即发光二极管 LED 的点亮情况如表 1.4-4 所示。当 CD4017 的 Y_7 端为"1"时，计数器复位。随着振荡信号不断产生，表 1.4-4 中所列现象循环出现，发光二极管发出的 7 种色彩（单色或三基色合成色）也循环不断，并且每种光色的点亮过程会有一种类似烟花闪烁后迅速熄灭的感觉。

表 1.4-4　发光二极管的点亮情况

CD4017 输出	CD4066	发光二极管
Y_0	CD4066（1）	红 LED
Y_1	CD4066（2）	绿 LED
Y_2	CD4066（3）	蓝 LED
Y_3	CD4066（1）（2）	红 LED、绿 LED
Y_4	CD4066（1）（3）	红 LED、蓝 LED
Y_5	CD4066（1）（3）	绿 LED、蓝 LED
Y_6	CD4066（1）（2）（3）	红 LED、绿 LED、蓝 LED

三极管 T_1、T_2、T_3 都是由 RC 微分电路驱动的，如果将三极管 T_1 改为 RC 积分电路（R 与 C 在电路中的位置互换）驱动则可使红 LED 在点燃时间上有一个后延，如此当两个以上 LED 都点亮时就会产生时序上的差异，产生动画般的层次感。

发光电路图如图 1.4-50 所示。

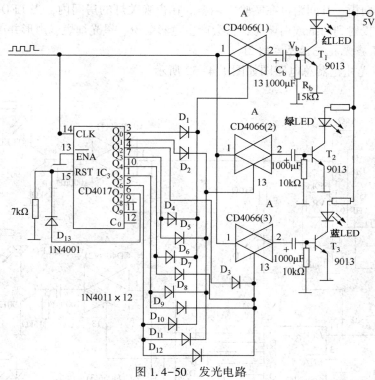

图 1.4-50 发光电路

3）发声电路

如图 1.4-51 所示，发声电路由另一路时基集成电路 555IC$_2$ 来完成，该电路同样也是一个振荡器，不过，其复位端 4 脚所接的信号是由 IC$_1$ 输出的方波信号经过 R_1 和 C_1 组成的微分电路后产生的，即从方波上升沿起及之后的一段时间内，IC$_2$ 的 4 脚保持高电平"1"，并使其工作，所产生的振荡信号直接驱动扬声器和三极管驱动的 LED 点亮同步，发出类似礼花爆炸的声响。

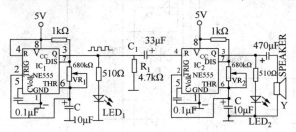

图 1.4-51 发声电路

5. 制作与调试方法

元器件选择时，LED$_1$、LED$_2$ 可选择普通发光二极管，红、绿、蓝三个 LED 应选择 $\phi5$ 以上的超高亮度发光二极管，其他元器件照电路图所给参数选择即可。

　　电路安装后通过调整电位器 VR_1 可改变 IC_1 的振荡频率，以使每次礼花燃放期间有一个合适的短暂停顿，发光二极管 LED_1 用于指示其工作状态。调整电位器 VR_2 可改变 IC_2 的振荡频率，以使扬声器发出类似礼花的声响，LED_2 用于指示其工作状态。红、绿、蓝这三个发光二极管要呈三角形状装置在一起，使它们发光能调色。在它们发光的前方安置一块由透光孔组成礼花图案的面板，其间距可在实验中调整。在夜晚关灯的房间内，当 LED 点亮时的各种彩光通过该面板投射到白纸或白墙时，就会产生色彩缤纷、星光灿烂、声形并茂的礼花效果。

6. 小型电子声光礼花器总电路图

小型电子声光礼花器总电路图如图 1.4-52 所示。

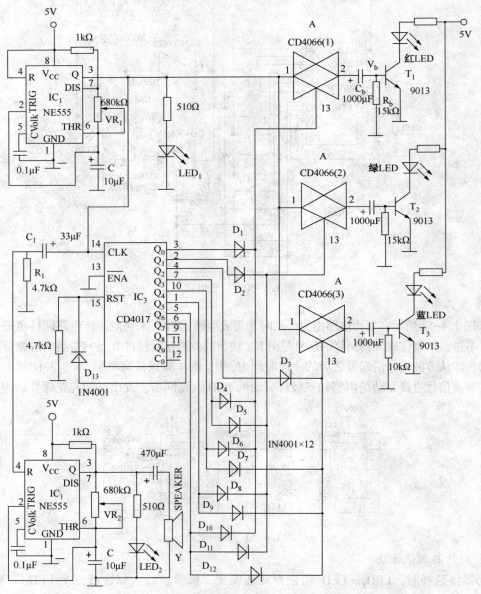

图 1.4-52　小型电子声光礼花器电路图

1.4.11　LED电源及其基本驱动电路设计

1. 设计内容

随着白光 LED 的诞生及其迅速发展，LED 开始进入普通照明阶段。LED 是一种固态冷光源，普遍应用于建筑物照明、街道照明、景观照明、标识牌、信号灯，以及住宅内的照明等领域中。LED 供电的原始电源有两种提供方式，即：低压电池和交流市电电源。无论采用哪种电源供电，都要满足 LED 灯的工作电压，设计并制作 LED 电源及其基本驱动电路设计。

2. 设计要求

LED 灯在工作时需要维持一定的电压，不同的供电方式，需要不同的驱动电路，保证提供给 LED 灯足够的工作电压。在设计时考虑两种情况：① 低压直流供电的 LED 驱动电路；② 交流市电供电的 LED 驱动电路。

3. 总体设计方案提示

1) 低压直流供电的 LED 驱动电路

(1) 输入电压高于 LED 电压

当输入电压高于 LED 或 LED 串的电压降时，通常采用线性稳压器或开关型降压稳压器。

① 线性稳压器　线性稳压器是一种 DC-DC 降压式变换器。LED 驱动电路所采用的线性稳压器大都为低压差稳压器（LDO），其优点是不需要电感元件，所需元件数量少，不产生电磁干扰（EMI），自身电压降比较低。但是与开关型稳压器相比，LDO 的功率损耗还是较大，效率较低。LDO 在驱动 350mA 以上的大功率 LED 串时，往往需要加散热器。

② 开关型降压稳压器　基于单片专用 IC 的开关型降压稳压器需要一个电感元件。许多降压稳压器开关频率达 1MHz 以上，致使外部元件非常小，占据非常小的空间，效率达 90% 以上。但这种变换器会产生开关噪声，存在 EMI 问题。图 1.4-53 所示是基于 Zetex 公司 ZXSC300 的 3WLED 降压型驱动电路。其中的 RCS 为电流传感电阻，D_1 为 1A 的肖特基二极管。在 6V 的输入电压下，通过 LED 的电流达 1.11A。ZXSC300 采用 5 引脚 SOT23 封装。

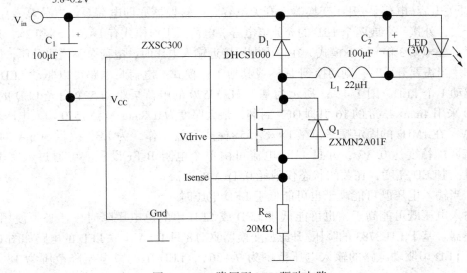

图 1.4-53　降压型 LED 驱动电路

目前有很多降压变换器单片IC将开关MOSFET(Q_1)和降压二极管(D_1)也集成在同一芯片上,使外部元件数量进一步减少。

（2）输入电压低于LED电压

当输入电压低于LED或LED串的总正向压降时,LED需要升压型驱动电路。升压型变换器主要有以下两种类型。

① 电感升压变换器　在手机背光照明中,常使用电感升压型LED驱动电路。开关型电感升压变换器被用作驱动一个或多个LED组成的LED串,通过每个LED的电流相等。如果LED串中有一个LED开路,其他LED将会熄灭。图1.4-54所示为电感升压型LED驱动电路,LED串由8只LED组成,在4V的输入电压下,通过每个LED的电流约为25mA。

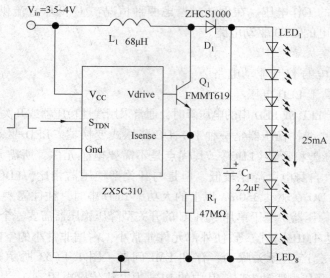

图1.4-54　电感升压型LED驱动电路

目前绝大多数升压稳压器IC都将开关管集成在芯片中,有的还集成了肖特基二极管。

② 开关电容(电荷泵)升压变换器　开关电容升压转换器亦即电荷泵。电荷泵专用IC内置切换开关,外接一个或两个$1\mu F$的充放电电容。电荷泵工作模式有$1\times$、$1.5\times$和$2\times$,近几年又出现了$1.33\times$(4/3倍)和$4\times$模式。在输出电压接近输入电压时,电荷泵不需要升压,即在$1\times$模式工作。当需要升压时,则切换到$1.5\times$或其他工作模式。电荷泵电路可以驱动LED阵列,也可只驱动1个LED。图1.4-55所示为基于MAX1570的电荷泵驱动5个白光LED的电路。MAX1570采用$4mm\times4mm$的16引脚QFN封装,最大厚度为0.8mm。MAX1570输入电压范围为$2.7\sim5.5V$,在1MHz的固定频率和在$1\times$及$1.5\times$模式高效工作,为LED提供30mA的恒流,LED电流匹配精度达0.3%,并且LED电流可由单个电阻RsEr设置。可通过数字输入或PWM来控制LED亮度,在关闭状态仅消耗$0.1\mu A$的电流。

（3）当输入电压既可能高于也可能低于LED电压时

在输入电压既可能高于,也可能低于LED或LED串的总电压降时,就必须使用降压/升压变换器。基于LTC3783的降压/升压型变换器驱动8只1.5A串联LED的电路如图1.4-56所示。该LED串驱动电路的输入电压范围为$9\sim36V$,LED串的总电压降范围为$18\sim37V$。

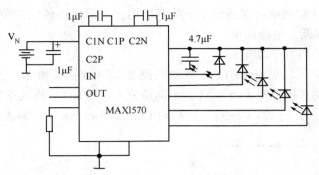

图 1.4-55　电荷泵 LED 驱动电路

在 $V_{in} = 14.4V$，$V_o = 36V$ 和 $I_o = 1.5A$ 条件下，输出功率为 54W，效率达 93%。电路的开关频率由 IC 脚 FREQ 上的电阻 R_5 设置(频率范围为 20kHz~1MHz)，R_7 与 R_8 组成的分压器设置输出过电压保护电平，连接在 IC 脚 FBP 与高侧线路之间的 R_4，用作感测 LED 电流。LTC3783 支持多拓扑结构。用其还可以构筑升压转换器和降压转换器等电路。

回扫变换器、单端初级电感变换器(SEPIC)和 CUK 稳压器等，都可以升高或降低输入电压，输出与输入电压在极性上可以相同或相反。每种拓扑都有独特的优势，但效率都比降压 1 升压稳压器低。

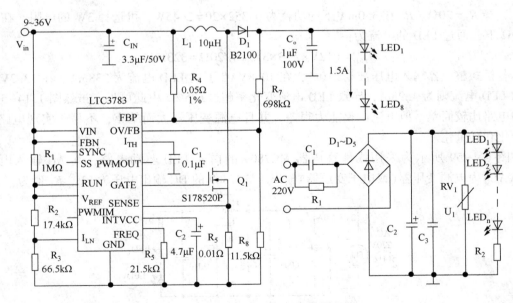

图 1.4-56　降压/升压型变换器电路

2) 交流市电供电的 LED 驱动电路

(1) 电容降压型 LED 驱动电路

图 1.4-57 所示为电容降压型 LED 驱动电路。其中，C_1 为降压电容，R_1 为泄放电阻，$D_1 \sim D_5$ 为桥式整流器，C_2、C_3 为滤波电容，RV_1 用作瞬态过电压保护，R_2 为限流电阻。在 220V50Hz 的输入电源下，通过电容 C_1 的电流为 $I = 69 \cdot C_1$(C_1 单位为 μF，I 单位为 mA)。C_1 为 0.471μF，电流约为 32mA。在此情况下，R_1 值可选择 1MΩ。

电容降压型 LED 驱动电路仅适合于小功率应用，不能提供较大的驱动电流，而且效率很低。其优点是成本低，电路简单。

（2）变压器降压 LED 驱动电路

一种采用电源变压器降压的 LED 驱动电路如图 1.4-58 所示。变压器次边输出为 12VAC，白光 LED 的正向压降 $V_F = 3.5V$，正向电流 $I_F = 350mA$。桥式整流滤波电压为 12V×2，限流电阻 R_1 值为 $R_1 = (12V×2-3×V_F)/I_F = (12V×2-3×3.5V)/350mA = 18.3\Omega$。

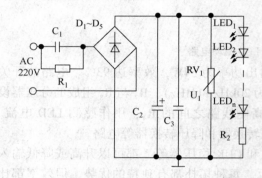

图 1.4-57　电容降压型 LED 驱动电路　　　图 1.4-58　变压器降压 LED 驱动电路

选择 $R_1 = 20\Omega$。R_1 在 350mA 下的功耗为 $0.35^2×20 = 2.45W$，可选择 3W 的电阻。在 $R_1 = 20\Omega$ 下，通过 LED 的电流为：

$$I_{LED} = (12V×2-3×3.5V)/20\Omega = 323mA$$

若桥式整流器输入电压波动±10%，在 10.8VAC 下的 LED 电流为238mA，在 13.2VAC 下的 LED 电流则为429mA，导致 LED 电流变化率超过±25%。由此可见，虽然图 1.14-5 所示的电路比较简单，但电流调整能力很差，并且电源变压器大而笨重，不易于实现电路的小型化和轻量化。

图 1.4-59 所示为采用线性稳压器 MC7809 的白光 LED 驱动电路，其 AC 输入电压（12VAC）为电源变压器（或电子变压器）输出。MC7809 的 DC 输出电压为9V，R_1 值为：

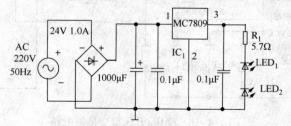

图 1.4-59　采用线性稳压器驱动电路

$$R_1 = (V_{out}-2×V_F)/I_F(9V-2×3.5V)/350mA = 5.7\Omega$$

R_1 消耗的功率为：

$$p = 12×R = (0.35A)2×5.7\Omega = 0.698W$$

MC7809 的功耗为：

$$P = (12V×\sqrt{2}-9V)×I_F = (17-9V)×0.35A = 2.8W$$

采用线性稳压器后，电流调整率达±5%，但功率耗散较大，效率较低。

如果采用线性电流源 NUD4001 取代线性稳压器，电流调整率可低于 1%，NUD4001 的自身功耗在 350mA 下，仅为 0.875W。

3）开关型稳压器

基于开关电源拓扑结构的离线 LED 驱动电路可以获得 80%左右的高效率，并且能提供恒流和恒压输出，但是电路比较复杂，成本较高，在有些情况下存在 EMI 问题。

图 1.4-60 所示是基于控制器 NCP1012 的回扫（反激）式变换器驱动 5 个白光 LED 的电路。该电路的输出 DC 电压为 17.5V，输出功率为 6.125W，效率接近 80%。NCP1012 的开关频率为 65kHz，提供动态自供电（DSS）、过电压及短路保护和过温度保护，无需变压器提供偏置绕组。由于芯片上集成了功率 MOSFET，使外部元件进一步减少。

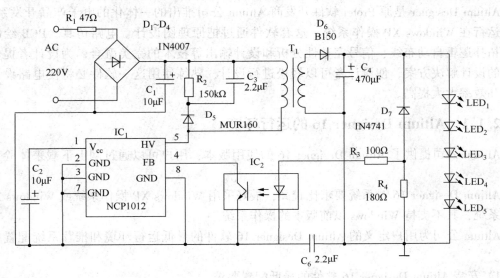

图 1.4-60　基于 NCP1012 的 LED 的电路

第 2 章　电路设计与 PCB 制作

2.1　Altium Designer 概述

Altium Designer 是原 Protel 软件开发商 Altium 公司推出的一体化的电子产品开发系统，主要运行在 Windows XP 操作系统。这套软件通过把原理图设计、电路仿真、PCB 绘制编辑、拓扑逻辑自动布线、信号完整性分析和设计输出等技术的完美融合，为设计者提供了全新的设计解决方案，使设计者可以轻松进行设计，熟练使用这一软件必将使电路设计的质量和效率大大提高。

2.1.1　Altium Designer 16 的运行环境

Altium 公司提供了 Altium Designer 16 的使用版本，用户可以通过网上下载来体验其新功能。

Altium Designer 16 对系统要求比较高，最好采用 Windows XP 操作系统或 Windows 2000 操作系统，其不支持 Windows 以前版本的操作系统。

Altium 公司为用户定义的 Altium Designer 16 软件的最低运行环境和推荐系统配置如下所示。

1）安装 Altium Designer 16 软件的最低配置要求

（1）Windows XP SP2 Professional 1。

（2）英特尔 R 奔腾　1.8GHz 处理器或同等处理器。

（3）1GB 内存。

（4）3.5GB 硬盘空间（系统安装+用户文件）。

（5）主显示器的屏幕分辨率至少是 1280×1024（强烈推荐）；次显示器的屏幕分辨率不得低于 1024×768。

（6）独立的显卡或者同等功能显卡。

（7）USB2.0 端口。

2）安装 Altium Designer 16 软件达到最佳性能的推荐系统配置

（1）Windows XP SP2 专业版或以后的版本（Vista，Windows7）。

（2）英特尔 R 酷睿　2 双核/四核 2.66GHz 或更快的处理器或同等速度的处理器。

（3）2GB 内存。

（4）10G 硬盘空间（系统安装+用户文件）。

（5）双显示器，至少 1680×1050（宽屏）或 1600×1200（4：3）分辨率。

（6）NVIDIA 公司的 GeForce R 80003 系列，使用 256MB（或更高）的显卡或同等级别的显卡。

（7）Internet 连接，以接收更新和在线技术支持。要使用包括三维可视化技术在内的加速图像引擎，显卡必须支持 DirectX 9.0c 和 Shader model 3，因此建议系统配置独立显卡。

2.1.2 Altium Designer 16 的安装过程

（1）双击 Altium Designer 16 Setup. exe 文件进入安装界面，点击"Install Altium Designer"，显示如图 2.1-1 所示的安装向导欢迎窗口。

（2）单击安装向导欢迎窗口的"Next"按钮，显示"License Agreement"视图，如图 2.1-2 所示。

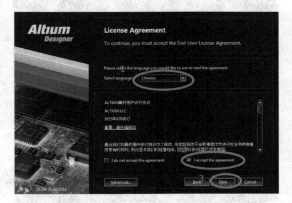

图 2.1-1 安装向导欢迎窗口   图 2.1-2 "License Agreement"视图窗口

（3）选择"License Agreement"视图中的"I accept the license agreement"单选项，同意该协议，单击"Next"按钮，显示 Select Design Functionality"视图窗口，如图 2.1-3 所示。

（4）选择需要安装的插件，按照自己需要的选择就好，选择之后点击 next，显示"Destination Folders"视图窗口，如图 2.1-4 所示。

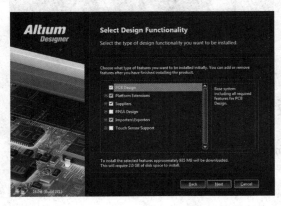

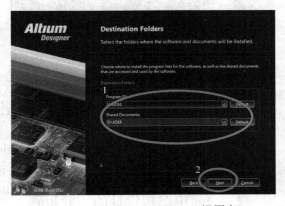

图 2.1-3 "Select Design Functionality"视图窗口   图 2.1-4 "Destination Folders"视图窗口

（5）选择安装路径，最好是空白文件夹，路径最好不要有中文。点击 next，显示

"Ready to Install the Application"视图窗口，如图 2.1-5 所示。

（6）确定以上安装信息设定无误后，单击"Ready to Install the Application"视图中的"Next"按钮开始安装，过程中，文件复制窗口内将显示操作过程和文件复制进度，以及安装剩余时间等信息，如图 2.1-6、图 2.1-7 所示。

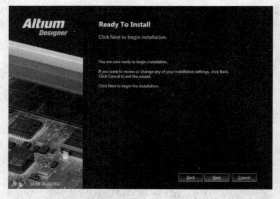

图 2.1-5　"Ready to Install the Application"视图窗口

图 2.1-6　"Ready to Install the Application"视图窗口 1

（7）文件复制完毕后，系统弹出安装完毕窗口，单击"Finish"按钮，结束安装如图 2.1-8 所示。

图 2.1-7　"Ready to Install the Application"视图窗口 2

图 2.1-8　"Install complete"视图窗口

2.2　电路板设计流程

本章通过综合实例，来帮助读者学习 Altium Designer 16 的实际操作。在进行具体操作之前，重点介绍一下设计流程，希望读者可以严格遵守，从而达到事半功倍的效果。

2.2.1　电路板设计的一般步骤

1. 设计电路原理图

利用 Altium Designer 16 的原理图设计系统（Advanced Schematic）绘制一张电路原理图。

2. 生成网络表

网络表是电路原理图设计与印制电路板设计之间的一座桥梁。网络表可以从电路原理图中获得，也可以从印制电路板中提取。

3. 设计印制电路板

在这个过程中，要借助 Altium Designer 16 提供的强大功能完成印制电路板的版面设计和高难度的布线工作。

2.2.2　电路原理图设计的一般步骤

电路原理图是整个电路设计的基础，它决定了后续工作是否能够顺利进展。一般而言，电路原理图的设计包括如下几个部分：

（1）设计电路图图纸大小及其版面；

（2）在图纸上放置需要设计的元器件；

（3）对所放置的元器件进行布局布线；

（4）对布局布线后的元器件进行调整；

（5）保存文档并打印输出。

2.2.3　印制电路板设计的一般步骤

（1）规划电路板。在绘制印制电路板之前，用户要对电路板有一个初步的规划，这是一项极其重要的工作，目的是为了确定电路板设计的框架。

（2）设置电路板参数。包括元器件的布置参数、层参数和布线参数等。一般来说，这些参数用其默认值即可，有些参数在设置过一次后，几乎无需修改。

（3）导入网络表及元器件封装。网络表是电路板自动布线的灵魂，也是电路原理图设计系统与印制电路板设计系统的接口。只有装入网络表之后，才可能完成电路板的自动布线。

（4）元件布局。规划好电路板并装入网络表之后，用户可以让程序自动装入元器件，并自动将它们布置在电路板边框内。Altium Designer 16 也支持手工布局，只有合理布局元器件，才能进行下一步的布线工作。

（5）自动布线。Altium Designer 16 采用的是世界上最先进的无网络、基于形状的对角自动布线技术。只要相关参数设置得当，且具有合理的元器件布局，自动布线的成功率几乎是 100%。

（6）手工调整。自动布线结束后，往往存在令人不满意的地方，这时就需要进行手工调整。

（7）保存及输出文件。完成电路板的布线后，需要保存电路线路图文件，然后利用图形输出设备，如打印机或绘图仪等，输出电路板的布线图。

2.3　开关稳压电路图设计实例

本节介绍如何设计一个开关稳压电路，涉及的知识点有原理图元件的制作、封装形式选择等。绘制完原理图后，需要对原理图编译，以对原理图进行查错、修改等。

2.3.1 设计准备

1. 设计说明

电源信号需要进行反馈处理，在电路设计时一般采用稳压电源芯片，如图 2.3-1 所示。

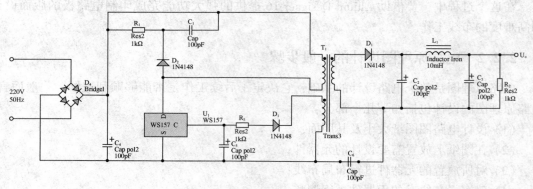

图 2.3-1 开关稳压电路原理图

该电路为 12V 开关电源电路，当输入的交流电压在 $110\sim260$V 范围变化时，U_o 减小，反馈线圈电压及控制端电流也随之降低，而芯片内部产生的误差电压 Ur 增大时，PWM 比较器输出的脉冲占空比 D 增大，经过 MOSFET 和降压式输出电路使得 U_o 增大，最终能维持输出电压不变，反之亦然。

2. 创建工程文件

（1）执行"文件"→"New（新建）"→"Project（工程）"命令，弹出"New Project（新建工程）"对话框，建立一个新的 PCB 项目。

默认选择"PCB Project"选项及"Default（默认）"选项，在"Name（名称）"文本框中输入文件名称"开关稳压电路"，在"Location（路径）"文本框中选择文件路径。在该对话框中显示工程文件类型，如图 2.3-2 所示。

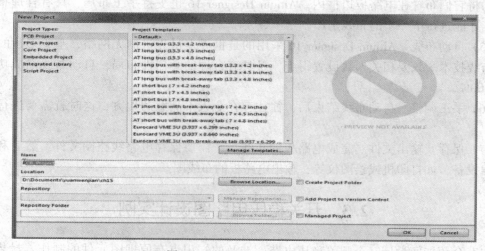

图 2.3-2 New Project 对话框

完成设置后，单击"OK"按钮，关闭该对话框，打开"Project（工程）"面板，在面板中出现了新建的工程类型。

（2）执行文件→"New（新建）"→"原理图"命令，新建一个原理图文件。

（3）执行文件→"保存为"命令，将新建的原理图文件保存到目录文件夹下，并命名它为"开关稳压电路.SchDoc"，创建的工程文件结构如图2.3-3所示。

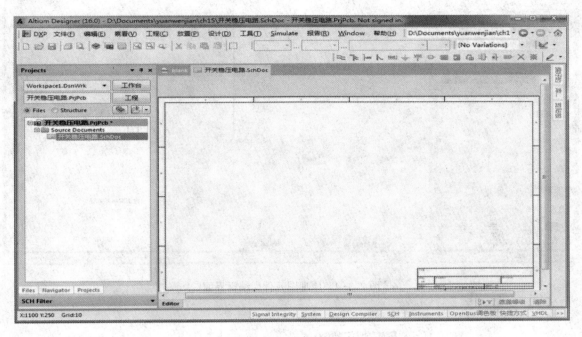

图2.3-3 创建工程文件

2.3.2 原理图输入

原理图输入是电路设计的第一步，从本章开始的电路图都是比较复杂的电路图，读者要细心检查。只有输入了正确的原理图，才是后面步骤进行的保障。

1. 放置元件

电路包含二极管1N4148、芯片WS157，二极管1N4148在FSC Discrete Diode.IntLib中，其他的电阻、电容元件在Miscellaneous Devices.IntLib元件库中可以找到。由于WS157在系统元件库中找不到，需要对该元件进行编辑。

（1）执行"文件"→"新建"→"库"→"原理图库"命令，新建库文件。执行"文件"→"保存为"命令，保存新建库文件到目录文件夹下，并命名为"AD.SchLib"。

（2）打开库文件"AD.SchLib"，进入原理图元件库编辑界面。原理图元件库编辑界面与原理图编辑界面差别很大，如图2.3-4所示。

（3）在原理图元件库编辑界面上右击，在弹出的快捷菜单中选择"工具"→"器件属性"命令，如图2.3-5所示。打开"Library Component Properties（元件库属性）"对话框，将

Default Comment(默认元件)和 Symbol Reference(元件符号)文本框设为 WS157，如图 2.3-6 所示。

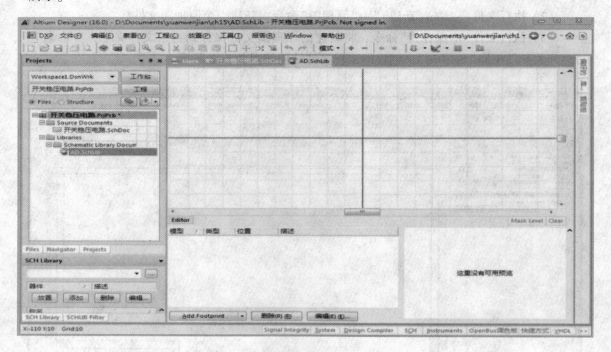

图 2.3-4　原理图元件库编辑界面

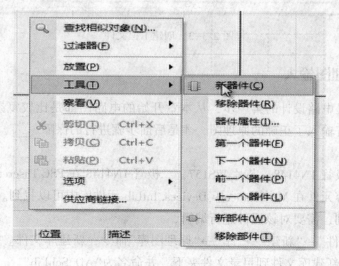

图 2.3-5　快捷菜单

（4）设置好元件属性后，开始编辑元件。首先绘制元件体，然后添加管脚，最后添加元件封装 PK03。编辑好的元件如图 2.3-7 所示。添加元件封装如图 2.3-8 所示。

将编辑好的元件放入原理图中。放置元件后的原理图如图 2.3-9 所示。

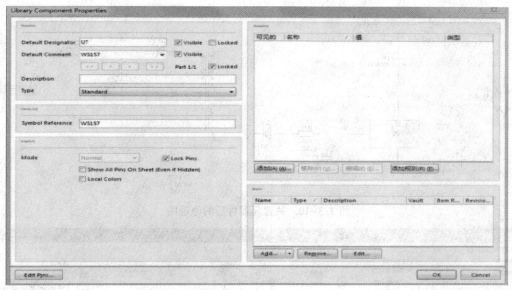

图2.3-6　设置元件属性

2. 手工布局

放置元件后进行手工布局，将全部元器件合理地布置到原理图上，如图2.3-10所示。

（1）在Altium Designer 16中，可以用元件自动编号的功能来为元件进行编号，执行"工具"→"注解"命令，打开如图2.3-11所示的"注释"对话框。

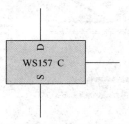

图2.3-7　绘制好的元件

图2.3-8　添加元件封装

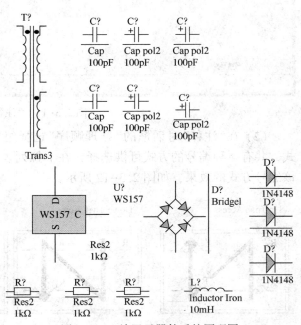

图2.3-9　放置元器件后的原理图

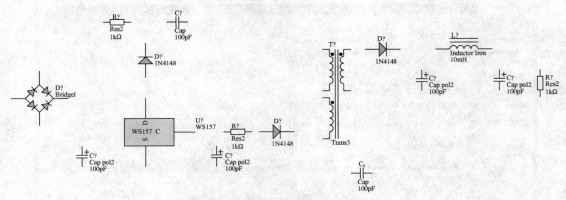

图 2.3-10 放置元器件后的原理图

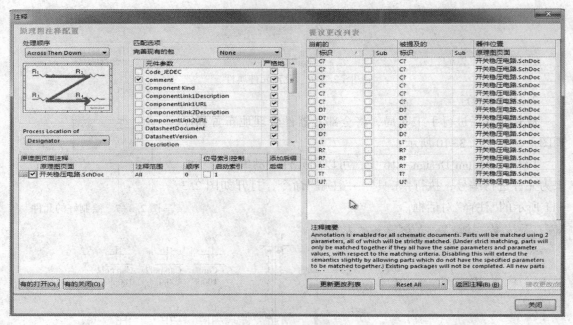

图 2.3-11 "注释"对话框

（2）在"注释"对话框的"处理顺序"选择组中，可以设置元件编号的方式和分类的方式，共有 4 种编号的方式可供选择，在下拉列表框中选择一种编号方式，则会在右边显示该编号方式的效果，如图 2.3-12 所示。

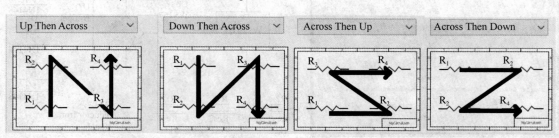

图 2.3-12 元件的编号方式

（3）在"匹配选项"选择组中可以设置元件组合的依据，依据可以不止一个，选中列表框中的复选框，就可以选择元件的组合依据。

（4）在"原理图页面注释"列表框中选择需要进行自动编号的原理图，在本例中，由于只有一幅原理图，就不用选择了，但是如果一个设置工程中有多个原理图或者有层次原理图，那么在列表框中将列出所有的原理图，需要从中挑选要进行自动编号的原理图文件。在对话框的右侧，列出了原理图中所有需要编号的元件。完成设置后，单击"更新更改列表"按钮，弹出如图 2.3-13 所示的信息对话框，单击"OK"按钮，这时在"注释"对话框中可以看到所有的元件已经被编号，如图 2.3-14 所示。

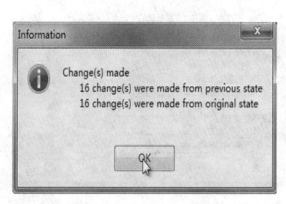

图 2.3-13　Information 对话框

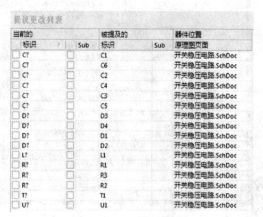

2.3-14　元件已编号

（5）如果对编号不满意，可以取消编号，单击"Reset All"按钮即可将此次编号操作取消，然后经过重新设置后再进行编号。如果对编号结果满意，则单击"接收更改（创建ECO）"按钮，打开"工程更改顺序"对话框，在该对话框中单击"生效更改"按钮进行编号合法性检查，在"状态"栏中"检测"目录下显示的对钩表示编号是合法的，如图 2.3-15 所示。

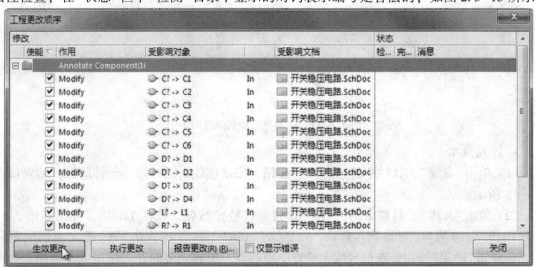

图 2.3-15　进行编号合法性检查

单击"执行更改"按钮将编号添加到原理图中，如图 2.3-16 所示，原理图中添加的结果如图 2.3-17 所示。

注意：在进行元件编号之前，如果有的元件本身已经有了编号，那么需要将它们的编号全部变成"U?"或者"R?"的状态，这时只单击"Reset All"上按钮，就可以将原有的编号全部去掉。

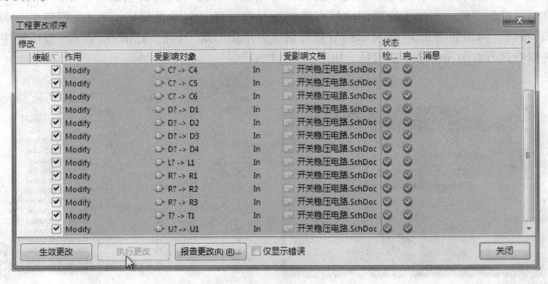

图 2.3-16　确认更改编号

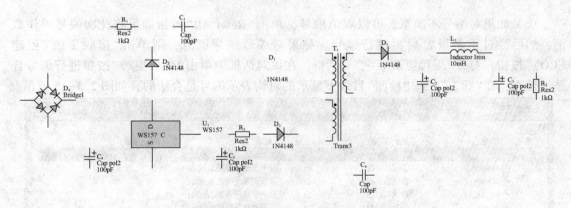

图 2.3-17　将编号添加到原理图中

3. 连接线路

（1）单击"布线"工具栏中的"放置线"按钮，完成连线。同时修改元件属性，结果如图 2.3-18 所示。

（2）单击"布线"工具栏中的"↓（GND 接地符号）"按钮，按住 Tab 键，弹出如图 2.3-19 所示的"电源端口"对话框，修改"类型"为"Circle（圆形）"，在"网络"文本框中输入"U_o"，单击"确定"按钮，在信号线上放置电源端口，得到完整的开关稳压电源电路，如图 2.3-20 所示。

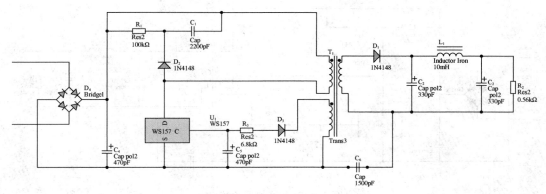

图 2.3-18 连接电路

（3）执行"放置"→"文本字符串"命令，或者单击绘图工具栏中的"A"（放置文本字符串）按钮，光标变成十字形，并有一个 Text 文本跟随光标，这时按 Tab 键，打开"标注"对话框，在其中的 Text 文本框中输入文本的内容，然后设置文本的字体和颜色，如图 2.3-21 所示。最后单击按钮退出对话框，这时有一个红色的"220V"文本跟随光标，移动光标到目标位置单击鼠标左键即可将文本放置在原理图上。

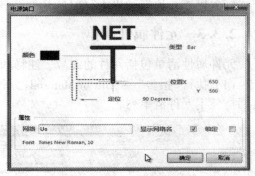

图 2.3-19 "电源端口"对话

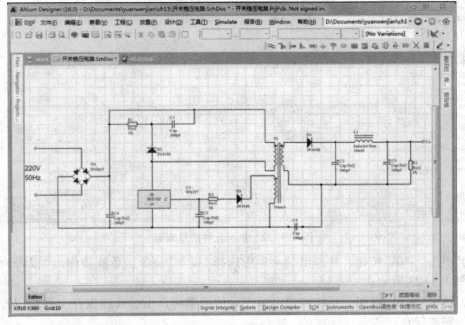

图 2.3-20 连接好的开关稳压电源电路

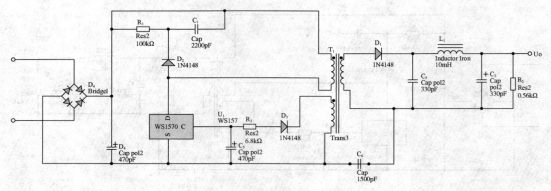

图 2.3-21　添加电源端口

（4）设置完成后，单击"保存"按钮，保存连接好的原理图文件。

2.3.3　元件属性清单

元件属性清单包括元件的编号、注释和封装形式等。

（1）执行"报告"→"Bill of Material（元件清单）"命令，系统将弹出如图 2.3-22 所示的对话框显示元件清单列表。

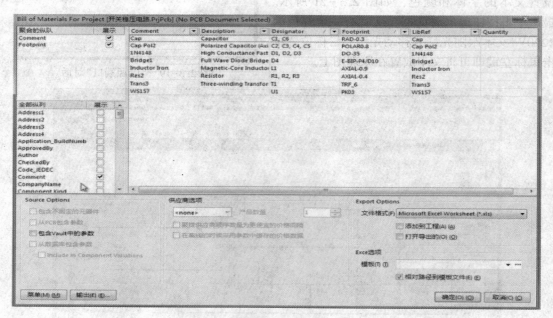

图 2.3-22　显示元件清单列表

（2）单击"菜单"按钮，在弹出的菜单中选择"报告"命令，系统将弹出"报告预览对话框，如图 2.3-23 所示。

（3）单击"输出"按钮，系统将弹出保存元件清单对话框。选择保存文件的位置，输入文件名，完成保存。

（4）单击"打开报告"按钮，系统将打开保存的元件清单，如图 2.3-24 所示。

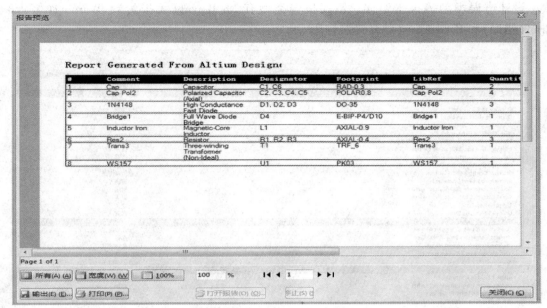

图 2.3-23　预览元件清单

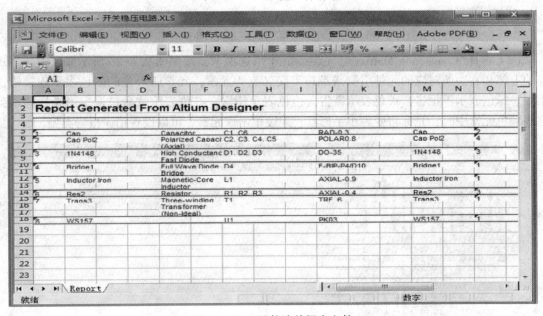

图 2.3-24　元件清单报表文件

2.3.4　编译工程及查错

编译工程之前需要对系统进行编译设置。编译时，系统将根据用户的设置检查整个工程。编译结束后，系统会提供网络构成、原理图层次、设计错误类型等报告信息。

（1）执行"工程"→"工程参数"命令，弹出工程属性对话框，如图 2.3-25 所示。在"Error Reporting（错误报告）"选项卡的"障碍类型描述"列表框中罗列了网络构成、原理图层次、设计错误类型等报告错误。错误报告类型有 No Report（无报告）、Warning（警告）、Error（错误）和 Fatal Error（致命错误）4 种。

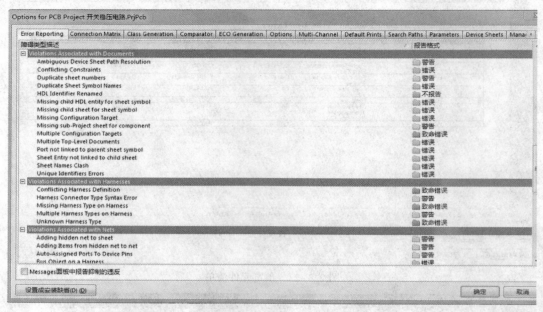

图 2.3-25　Error Reporting 选项卡

（2）选择"Connection Matrix（电气连接矩阵）"选项卡，按照图 2.3-26 所示修改参数。矩阵的上部和右边所对应的元件引脚或端口等交叉点为元素，元素所对应的颜色表示连接错误类型。绿色表示不报告，黄色表示警告，橙色表示错误，红色表示致命错误。当光标移动到这些颜色元素中时，光标将变为小手形状，连续单击该元素，可以设置错误报告类型。

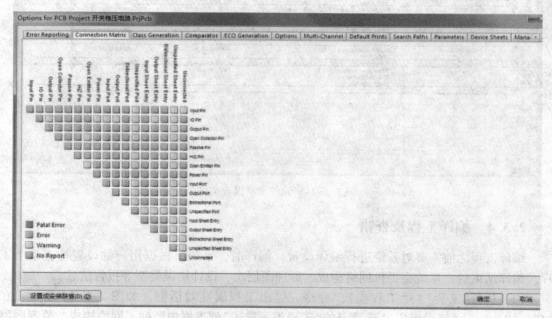

图 2.3-26　Connection Matrix 选项卡

（3）选择"Comparator(差别比较器)"选项卡，如图 2.3-27 所示。在"类型描述"列表框中设置元件连接网络连接和参数连接的差别比较类型。差别比较类型有 Ignore Differences (忽略差别)和 Find Differences(发现差别)两种。本例选用默认参数。

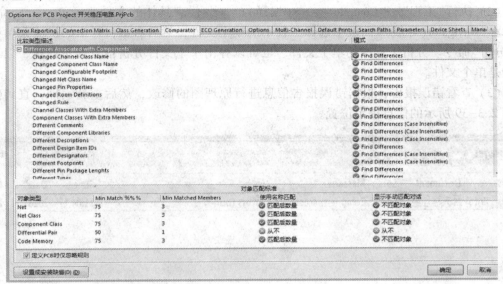

图 2.3-27 Comparator 选项卡

完成编译：

（1）执行"工程"→"设计工作区"→"编译所有的工程"命令，或在原理图工作界面的标签栏中选择 Design Complet 标签，在弹出的菜单中选择"Navigator(导航)"命令，弹出"Navigator(导航)"面板，如图 2.3-28 所示。

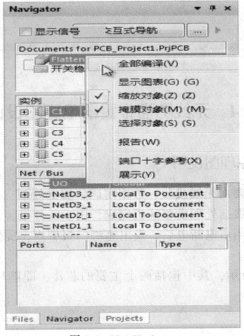

图 2.3-28 Navigator

在上半部分的"Documents for 开关稳压电路.PrjPcb"中选择一个文件，然后右击，在弹出的快捷菜单中选择"全部编译"命令，可以对工程进行编译，并弹出"Message（信息）"提示面板。然后在具体的错误提示上单击，在下方显示详细错误提示信息。

（2）执行"工程"→"Compile ××××（编译）（××××代表具体的文件或者 Project）"命令，或者在"Navigator（导航）"面板中选择工程中的单个文件，然后右击，弹出的快捷菜单中选择"分析"命令。分析工程中的单个文件，也可以弹出单个文件分析信息提示面板，但其分析的是单个文件。

（3）查看错误报告，根据错误报告信息进行原理图的修改，然后重新编译，直到弹出如图 2.3-39 所示的信息提示位置。

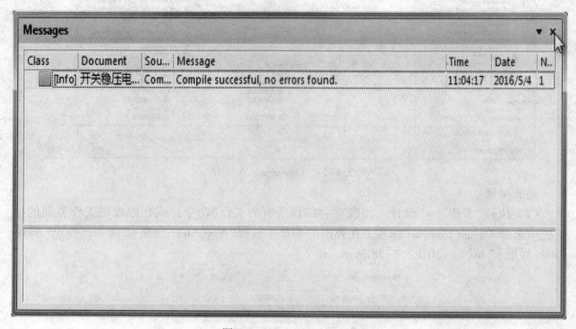

图 2.3-29　Messages 面板

2.4　无线防盗报警器电路的设计

2.4.1　电路工作原理图说明

无线防盗报警系统主要由无线接收、数据解码、数据处理、报警电路、输出显示、断电报警和电源电路组成。数据处理由单片机完成，用于区分报警信号，同时接收各种操作指令，完成相应的操作。当市电断电后，发出嘟嘟的报警声，提醒使用者注意，外供电已被切断，应及早采取措施。

原理图如图 2.4-1 所示，其中包括两个主要的芯片，即单片机 AT89C2051 和解码芯片 PT2272。

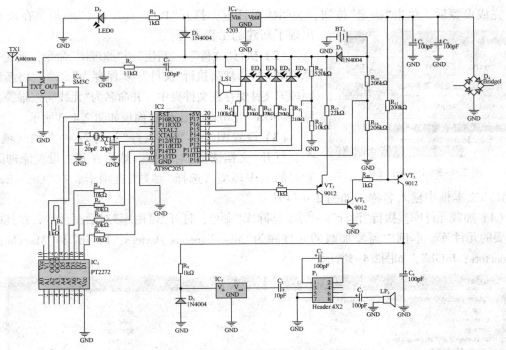

图 2.4-1　无线防盗报警器电路的原理图

2.4.2　创建工程文件

（1）执行"文件"→"New（新建）"→"Project（工程）"命令，弹出"New Project（新建工程）"对话框，建立一个新的 PCB 项目。

输入文件名称"无线防盗报警器电路"，在"Location（路径）"文本框中选择文件路径。在该对话框中显示工程文件类型，如图 2.4-2 所示。

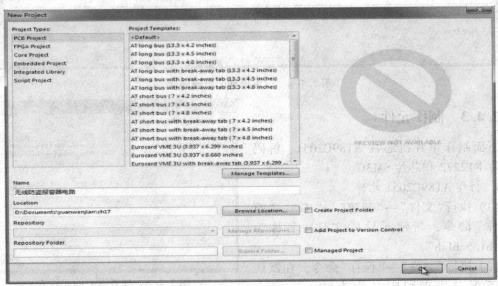

图 2.4-2　New Project 对话框

完成设置后，单击"确定"按钮，关闭该对话框，打开"Project（工程）"面板，在面板中出现了新建的工程类型。

图 2.4-3　Project 面板

（2）执行"文件"→"新建"→"原理图"命令，新建一个原理图文件。然后执行"文件"→"保存为"命令，将新建的原理图文件保存在文件夹中，并命名为"无线防盗报警器电路.SchDoc""Projects（工程）"面板如图 2.4-3 所示。

（3）设置图纸参数。执行"设计"→"文档选项"命令，打开"文档选项"对话框，然后在其中设置原理图绘制时的工作环境，选择"参数"选项卡，在"Organization（组织）"文本框中输入名称，如图 2.4-4 所示。

（4）加载元件库。执行"设计"→添加/移除库"命令，打开"可用库"对话框，然后在其中加载需要的元件库。本例中需要加载的元件库为"Miscellaneous Devices，IntLib"和"Miscelaneous Commectors，InLib"，如图2.4-5所示。

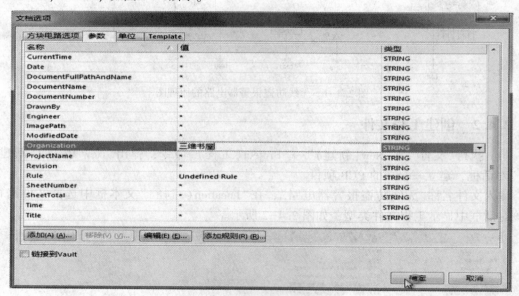

图 2.4-4　设置原理图绘制环境

2.4.3　制作元件

下面制作单片机芯片 AT89C2051、解码器芯片 PT2272 和芯片 SM3C。

1. 制作 AT89C2051 元件

（1）执行"文件"→"新建"→"库"→"原理图库"命令，新建元件库文件，名称为"Schlib1.SchLib"。

（2）执行"文件"→"保存"命令，在默认路径下保存原理图库名称为"annunciator.

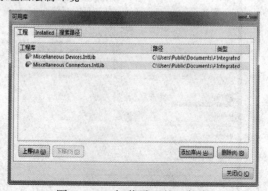

图 2.4-5　加载需要的元件库

SchLib"。

（3）切换到"SCH Library（SCH 库）"面板，执行"工具"→"重新命名元件"命令，弹出"Rename Component（元件重命名）"对话框。将名称改为"AT89C2051"，如图 2.4-6 所示。单击"确定"按钮，进入库元件编辑器界面。

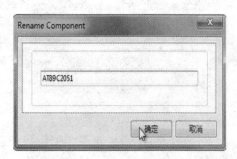

图 2.4-6　Rename Component 对话框

（4）执行"放置"→"矩形"命令，放置矩形，随后会出现一个新的矩形虚框，可以连续放置。右击或者按 Esc 键退出该操作。

（5）执行"放置"→"引脚"命令放置引脚。AT89C2051 共有 20 个引脚，在"SCH Library（SCH 库）"面板的"Pins（引脚）"选项组中，单击"添加"按钮，添加引脚。在放置引脚的过程中，按 Tab 键，弹出如图 2.4-7 所示的对话框。在该对话框中可以设置引脚标识符的起始编号及显示文字等。放置的引脚如图 2.4-8 所示。

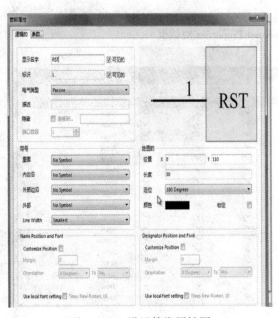

图 2.4-7　设置管脚属性图

1	RST	+5V	20
2	P10RXD	P17	19
3	P11RXD	P16	18
4	XTAL2	P15	17
5	XTAL1	P14	16
6	P12/RTD	P13	15
7	P11/RTD	P12	14
8	P14TD	P11TD	13
9	P13TD	P10TD	12
10	GND	P18	11

图 2.4-8　放置引脚

注意：由于元件引脚较多，分别修改很麻烦，可以在引脚编辑器中修改引脚的属性，这样比较方便、直观。在"SCH Library（SCH 库）"面板中，选定刚刚创建的 AT89C2051 元件，然后，单击右下角的"编辑"按钮，弹出如图 2.4-9 所示的"Library Component Properties（库元件属性）"对话框。单击其中的"Edit Pins（编辑引脚）"按钮，弹出"元件管脚编辑器"对话框。在该对话框中，可以同时修改元件引脚的各种属性，包括"标识""名称"和"类型"等。修改后的"元件管脚编辑器"对话框如图 2.4-10 所示。修改引脚属性后的元件如图 2.4-10 所示。

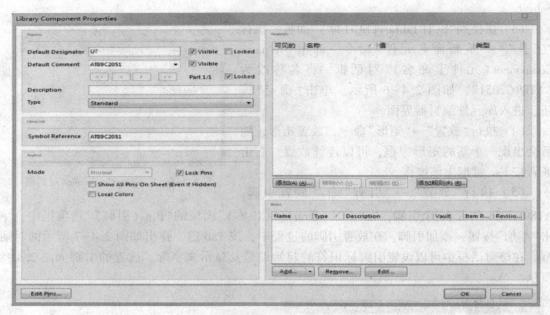

图 2.4-9 Library Component Properties 对话框

标识 /	名称	Desc	类型	所有者	展示	数量	名称	Pin/Pkg Length
1	RST		Passive	1	✔	✔	✔	0mil
2	P10RXD		Passive	1	✔	✔	✔	0mil
3	P11RXD		Passive	1	✔	✔	✔	0mil
4	XTAL2		Passive	1	✔	✔	✔	0mil
5	XTAL1		Passive	1	✔	✔	✔	0mil
6	P12/RTD		Passive	1	✔	✔	✔	0mil
7	P11/RTD		Passive	1	✔	✔	✔	0mil
8	P14TD		Passive	1	✔	✔	✔	0mil
9	P13TD		Passive	1	✔	✔	✔	0mil
10	GND		Passive	1	✔	✔	✔	0mil
11	P18		Passive	1	✔	✔	✔	0mil
12	P10TD		Passive	1	✔	✔	✔	0mil
13	P11TD		Passive	1	✔	✔	✔	0mil
14	P12		Passive	1	✔	✔	✔	0mil
15	P13		Passive	1	✔	✔	✔	0mil
16	P14		Passive	1	✔	✔	✔	0mil
17	P15		Passive	1	✔	✔	✔	0mil
18	P16		Passive	1	✔	✔	✔	0mil

图 2.4-10 修改后的"元件管脚编辑器"对话框

（6）单击"SCH Library（SCH 库）"面板"器件"选项组下的"编辑"按钮，弹出"Library Cmponent Properties（库元件属性）"对话框，在"Default Designator（默认标识）"文本框中输入"U?"，在"Default Com（默认名称）"文本框中输入"AT89C2051"，如图 2.4-11 所示。

（7）单击"SCH Library（SCH 库）"面板"模型"选项组中的"添加"按钮，系统将弹出如图

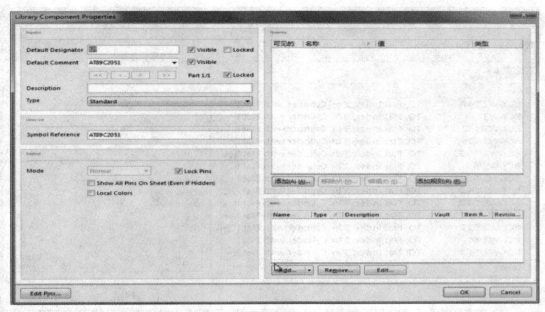

图 2.4-11　修改标识符

2.4-12 所示的"添加新模型"对话框，选择"Footprint"为
"AT89C2051"添加封装。此时需要的封装为 DIP-20，"PCB 模
型"对话框如图 2.4-13 所示。

（8）单击"浏览"按钮，弹出如图 2.4-14 所示的"浏览库"
对话框，显示加载的库文件。

图 2.4-12　"添加新模型"对话框

图 2.4-13　"PCB 模型"对话框

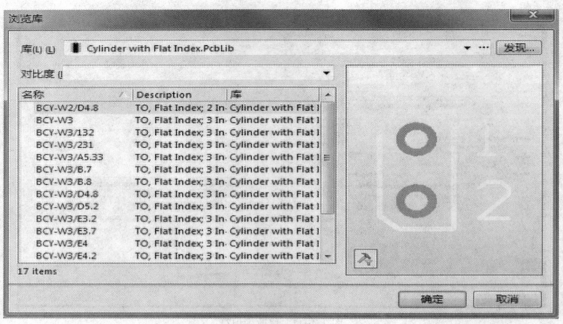

图 2.4-14 "浏览库"对话框

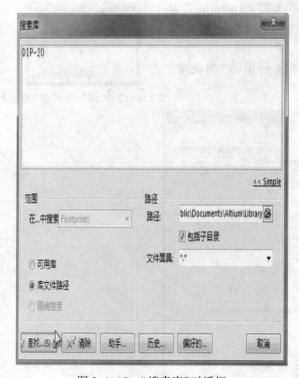

图 2.4-15 "搜索库"对话框

（9）单击"发现"按钮，在弹出的"搜索库"对话框中输入"DIP-20"或者查询字符串，然后单击左下角的"查找"按钮开始查找，如图 2.4-15 所示。在一段漫长的等待之后，会弹出搜寻结果页面，如果感觉已经搜索得差不多了，可以单击"Stop（停止）"按钮，停止搜索。在搜索出来的封装类型中选择"DIP-20"，如图 2.4-16 所示。

（10）单击"确定"按钮，关闭该对话框，系统将弹出"Confirm（确认）"对话框，提示是否加载所需的 PCBLIB 库（若需加载的元件库已加载，则不显示对话框），单击"是"按钮，可以完成元件库的加载。

（11）装入选定的封装库以后，会在"PCB 模型"对话框中看到被选定封装的示意图，如图 2.4-17 所示。

（12）单击"确定"按钮，关闭该对话框。然后单击"保存"按钮，保存库元件。在"SCH Library（SCH 库）"面板中，单击"元件"选项组中的"放置"按钮，将其放置到原理图中，如图 2.4-18 所示。

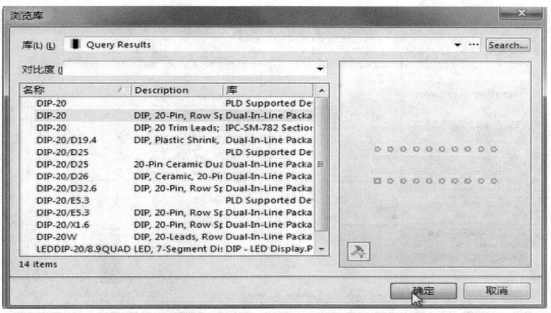

图 2.4-16 在搜索结果中选择"DIP-20"

（13）保存原理图。

执行"文件"→"保存"命令，或单击"原理图标准"工具栏中的(保存)按钮，完成单片机芯片原理图符号的绘制。

2. 制作 PT2272 元件

PT2272 是市面上用得较多的专用数据解码片，可靠性及稳定性较好。

（1）打 开 库 元 件 设 计 文 档 "annunciator. SchLib"，单击"实用"工具栏中的回(产生元件)按钮，或在"SCH Li-brary(SCH库)"面板中单击"元件"选项组中的"添加"按钮，系统弹出"New Compo-nents Name(新元件名称)"对话框，输入"PT2272"，如图 2.4-19 所示。

（2）执行"放置"→"矩形"命令，绘制元件边框，元件边框为长方形，如图 2.4-20 所示。

（3）执行"放置"→"Pins(引脚)"命令，或者在"SCH Library(SCH 元件库)"面板中，单击"Pins(管脚)"选项组中的"添加"按钮，添加引脚。在放置引脚的

图 2.4-17 "PCB 模型"对话框

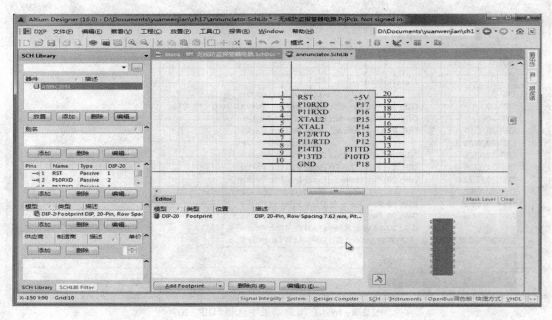

图 2.4-18　绘制库文件

过程中，按 Tab 键，弹出引脚属性对话框，在该对话框中可以设置引脚的起始编号以及显示文字等。PT2272 共有 14 个引脚，引脚放置完毕后的元件图如图 2.4-21 所示。

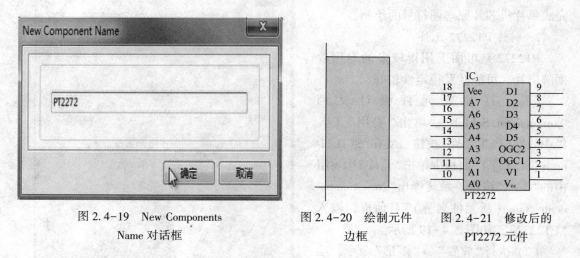

图 2.4-19　New Components
Name 对话框

图 2.4-20　绘制元件
边框

图 2.4-21　修改后的
PT2272 元件

（4）在"SCH Library（SCH 库）"面板的"元件"选项组中，选中 PT2272，单击"编辑"按钮，系统将弹出"Library Component Properties（库元件属性）"对话框。在"Default Designator（默认标识）"文本框中输入"U?"，在"Default Comment（默认名称）"文本框中输入"PT2272"，如图 2.4-21 所示。

注意：在制作引脚较多的元件时，可以使用复制和粘贴的方法来提高工作效率。粘贴过程中，应注意引脚的方向，可按 Space 键进行旋转。

（6）在"SCH Library（SCH 库）"面板中，单击"模型"选项组中的"添加"按钮，系统将弹出如图 2.4-22 所示的"添加新模型"对话框，选择"Footprint"为 PT2272 添加封装。此处，选择封装为 DGV014，或用"浏览库"对话框中的"发现"按钮和"搜索库"对话框中的"查找"按钮查找该封装，添加完成后的"PCB 模型"对话框如图 2.4-23 所示。

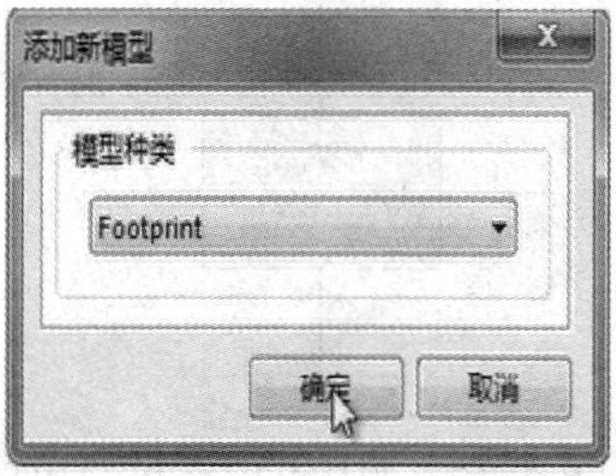

（7）在"SCH Library（SCH 库）"面板中，单击"元件"选项组中的"放置"按钮，将创建的数据解码器芯片 PT2272 放置到原理图中。

图 2.4-22 "添加新模型"对话框

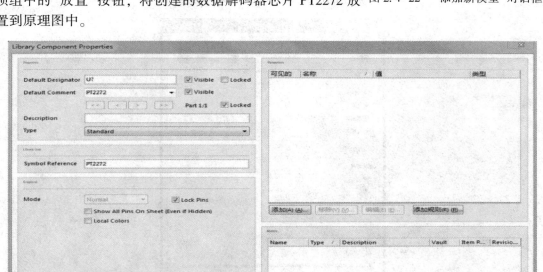

图 2.4-23 添加完成后的"PCB 模型"对话框

（8）保存原理图。执行"文件"→"保存"命令，或单击"原理图标准"工具栏中的(保存)按钮，完成数据解码芯片原理图符号的绘制。

3. 制作 SM3C 元件

芯片 SM3C 为通过天线接收的信号进行不同处理，然后分别从不同输出端输出所需的信号。其操作步骤如下：

（1）打开库元件设计文档"annunciator. SchLib"，单击"实用"工具栏中的回（产生元件）按钮，或在"SCH Library（SCH 库）"面板中，单击"元件"选项组中的"Add（添加）"按钮，系统将弹出"New Components Name（新元件名称）"对话框，输入元件名称"SM3C"。

（2）执行"放置"→"矩形"命令，绘制元件边框。

（3）执行"放置"→"引脚"命令，或者在"SCH Library（SCH 元件库）"面板中单击"Pins（引脚）"选项组中的"添加"按钮，添加引脚。在放置引脚的过程中，按 Tab 键会弹出引脚属性对话框，在该对话框中可以设置引脚的起始号码以及显示文字等。SM3C 共有 4 个引脚，制作好的 SM3C 元件如图 2.4-24 所示。

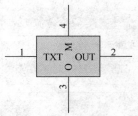

图 2.4-24　制作好的 SM3C 元件

（4）在"SCH Library（SCH 库）"面板中，单击"模型"选项组中的"添加"按钮，系统将弹出"添加新模型"对话框，选择组中的"添加"按钮，弹出添加模型对话框，选择"Footprint"为 SM3C 添加封装。此处，选择封装为 DPST-4，"PCB 模型"对话框设置如图 2.4-25 所示。

（5）单击"保存"按钮，保存库元件。在"SCH Library（SCH 库）"面板中，单击"元件"选项组中的"放置"按钮，将创建的芯片 SM3C 放置到原理图中。

图 2.4-25　"PCB 模型"对话框

（6）保存原理图。执行"文件"→"保存"命令，或单击原理图标准工具栏中的（保存）按钮，完成芯片原理图符号的绘制。

2.4.4　绘制原理图

为了更清晰地说明原理图的绘制过程，我们采用模块法绘制电路原理图。

1. 无线接收电路模块设计

（1）打开"无线防盗报警器电路.SchDoc"原理图文件，选择"库"面板，将通用元件库"Miscellaneous Device.IntLib"中找出的天线 Antenna 元件，与系统创建的"annunciator.SchLib"件库中的 SM3C，按照电路要求进行布局，结果如图 2.4-26 所示。

（2）布线工具栏中的（放置线）按钮，将元件连接起来。单击"布线"工具栏中（GND 接地符号）按钮，在信号线上放置电源端口，连线后的电路原理图如图 2.4-27 所示。

2. 数据解码电路模块设计

（1）在"annunciator.ScLib"元件库中选择 1 个 PT2272 芯片，"Miscellaneous Devices.Intl"库中选择 5 个电阻，修改各自阻值，将修改后的元件放置到原理图中，如图 2.4-28 所示。

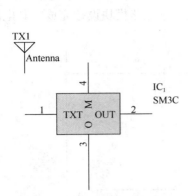

图 2.4-26 电路组成元件的布局 　　　　图 2.4-27 连线后的电路原理图

（2）单击"布线"工具栏中的（放置线）按钮，执行连线操作，完成数据解码电路模块的绘制，如图 2.4-29 所示。

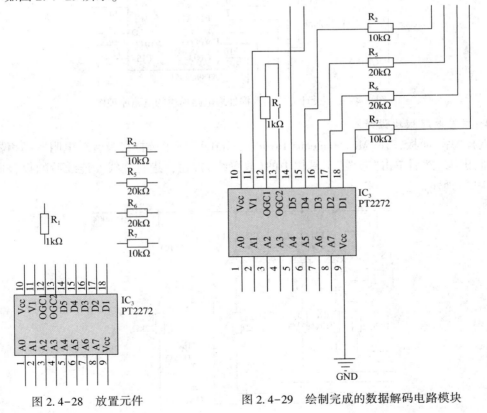

图 2.4-28 放置元件 　　　　图 2.4-29 绘制完成的数据解码电路模块

3. 数据处理电路模块设计

（1）选择"库"面板，在自建库"annunciator. SchLib"中选择芯片 AT89C2051，在"Miscellaneous Devices. IntLib"库中选择极性电容、电阻和晶振体元件，放置好元件，并对元件进行属性设置，然后进行布局。

（2）单击"布线"工具栏中的(放置线)按钮，进行连线。单击"布线"工具栏中的(放置网络标号)按钮，标注电气网络标号。至此，数据处理电路模块设计完成，其电路原理图如图 2.4-30 所示。

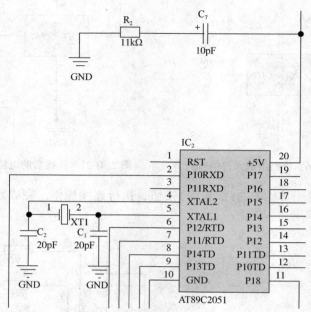

图 2.4-30　设计完成的数据处理电路模块的电路原理图

4. 报警电路模块设计

选择"库"面板，在"Miscellaneous Devices，IntLib"库中选择二极管、电阻、扬声器。放置原理图中，然后单击"布线"工具栏中的(放置线)按钮，进行连线。连线后的报警电路如图 2.4-31 所示。

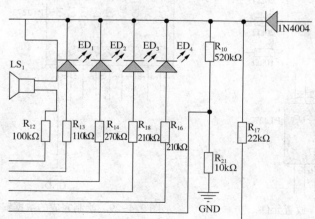

图 2.4-31　连线后的报警电路模块

5. 输出显示模块设计

在"Miscellaneous Devices.IntLib"库中选择电桥、电阻等元件，并完成其电路连接，如图 2.4-32 所示。

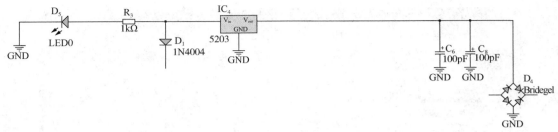

图 2.4-32　输出显示模块

6. 断电报警模块设计

在 Miscellaneous Connectors. IntLib"库中选择连接器 Header4×2，并完成其电路连接，如图 2.4-33 所示。

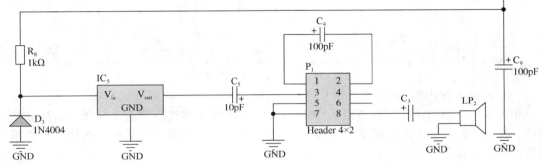

图 2.4-33　断电报警设计模块

7. 电源电路模块设计

在"Miscelaneous Devices，IntLib"库中选择蓄电池、二极管、电阻及品振体元件，并完成其电路连接，如图 2.4-34 所示。完整的电源电路设计原理图如图 2.4-35 所示。

2.4.5　设计 PCB 板

1. 创建 PCB 文件

（1）在"Project（工程）"面板中的任意位置右击，在弹出的快捷菜单中选择"给工程添加"→"PCB（印制电路板文件）"命令，新建一个 PCB 文档，重新保存为"无线防盗报警器电路 . Pcb. Doc"。

（2）绘制物理边界

指向编辑区下方工作层标签栏的"Mechanical1（机械层 1）"标签，单击切换到机械层。执行"放置"→"走线"命令，进入画线状态，指向外框的第一个角，单击；移到第二个角，双击；再移三个角，双击；再移到第四个角，双击；移回第一个角（不一定要很准），单击，再右击退出该操作。

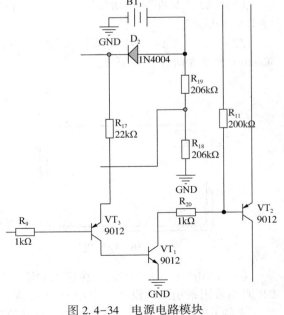

图 2.4-34　电源电路模块

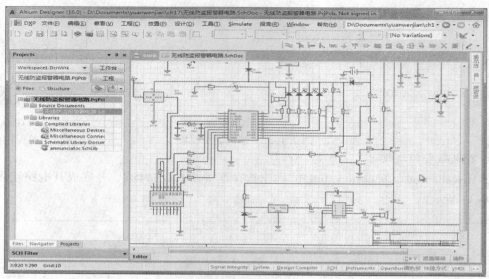

图 2.4-35　完整的电源电路原理图

（3）绘制电气边界。

指向编辑区下方工作层标签栏的"Keep Out Layer(禁止布线层)"标签，单击切换到禁止布线，执行"放置"→"禁止布线"→"线径"命令，光标显示为带十字光标，在第一个矩形内部绘制矩形，绘制方法同上，如图 2.4-36 所示。

（4）执行"设计"→"板子形状"→"按照选定对象定义"命令，依照物理边界重新定义板的尺寸。

2. 编辑元件封装

虽然前面已经为制作的元件指定了 PCB 封装形式，但对于一些特殊的元件，还可以自己定封装形式，这会给设计带来更大的灵活性。下面以 AT89C2051 为例制作 PCB 封装形式。

（1）执行"文件"→"新建"→"库"→"PCB 元件库"命令，建立一个新的封装文件，为"AT89.PcbLib"。

（2）执行"工具"→"元器件向导"命令，系统将弹出如图 2.4-37 所示的"Component Wizard(元器件向导)"对话框。

图 2.4-36　绘制边界

图 2.4-37　Component Wizard 对话框

（3）单击"下一步"按钮，在进入的选择封装类型界面中选择用户需要的封装类型，如 DP 或均采用系统默认设置，采用 SOP 封装，如图 2.4-38 所示界面中选择用户需要的，按接下来的几步 BGA 封装。在本例中，直接单击"下一步"按钮即可。

（4）在系统弹出如图 2.4-39 所示的对话框中，设置引脚总数为 20。单击"下一步"按钮，在进入的命名封装界面中为元件命名，如图 2.4-40 所示。最后单击"完成"按钮，完成 AT89C2051 封装形式的设计。结果将显示在布局区域，如图 2.4-41 所示。

 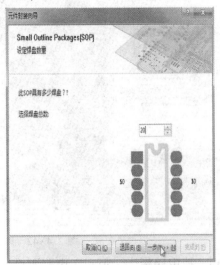

图 2.4-38　选择封装类型界面　　　　图 2.4-39　设置引脚数

图 2.4-40　命名封装界面

（5）打开"Project（工程）"面板，创建的 PCB 库文件已经自动添加到 PCB Library Documents 项目文件夹下，如图 2.4-42 所示。

（6）返回原理图编辑环境，双击 AT89C2051 元件，系统将弹出"Properties for Schematic Component in Sheet（原理图元件属性）"对话框。在该对话框的右下方编辑区域，选择属性 Footprint，按步骤把绘制的 AT89C2051 封装形式导入。其步骤与连接系统自带的封装形式的导入步骤相同，具体可参见前面的介绍，在此不再赘述。

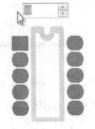

图 2.4-41　设计完成的元件封装

提示：在一个项目中，在设计印制电路板时系统会将所有电路图的数

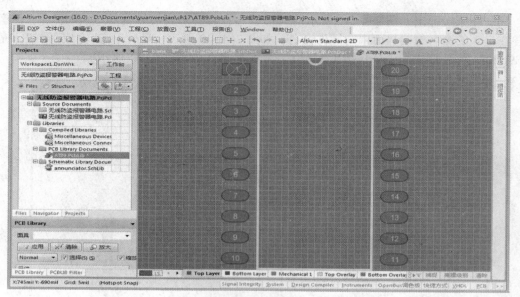

图 2.4-42　库文件添加到工程库中

据转移到一块电路板中，但对于电路图设计电路板，需要从新建印制电路板文件开始。

3. 印制电路板设置

（1）返回 PCB 编辑环境，执行"设计"→"Import Changes From 无线防盗报警器电路. PRJPCB"命令，系统将弹出如图 2.4-43 所示的"工程更改顺序"对话框。

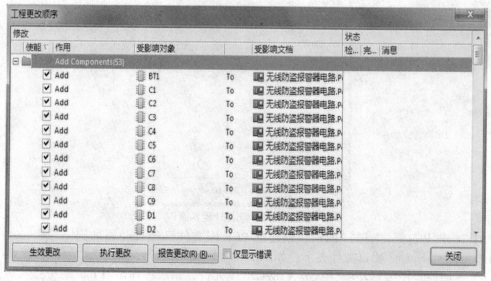

图 2.4-43　"工程更改顺序"对话框

（2）单击"生效更改"按钮，验证更新方案是否有错误，程序会将验证结果显示在对话框中，如图 2.4-44 所示。

（3）在图 2.4-44 中，没有错误产生，单击"执行更改"按钮，执行更改操作，如图 2.4-45所示。

图 2.4-44 验证结果

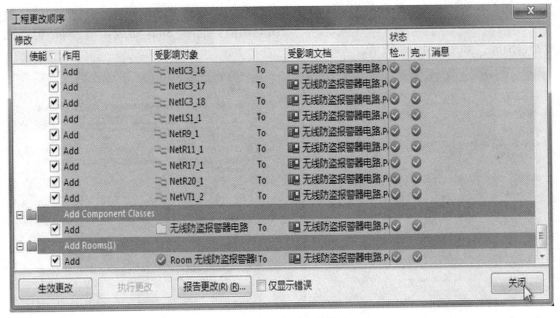

图 2.4-45 更改结果

（4）单击"报告更改"按钮，弹出"报告预览"对话框，显示封装导入信息，然后单击"关闭"按钮，关闭对话框。

（5）按住鼠标左键将导入的封装元件拖到电气边界板框中。单击选中，再按 Delete 键，将其删除。手动放置零件，在电气边界对元件进行布局，如无特殊要求，同类元件依次并排放置。

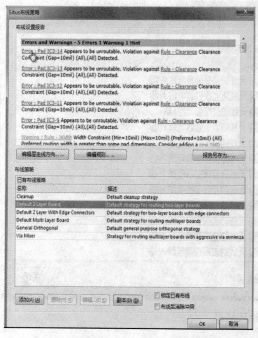

图 2.4-46 "Situs 布线策略"对话框

（6）在绘制电路板边界时，按照元件数量估算绘制，在完成元件布局后，按照元件实际所建对边框进行修改。完成修改后执行"设计"→"板子形状"→"按照选择对象定义"命令，沿板物理边外侧绘制矩形，裁剪电路板。至此，电路板设计初步完成。

4. 布线设置

本电路采用双面板布线，而程序默认即为双面板布线，所以不必设置布线板层。

（1）执行"自动布线"→"设置"命令，系统将弹出如图 2.4-46 所示的"Situs 布线策略（布线位置策略）"对话框，显示在布局设置过程中出现的错误。

（2）单击红色的 Error 选项，弹出电路板规则编辑器对话框，默认最小间隔为 10mm，由于布局过程中，元件间距过小发出警告，因此修改最小间隔为 5mm，如图 2.4-47 所示。

（3）完成修改后，单击"确定"按钮，关闭对话框，返回"Situs 布线策略"对话框，此

时警告消除，如图 2.4-48 所示。

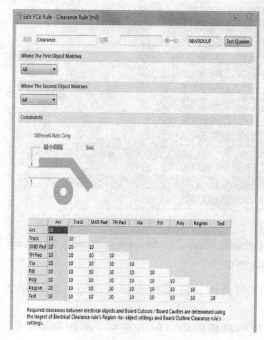

图 2.4-47 修改元件间距

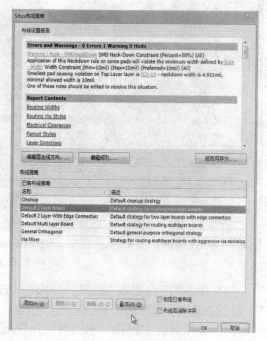

图 2.4-48 "Situs 布线策略"对话框

（4）单击"Route All（布线所有）"按钮，进行全局性的自动布线。布线完成后如图 2.4-49 所示。

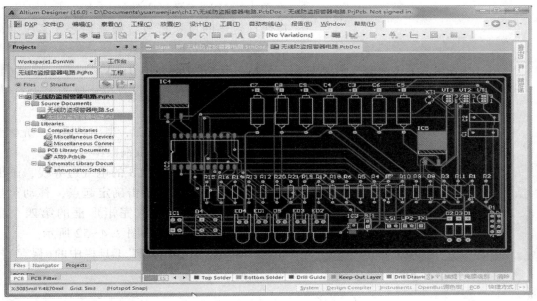

图 2.4-49 完成自动布线

（5）只需要很短的时间即可完成布线，如图 2.4-50 所示，然后关闭"Messages（信息）"面板。

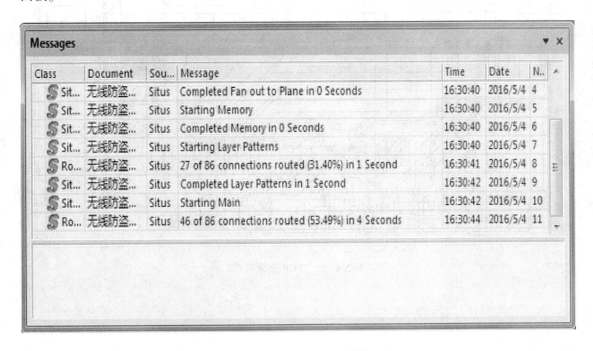

图 2.4-50 Messages 面板

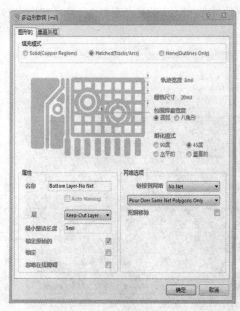

图 2.4-51 "多边形敷铜"对话框

5. 敷铜设置

（1）执行"放置"→"多边形敷铜"命令，或者单击"布线"工具栏中的按钮，还可以使用 P+G 快捷键，即可执行放置敷铜命令，系统弹出"多边形敷铜"对话框。

（2）选中"Hatched（Tracks/Arcs）[填充（轨迹/圆弧）]"单选按钮，设置孵化模式为 45°，如图 2.4-51 所示。

（3）单击"确定"按钮，退出对话框，光标变成十字形状，准备开始敷铜操作。

（4）用光标沿着 PCB 的电气边界线，画出一个闭合的矩形框。单击确定起点，移动至拐点处再次单击，直至取完矩形框的第四个顶点，右击退出，结果如图 2.4-52 所示。

（5）单击"PCB 标准"工具栏中的(保存)按钮，保存文件。

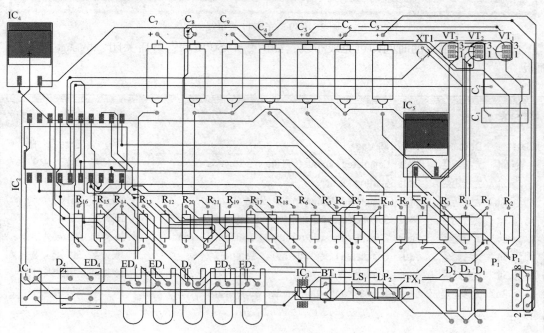

图 2.4-52 PCB 板效果图

第3章 电子工艺基本技能与训练

3.1 电子工艺实训室的安全操作规程

为了人身与设备安全，保证实验顺利进行，进入实验室后要遵守实验室的规章制度和实验室安全规则。

1. 人身安全

实验室中常见的危及人身安全的事故是触电，它是人体有电流通过时产生的强烈的生理反应。轻者身体局部产生不适，严重的将产生永久性伤害，直到危及生命。为避免事故的发生，进入实验室后应遵循以下规则：

（1）进入实验时不允许赤脚，各种仪器设备应有良好的接地线。

（2）仪器设备、实验装置的强电电源线应有良好的绝缘外套，芯线不得外露。

（3）在进行强电或具有一定危险性的实验时，应有两人以上合作；测量高压时，通常采用单手操作，并站在绝缘垫上或穿上厚底胶鞋。在接通交流 220V 电源前，应通知实验合作者。

（4）万一发生触电事故时，应迅速切断电源，如距电源开关较远，可用绝缘器具将电源线切断，使触电者立即脱离电源，并采取必要的急救措施。

（5）实验结束后，须切断电源，小型工具、仪表收好，外置仪表摆放整齐，并打扫室内卫生。

2. 仪器及设备安全

（1）使用仪器前，应认真阅读使用说明书，掌握仪器的使用方法和注意事项。

（2）使用仪器时，应按照要求正确接线。

（3）实验中要有目的地操作仪器面板上的开关(或旋钮)，切忌用力过猛。

（4）实验过程中，精神必须集中。当嗅到焦臭味，见到冒烟和火花、听到"劈拍"响声、感到设备过热及出现保险丝熔断等异常现象时，应立即切断电源，在故障未排除前不得再次开机。

（5）使用电烙铁一定放在专用支架上，严禁直接放在工作台上或其他物体上，使用中不得乱甩焊锡或敲打烙铁，不用时须拔掉插头。

（6）搬动仪器设备时，必须轻拿轻放；未经允许不得随意调换仪器，更不准擅自拆卸仪器设备。

（7）仪器使用完毕，应将面板上各旋钮、开关置于合适的位置，如将万用表功能开关打至"OFF"位置，仪器电源开关关闭等。

（8）为保证仪器及器件安全，在连接实验电路时，应该在电路连接完成并检查完毕后，再接电源及信号源。

3. 常见事故处理

为预防事故发生，进入实验室应先了解安全通道及电源开关的位置，并掌握常见事故的处理方法，在实验室常见的事故有电气火灾和触电事故。下面分别介绍事故处理方法。

1）低电压电气火灾的紧急处理

（1）发生电气火灾时，首先迅速切断电源(拉下电闸、拨出电源插头等)，以免事态扩大，如果需切断带负荷电源，应戴绝缘手套或使用有绝缘柄的工具。当火场离开关较远时，可以剪断电线，火线和零线应分开错位剪断，避免在钳口处造成短路，并防止电源线掉在地上造成短路使人员触电。当电源线不能及时切断时，应及时通知变电站从供电始端拉闸。

（2）切断电源后，使用现场配置的灭火器进行灭火，灭火人员要注意人体的各部位与带电体保持充分的安全距离。扑灭电气火灾时要用绝缘性能好的灭火剂，如干粉灭火器、二氧化碳灭火器或干燥砂子，严禁使用导电灭火剂(如水、泡沫灭火器等)扑救。

（3）火灾初起时，应先用合适的灭火器进行扑救，情况严重立即打"119"报警，同时疏散在场人员。

2）触电急救措施

（1）使触电者迅速脱离电源

可以就近关断电源，如果电源较远可用带绝缘柄的工具切断带电导体，或者用干燥木棒挑开触电者身上的导线，或者戴上绝缘手套拖拽触电者脱离电源。

（2）现场急救

① 触电者脱离电源后，应立即移到干燥通风处，同时通知医务人员到现场。

② 触电者伤势较轻时，可让其静卧休息。

③ 触电者伤势较重时，如触电者无知觉、无呼吸、有心跳，则进行人工呼吸；如触电者有呼吸、无心跳，则进行胸外心脏按压法救治。

④ 触电者伤势很严重时，无心跳、无呼吸，应立即按心肺复苏法就地进行抢救。

3.2　电子工艺实训常用焊接工具与材料

3.2.1　电烙铁的使用

1. 电烙铁的分类

电烙铁是手工焊接的基本工具，是根据电流通过发热元件产生热量的原理而制成的。电烙铁一般分为外热式和内热式两种，另外还有恒温式、吸锡式等类型。外热式电烙铁的烙铁头是插在电热丝里面，它加热较慢，但相对比较牢固。内热式电烙铁的烙铁芯是在烙铁头里面。烙铁芯通常采用镍铬电阻丝绕在瓷管上制成，外面再套上耐热绝缘瓷管。烙铁头的一端是空心的，它套在芯子外面，用弹簧夹紧固。由于烙铁芯装在烙铁头内部，热量完全会传到烙铁头上，升温快，热效率高达 85%～90%，烙铁头部温度可达 350℃ 左右，20W 内热式电烙铁的实用功率相当于 25～40W 的外热式电烙铁。

内热式电烙铁如图 3.2-1 所示，常用规格为 20W、30W、50W 等几种。电工电子实验室中常用的是 30W 内热式电烙铁。

图 3.2-1　内热式电烙铁

2. 烙铁头的选择与修整

（1）选择烙铁头的依据是：应使它尖端的接触面积小于焊接处（焊盘）的面积。烙铁头接触面过大，会使过多的热量传导给焊接部位，损坏元器件及印制板。一般说来，烙铁头越长、越尖，温度越低，需要焊接的时间越长；反之，烙铁头越短、越粗，则温度越高，焊接的时间越短。

（2）烙铁头经过一段时间使用后，由于高温和助焊剂的作用，烙铁头被氧化，使表面凹凸不平，这时就需要修整。修整的方法一般是将烙铁头拿下来，根据焊接对象的形状及焊点的密度，确定烙铁头的形状和粗细。用锉刀修整，修整过的烙铁头要马上镀锡。

3. 电烙铁的摆放

焊接操作时，电烙铁一般放在方便操作的右方烙铁架中，与焊接有关的工具应整齐有序地摆放在工作台上。

3.2.2　电烙铁的检测

为保证使用者的安全，电烙铁在使用前需检查是否完好。检查分为外观检查和用万用表检查。

1. 外观检查

目测电烙铁的电源插头、电源线及烙铁是否完好，电源线有无芯线外露，在使用中应注意经常检查手柄上紧固螺钉及烙铁头的锁紧螺钉是否松动，若出现松动，容易造成短路。电烙铁使用一段时间后，应清除氧化层。

2. 用万用表检查

用万用表检查如图 3.2-2 所示。（30W 电热丝的电阻值约为 1.7kΩ）

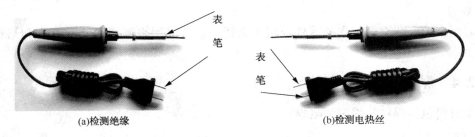

(a)检测绝缘　　　　　　　　　　　　(b)检测电热丝

图 3.2-2　万用表检查烙铁

（1）将万用表置于"Ω"挡，选择 R×2kΩ 量程，进行"Ω 校零"。

（2）如果所测的电阻值为 0Ω，则可能是内部的烙铁芯短路或者连接杆处的导线相碰。

（3）如果所测的电阻值为过量程，则可能是内部的烙铁芯开路或者连接杆处的导线脱落。

（4）对于电阻值为 0Ω 或过量程的电烙铁均需要进行维修。

（5）维修后的电烙铁还需要进行再测试。

3.2.3　其他装配工具的认识及使用

常见的装配工具如图 3.2-3 所示。

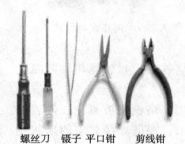

螺丝刀　镊子　平口钳　　剪线钳

图 3.2-3　装配工具

1. 螺丝刀

螺丝刀是用来拆卸和装配螺丝必不可少的工具，分为一字螺丝刀和十字螺丝刀。

螺丝刀在使用中注意以下几点：

（1）根据螺丝口的大小选择合适的螺丝刀，螺丝刀口太小会拧毛螺丝口，从而导致螺丝无法拆装；

（2）在拆卸螺丝时，若螺丝很紧，不要硬去拆卸，应先按顺时针方向拧紧该螺丝，以便让螺丝先松动，再逆时针方向拧下螺丝；

（3）将螺丝刀刀口在磁铁上擦几下，以便刀口带些磁性，这样在装螺丝时能够吸起螺丝，可防止螺丝落到机壳底部，但用于专门调整录音机磁头的螺丝刀不要这样处理，否则会使磁头带磁，影响磁头的工作性能；

（4）在装配螺丝时，不要装一个就拧紧一个，应注意在全部螺丝装上后，再把对角方向的螺丝均匀拧紧。

2. 钳子

钳子用来剪硬的材料和作为紧固的工具。准备一把平口钳和一把剪线钳，平口钳用来安装、加固一些小的零件，还可以用来拆卸和紧固某些特殊插脚的螺母。剪线钳用来剪切元器件的引脚，也可以代替剥线钳剥去导线的外皮。

3. 镊子

镊子是配合焊接不可缺少的辅助工具，它可以用来拉引线、送管脚，以方便焊接，也可以帮助拆卸元器件。另外，镊子还有散热功能，可以减少元器件承受更多的热量。

4. 锉刀

锉刀用来锉一些金属制作的零件或用来除锈，也可以用来锉掉元器件管脚和烙铁头的氧化层。

3.2.4　焊接材料的认识

焊接材料包括焊料、焊剂和阻焊剂。

1. 焊料

焊料是易熔金属，熔点低于被焊金属。焊料熔化时，在被焊金属表面形成合金而与被焊金属连接到一起。焊料按成分可分为锡铅焊料、铜焊料、银焊料等。在一般电子产品装配中，主要使用锡铅焊料，俗称焊锡。

手工焊接常用的焊锡丝，将焊锡制成管状，内部充加助焊剂，如图 3.2-4 所示。

图 3.2-4　焊锡丝

2. 焊剂

焊剂又称为助焊剂,一般是由活化剂、树脂、扩散剂、溶剂四部分组成。主要用于清除焊件表面的氧化膜,保证焊锡浸润的一种化学剂。其作用是除去氧化膜,防止氧化,减小表面张力,使焊点美观。

3. 阻焊剂

阻焊剂是一种耐高温的涂料,使焊料只在需要的焊点上进行焊接,把不需要焊接的部分保护起来,起到一种阻焊作用。印制板上的绿色涂层即为阻焊剂。

【实验 A】用烙铁熔化一小块焊锡,观察液态焊锡形态。

【实验 B】在液态焊锡上熔化少量松香,观察变化。

3.3 焊接技术训练

3.3.1 焊接技术

1. 训练要求

(1) 通过五步法练习,初步掌握锡焊技艺、拆焊技术。

(2) 焊前的准备。

(3) 各种元器件的焊接、拆焊。

(4) 电子工业生产中的焊接简介。

2. 主要器材

(1) 实习工具 1 套:电烙铁、焊锡丝、尖嘴钳、斜口钳、一字螺丝刀、十字螺丝刀、镊子。

(2) 焊锡丝、练习板、元器件若干。

3. 训练内容

1) 电烙铁的使用方法

(1) 电烙铁的握法

根据电烙铁大小的不同和焊接操作时的方向和工件不同,可将手持电烙铁的方法分为反握法、正握法和握笔法三种,如图 3.3-1 所示。为了人体安全,一般烙铁离开鼻子的距离通常以 30cm 为宜。反握法动作稳定,长时间操作不宜疲劳,适合于大功率烙铁的操作。正握法适合于中等功率烙铁或带弯头电烙铁的操作。一般在工作台上焊印制板等焊件时,多采用握笔法。

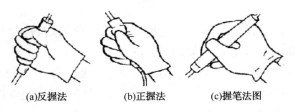

(a)反握法　　　　(b)正握法　　　　(c)握笔法图

图 3.3-1　电烙铁的握法

（2）焊锡的基本拿法

焊锡丝一般有两种拿法。焊接时，一般左手拿焊锡，右手握电烙铁。进行连续焊接时采用图3.3-2（a）的拿法，这种拿法可以连续向前送焊锡丝。图3.3-2（b）所示的拿法在只焊接几个焊点或断续焊接时适用，不适合连续焊接。

(a)连续焊接时　　(b)只焊几个焊点时

图3.3-2　焊锡的基本拿法

2）焊接操作步骤

（1）手工锡焊过程

在工厂中，常把手工锡焊过程归纳成八个字"一刮、二镀、三测、四焊"。

① 刮　就是处理焊接对象的表面。焊接前，应先对被焊件表面进行清洁处理，有氧化层的要刮去，有油污的要擦去。

② 镀　是指对被焊部位进行搪锡处理。

③ 测　是指对搪过锡的元件进行检查，检查在电烙铁高温下是否损坏。

④ 焊　是指最后把测试合格的、已完成上述三个步骤的元器件焊到电路中去。焊接完毕要进行清洁和涂保护层，并根据对焊接件的不同要求进行焊接质量检查。

（2）五步操作法

手工锡焊作为一种操作技术，必须要通过实际训练才能掌握，对于初学者来说进行五步操作法训练是非常必要的。五步操作法如图3.3-3所示。

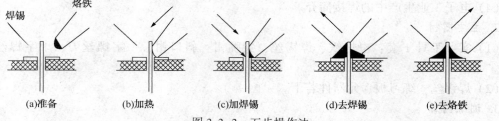

焊锡　　烙铁

(a)准备　　(b)加热　　(c)加焊锡　　(d)去焊锡　　(e)去烙铁

图3.3-3　五步操作法

① 准备施焊　准备好被焊工件，电烙铁加热到工作温度，烙铁头保持干净，一手握好电烙铁，一手拿焊锡丝，电烙铁与焊料分居于被焊工件两侧。

② 加热焊件　烙铁头放在两个焊件的连接处，时间1~2s，使被焊部位均匀受热，不要施加压力或随意拖动烙铁，对于在印制板上焊接元器件，要注意使烙铁头同时接触焊盘和元器件的引线。

③ 加入焊丝　当工件被焊部位升温到焊接温度时，送上焊锡丝并与工件焊点部位接触，熔化并润湿焊点。

④ 移去焊丝　熔入适量焊丝（焊件上已形成一层薄薄的焊料层）后，迅速向外斜上45°方向移去焊丝。该步是掌握焊锡量的关键。

⑤ 移开烙铁　移去焊丝后，约3~4s，在助焊剂（焊锡丝内一般含有助焊剂）还未挥发完之前，迅速与轴向成45°方向移去烙铁，否则将得到不良焊点。该步是掌握焊接时间的关键。

（3）焊接操作注意事项

① 保持烙铁头清洁　为防止烙铁头氧化，要随时将烙铁头上的杂质除掉，保持清洁。

② 搭焊锡桥　在烙铁头上保持少量的焊锡，作为加热时烙铁头与焊件之间传热的桥梁，可以提高加热的速度，减小对焊盘和工件的损伤。

③ 不施压　用烙铁头对焊件施压不能提高加热速度，反而会对焊件造成损伤。

④ 保持静止　移动烙铁后要保持焊件静止，直到焊料凝固成形，防止造成焊点疏松，导电性能差。

⑤ 控制好焊丝和烙铁　焊丝和烙铁都要向后 45°方向（方向相反）及时移去，焊丝加入过少，会造成焊接不牢；加入过多，则易形成短路。烙铁加热时间过短，会造成虚焊；加热时间过长会造成焊剂失效、焊盘脱落、元器件损坏。

⑥ 不要将焊料加到烙铁头上进行焊接　焊料长时间放在烙铁头上会造成焊料氧化、助焊剂失效，使焊接失败。

（4）良好的焊点要求

① 具有良好的导电性。

② 具有一定的机械强度。焊好后可用镊子轻摇元器件脚，观察有无松动现象。

③ 焊点表面光亮、清洁，形状近似圆锥形。焊点零件脚全部浸没，其轮廓又隐约可见。

④ 焊点不应有毛刺和空隙。

3）拆焊

拆焊是将已焊好的元器件从焊盘拆除，调试和维修中常需要更换一些元器件，拆焊同样是焊接工艺中一个重要的工艺手段。

（1）拆焊工具

拆焊中一般要使用的工具有：吸锡绳、吸锡筒、吸锡电烙铁等。

（2）拆焊操作要点

严格控制加热的温度和时间，以保证元器件不受损坏或焊盘不致被翘起、断裂。拆焊时不要用力过猛，否则会损坏元器件和焊盘。可用拆焊工具吸去焊点上的焊料。在没有吸锡工具的情况下，可以用电烙铁将焊锡沾下来。

（3）PCB（Printed Circuit Board 印制板）上元器件的拆焊方法

① 分点拆焊法　用电烙铁对焊点加热，逐点拔出，该种方法适用于焊点距离较远的焊点。

② 集中拆焊法　用电烙铁同时快速交替加热几个焊接点，待焊锡熔化后一次拔出，该方法适用于焊点距离较近的焊点。

③ 通开焊盘孔　拆焊后如果焊盘孔被堵塞，应用针等尖锐物在加热下，从铜箔面将孔穿通（严禁从印制板面捅穿孔），或将多余的焊锡去掉后，用尖的烙铁修一下焊盘孔，使孔穿通，再插进元器件引线或导线进行重焊。

（4）一般焊接点的拆焊方法

① 保留拆焊法　是需要保留元器件引线和导线端头的拆焊方法。适用于钩焊、绕焊。

② 剪断拆焊法　是沿着焊接元件引脚根部剪断的拆焊方法。适用于可重焊的元件或连接线。

3.3.2　PCB 板焊接

1. 训练要求

（1）掌握印制板装配方法，为实习产品安装打基础。

（2）手工烙铁焊接技法。

2．训练器材

（1）实习工具1套：电烙铁，焊锡丝，尖嘴钳，斜口钳，一字螺丝刀，十字螺丝刀，镊子。

（2）练习用印制板、元器件若干。

3．训练内容

1）焊接前准备

（1）元器件引线表面清理

元器件在焊接前要进行表面清理，清除污物，去除氧化层，如图3.3-4所示。导线要先剥去外皮，镀锡以备用。部分开关、插座和电池仓极片引脚等也要先镀锡。

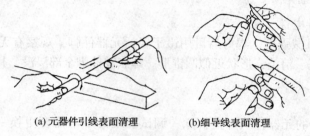

(a) 元器件引线表面清理　　(b)细导线表面清理

图3.3-4　元器件引线表面清理

（2）PCB板和元器件检查

装配前应对PCB板和元器件进行检查，内容主要包括：

① PCB板图形、孔位及孔径是否符合图纸，有无断线、缺孔等，表面处理是否合格，有无污染或变质。

② 元器件品种、规格及外封装是否与图纸吻合，元器件引线有无氧化、锈蚀。

（3）元器件引线成型

元器件在装插前需弯曲成型。弯曲成型的要求：根据印制板孔位远近，弯曲元器件引脚成合适的形状。

2）元器件插装与焊接

（1）焊接印制板一般选用内热式（20～35W）或恒温式电烙铁，烙铁头常用小型圆锥烙铁头。烙铁头应修整窄一些，使焊一个端点时不会碰到相邻端点。随时保持烙铁头的清洁和镀锡。

（2）工作台上如果铺有橡胶皮，塑料等易于积累静电材料，MOS集成电路芯片及印制电路板不宜放在台面上。

（3）电子元件摆放方法有卧式摆放和立式摆放两种。元件腿弯曲不要贴近根部，以免弯断，造成元件损坏。

所有的安装过程，在没有特别指明的情况下，元件必须从线路板正面装入。线路板上的元件符号图指出了每个元件的位置和方向，根据元件符号的指示，按正确的方向将元件脚插入线路板的焊盘孔中，在线路板的另一面将元件脚焊接在焊盘上。

（4）将弯曲成形的元器件插入对应的孔位中，进行焊接。加热时，应尽量使烙铁头同时接触印制板上铜箔和元器件引线。对较大焊盘，焊接时烙铁可绕焊盘移动，以免长时间停留导致局部过热。耐热性差的元器件应使用工具辅助散热。焊锡建议使用 63/37 铅锡合金松香芯焊锡丝，禁止使用酸性助焊剂焊锡丝。图 3.3-5 为焊接示意图。

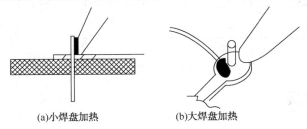

(a)小焊盘加热　　　　　(b)大焊盘加热

图 3.3-5　焊接示意图

（5）焊好后，剪去多余引线，注意不要对焊点施加剪切力以外的其他力。检查印制板上所有元器件引线焊点，修补缺陷。

（6）集成电路若不使用插座，直接焊到印制板上，安全焊接顺序为地端→输出端→电源端→输入端。

3）正确的焊接方法

（1）正确的焊接方法

① 将电烙铁头靠在元件脚和焊盘的结合部，如图 3.3-6(a)所示（注：所有元件从焊接面焊接）。

② 若电烙铁头上带有少量焊料，可使烙铁头的热量较快传到焊点上。将焊接点加热到一定温度后，用焊锡丝触到焊接件处，融化适量的焊料；焊锡丝应从烙铁头的对称处加入，如图 3.3-6(b)所示。

③ 当焊锡丝适量融化后，迅速移开焊锡丝；当焊接点上的焊料流散接近饱满，助焊剂尚未完全挥发，也就是焊接点上的温度最适当、焊锡最光亮、流动性最强的时刻，迅速移开电烙铁，如图 3.3-6(c)所示。

④ 焊锡冷却后就得到一个理想的焊接了，如图 3.3-6(d)所示。

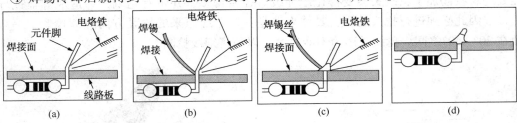

(a)　　　　　　(b)　　　　　　(c)　　　　　　(d)

图 3.3-6　正确的焊接方法

（2）不良的焊接方法

① 加热温度不够　焊锡不向被焊金属扩散生成金属合金，如图 3.3-7(a)所示。

② 焊锡量不够　造成点不完整，焊接不牢固，如图 3.3-7(b)所示。

③ 焊锡过量　容易将不应连接的端点短接，如图 3.3-7(c)所示。

④ 焊锡桥接　焊锡流到相邻通路，造成线路短路，这个错误需用烙铁横过桥接部位即可，如图 3.3-7(d)所示。

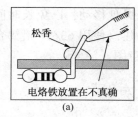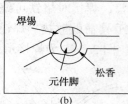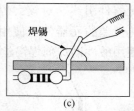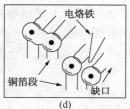

图 3.3-7 不良的焊接方法

3.3.3 导线焊接

1. 训练要求

（1）掌握导线的加工、连接方法。

（2）手工烙铁焊接技法。

2. 训练器材

（1）电烙铁、焊锡丝、尖嘴钳、斜口钳、一字螺丝刀、十字螺丝刀、镊子。

（2）导线及其他练习材料。

3. 训练内容

操作要点：剥线长度合适（图 3.3-8）；预焊可靠且多留锡（图 3.3-9）。

1）焊接前处理

（1）剪线

绝缘导线在加工时，应先剪长导线，后剪短导线，这样可不浪费线材。手工剪切导线时要先拉直再剪。

（2）去绝缘层

绝缘导线两端应各去掉一段绝缘层，而露出芯线。剥头可用剥线钳（图 3.3-10）或剪线钳进行，使用时要选择合适的钳口，以免芯线损坏。按导线连接方式（搭焊、钩焊、绕焊）决定剥头长度，应用在 PCB 板时，剥头通常为 3~4mm。多股芯线剥头后，裸线可能松散，不经处理就浸锡加工，线头会变得比原导线直径粗得多，并带有毛刺，易造成焊盘或导线间短接。因此必须进行捻头处理，具体方法是：按芯线原来的捻紧方向继续捻紧，一般螺旋角在 30°~40°之间。捻线时用力不能过大，以免将细线捻断。

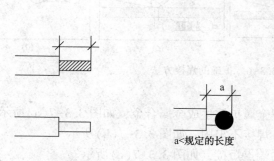

图 3.3-8 导线剥线长度　　　图 3.3-9 导线预焊图　　　图 3.3-10 剥线钳

屏蔽导线的端头外套金属编织线应进行加工处理：用镊子将金属编织线的根部扩成线孔，将绝缘导线从孔中穿出，然后把编织线捻紧，以防金属编织线散开上锡后形成毛刺。

（3）预焊

① 剥去绝缘外皮的导线端部必须进行预焊，预焊导线的最大长度应小于裸线长度，如图 3.3-8 所示。

② 烙铁头工作面放在距离露出的裸导线根部一定距离加热，防止绝缘层在高温下绝缘性能会下降。

③ 导线端头预焊时要边上锡边旋转，旋转方向与拧合方向一致。

屏蔽导线与同轴电缆为收录机、电视机装配常用绝缘导线。它的端头处理质量直接影响装配效果。如黑白电视机中高频头与图像中放板间连接的同轴电缆端头处理不好，将可能产生无图像、无伴音故障。屏蔽导线的端头处理过程如图 3.3-11 所示。

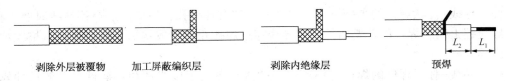

图 3.3-11　屏蔽导线端头处理

2）导线焊接种类

如图 3.3-12 所示，导线焊接方式主要有以下几种：

（1）绕焊　也称为网焊。它是把经过镀锡的导线端头在接线端子上缠一圈，用钳子拉紧缠牢后进行焊接的一种方式。绕接较复杂，但连接可靠性高，如图 3.3-13 所示。绕接时注意导线一定要紧贴端子表面，绝缘层不接触端子。

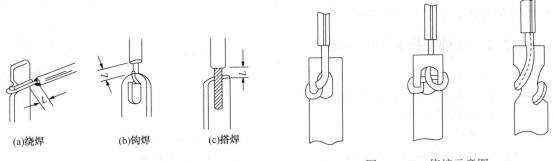

(a)绕焊　　　　(b)钩焊　　　　(c)搭焊

图 3.3-12　导线焊接方式　　　　　　图 3.3-13　绕接示意图

（2）钩焊　是将导线端子弯成钩形，钩在接线端子上并用钳子夹紧后进行焊接的一种方式，如图 3.3-14 所示。钩焊强度低于绕焊，但操作简便。

（3）搭焊　是将经过镀锡的导线搭在接线端子上进行焊接的一种焊接方式，如图 3.3-15 所示。搭焊最简便，但强度和可靠性也最差，仅用于临时连接或不便于绕焊和钩焊的地方以及某些接插件上。

3）导线焊接形式

（1）导线-接线端子的焊接　通常采用压接钳压接，但对某些无法压接连接的场合可采用绕焊、钩焊和搭焊等焊接方式。

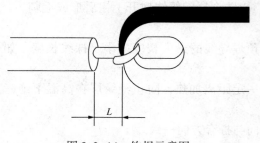

图 3.3-14 钩焊示意图

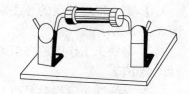

图 3.3-15 搭焊示意图

（2）导线-导线的焊接 主要以绕焊为主。对于粗细不等的两根导线，应将较细的缠绕在粗的导线上；对于粗细差不多的两根导线，应一起绞合。

（3）导线-片状焊件的焊接 片状焊件一般都有焊线孔，往焊片上焊接导线时要先将焊片、导线镀上锡，焊片的孔要堵死，将导线穿过焊孔并弯曲成钩形，然后再用电烙铁焊接，不应搭焊。

（4）导线-杯形焊件的焊接 杯形焊件的接头多见于接线柱和接插件，一般尺寸较大，常和多股导线连接，焊前应对导线进行镀锡处理。

（5）导线-槽、柱、板形焊件的焊接 焊件一般没有供绕线的焊孔，可采用绕、钩、搭接等连接方法。每个接点一般仅接一根导线，焊接后都应套上合适尺寸的塑料套管。

（6）导线-金属板的焊接 将导线焊到金属板上，关键是往板上镀锡，要用功率较大的烙铁或增加焊接时间。

（7）导线-PCB 板的焊接 在 PCB 板上焊接众多导线是常有的事，为了提高导线与板上焊点的机械强度，避免焊盘或印制导线直接受力被拽掉，导线应通过印制板上的穿线孔，从 PCB 的元件面穿过，焊在焊盘上。

3.3.4 几种易损元件的焊接

1. 训练要求

（1）掌握易损元器件的焊接方法。

（2）手工烙铁焊接技法。

2. 训练器材

（1）电烙铁、焊锡丝、尖嘴钳、斜口钳、一字螺丝刀、十字螺丝刀、镊子。

（2）练习用印制板、开关、插座、发光二极管、瓷片电容等。

3. 训练内容

易损元件包括注塑元件、簧片类元件等，焊接时，加热时间控制不当或施加外力会造成塑件变形，簧片失去弹力等后果。

1）注塑外壳元件的焊接

采用热塑方式制成的电子元器件。如微动开关、插接件等，不能承受高温，如不控制加热时间，极易造成塑料变形，导致元件失效或降低性能造成隐性故障。

焊接此类元件时应注意以下事项：

（1）元器件预处理时将接点清理干净，去除氧化层，先镀锡，以利焊接，缩短焊接时间；

（2）焊接时需一个脚一个脚地焊，缩短元件脚的加热时间；

（3）烙铁头不得对元件脚施加压力；

（4）选用含助焊剂量较小的锡线，锡线直径为 $\phi 0.6 \sim 0.8 mm$ 较适宜；

（5）在塑壳未冷却前，不要碰压元件；

（6）焊接耳机插座时可将耳机预先插入插座中，再进行焊接，防止变形。

2）簧片类元件接点焊接

这类元件有继电器、波段开关等，其特点是在制造时给接触簧片施加了预应力，使之产生适当弹力，保证电接触的性能。在安装施焊过程中，不能对簧片施加过大的外力和热量，以免破坏接触点的弹力，造成元件失效。

焊接此类元件时应注意以下事项：

（1）可靠地镀锡；

（2）加热时间要短；

（3）烙铁头不得对元件脚施加任何外力；

（4）焊锡量宜少。

3）瓷片电容、发光二极管的焊接

这类元器件的共同特点是加热时间过长就会失效，瓷片电容内部接点开焊，发光管管芯损坏。焊接前一定要处理好焊点，焊接要快，或采用辅助散热措施，避免过热失效。

4）FET 及集成电路焊接

MOSFET 特别是绝缘栅极型元件，由于其输入阻抗很高，稍有不慎即可使其内部击穿而失效。双极型集成电路，由于内部集成度高，管子隔离层却很薄，一旦受到过量的热也易损坏。上述类型电路都不能承受 250℃ 的温度。

焊接此类元件时应注意以下事项：

（1）焊接时间不宜超过 3s，在保证润湿的前提下尽可能短；

（2）使用防静电恒温烙铁，温度控制在 230~250℃；

（3）电烙铁的功率，采用内热式的不超过 20W，外热式不超过 30W。

3.3.5 焊接质量及缺陷

1. 训练要求

（1）集成电路焊接，掌握焊点质量检查。

（2）了解焊点缺陷及形成原因。

2. 训练器材

（1）电烙铁、焊锡丝、尖嘴钳、斜口钳、一字螺丝刀、十字螺丝刀、镊子。

（2）练习用印制板、元器件、导线等其他练习材料。

3. 训练内容

检查焊点质量，修复不良焊点。

焊接是电子产品制造中最主要的一个环节，一个虚焊点就能造成整台仪器设备的失效。

要在一台有成千上万个焊点的设备中找出虚焊点来不是容易的事。据统计现在电子设备仪器中故障的近一半是由于焊接不良引起的。

1）对焊点的质量检查

（1）焊点外观及检查

图 3.3-16 中所示是两种典型焊点的外观，其共同要求是：

① 外形以焊接导线为中心，匀称，成裙形拉开；

② 焊料的连接面呈半弓形凹面，焊料与焊件交界处平滑，接触角尽可能小；

③ 表面有光泽且平滑；

④ 无裂痕、针孔和夹渣。

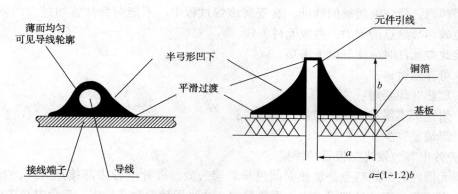

图 3.3-16　典型焊点外观

（2）外观检查

除用目测（或借助放大镜、显微镜观测）检查焊点是否合乎上述标准外，还包括以下几点：

① 漏焊；

② 焊料拉尖；

③ 焊料引起导线间短路（即"桥接"）；

④ 导线及元器件绝缘的损伤；

⑤ 布线整形；

⑥ 焊料飞溅。

检查时还要用指触、镊子拨动、拉纤等方法检查有无导线断线、焊盘剥离等缺陷。

2）焊点通电检查及试验

通电检查必须在外观检查及连线检查无误后才可进行。通电检查可以发现许多微小的缺陷，例如用目测观察不到的电路桥接，但对于内部虚焊的隐患就不容易察觉。

图 3.3-17 表示通电检查时可能的故障与焊接缺陷的关系，可供参考。

3）常见焊点缺陷及质量分析

造成焊接缺陷的原因很多，在材料与工具一定的情况下，采用什么方式以及操作者是否有责任心，就是决定性的因素了。图 3.3-18 表示导线端子焊接常见缺陷，表 3.3-1 列出了印制板焊点缺陷的外观、特点、危害及产生原因。

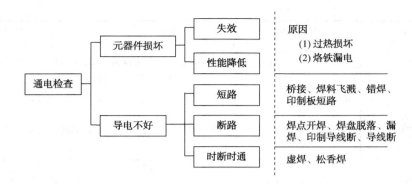

图 3.3-17 通电检查及分析

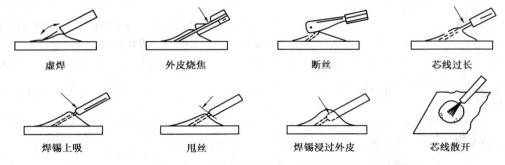

图 3.3-18 导线端子焊接缺陷示意图

表 3.3-1 常见焊点缺陷

焊点缺陷	外观特点	危害	原因分析
焊料过多	焊料面呈凸形	浪费焊料	焊丝撤离过迟
焊料过少	焊料未表成平滑面	机械强度不足	焊丝撤离过早
松香焊	焊点中夹有松香渣	强度不足，导通不良，有可能时通时断	加焊剂过多，或已失败。焊接时间不足，加热不足，表面氧化膜未去除
过热	焊点发白，无金属光泽，表面较粗糙	焊盘容易剥落，强度降低	烙铁功率过大，加热时间过长
冷焊	表面呈豆腐渣状颗粒，有时可有裂纹	强度低，导电性不好	焊料未凝固前焊件抖动或烙铁功率不够

焊点缺陷	外观特点	危害	原因分析
虚焊	焊料与焊件交界面接触角过大、不平滑	强度低，不通或时断时通	焊件清理不干净，助焊剂不足或质量差，焊件未充分加热
不对称	焊锡未流满焊盘	强度不足	焊料流动性不好，助焊剂不足
松动	导线或元器件引线可移动	导通不良或不导通	焊锡未凝固前引线移动造成空隙，引线未处理好(浸润差或不浸润)
拉尖	出现尖端	外观不佳，容易造成桥接现象	助焊剂过少，而加热时间过长，烙铁撤离角度不当
桥接	相邻导线搭接	电器短路	焊锡过多，烙铁撤离方向不当
针孔	目测或用低倍放大镜可见有孔	强度不足，焊点容易腐蚀	焊盘孔与引线间隙太大
气泡	引线根部有时有喷火式焊料隆起，内部藏有空洞	暂时导通，但长时间容易引起导通不良	引线与孔间隙过大或引线浸润不良
剥离	焊点剥落(不是铜箔剥落)	断路	焊盘镀层不良

3.3.6 电子工业生产中的焊接简介

1. 浸焊

浸焊是将装好元器件的印制板在熔化的锡锅内浸锡，一次完成印制线路板上所有焊接点的焊接方法。浸焊有手工浸焊和机器自动浸焊两种形式。

手工浸焊是由操作工人手持夹具将需焊接的已插好元器件的印制板浸入锡槽内来完成的。

手工浸焊的操作过程为：

(1) 准备锡槽 将锡槽的温度控制在 250℃ 左右，加入锡焊条，通电熔化。及时去除锡焊层表面的氧化薄膜。

(2) 准备 PCB 板 按照工艺要求将元器件插装到印制板上，然后喷涂助焊剂并烘干，放入导轨。

（3）浸锡操作　将印制板沿导轨以15°倾角浸入锡锅，浸入深度是PCB板厚度的50%～70%，浸焊时间约3～5s，然后以15°倾角离开锡锅。

（4）验收检查　PCB板冷却后，检查焊点质量，个别不良焊点用手工补焊。

（5）修剪引脚　将PCB板送至切头机自动铲头，露出焊锡面的长度不超过2mm。

机器自动浸焊是将插好元器件的印制板用专用夹具安置在传送带上。印制板先经过泡沫助焊剂槽喷上助焊剂，加热器将助焊剂烘干，然后经过深化的锡槽进行浸焊，待焊锡冷却凝固后再送到切头机剪去过长的引脚。

浸焊比手工焊接的效率高，设备也较简单，但由于锡槽内的焊锡表面是静止的，表面氧化物易粘在焊接点上，并且印制电路板被焊面全部与焊锡接触，温度高，易烫坏元器件并使印制板变形，无法保证焊接质量。目前在大批量电子产品生产中已为波峰焊所取代，或在高可靠性要求的电子产品生产中作为波峰焊的前道工序。

2. 波峰焊

波峰焊是采用波峰焊机一次完成印制板上全部焊点的焊接。波峰焊机的主要结构是一个温度能自动控制的熔锡缸，缸内装有机械泵和具有特殊结构的喷嘴。机械泵能根据焊接要求，连续不断地从喷嘴压出液态锡波，当印制板由传送机构以一定速度进入时，焊锡以波峰的形式不断地溢出至印制板面进行焊接。波峰焊接工艺流程为：焊前准备→涂焊剂→预热→波峰焊接→冷却→清洗。

波峰焊是目前应用最广泛的自动化焊接工艺。与自动浸焊相比较，其最大的特点是锡槽内的锡不是静止的，熔化的焊锡在机械泵（或电磁泵）的作用下由喷嘴源源不断流出而形成波峰，波峰焊的名称由此而来。波峰即顶部的锡无丝毫氧化物和污染物，在传动机构移动过程中，印制板分段、局部地与波峰接触焊接，避免了浸焊工艺存在的缺点，使焊接质量可以得到保证，焊接点的合格率可达99.97%以上，在现代工厂企业中它已取代了大部分的传统焊接工艺。

波峰焊的工艺流程：准备→装件→焊剂涂敷→预热→波峰焊→冷却→铲头→清洗。

（1）准备工序　包括元器件引线搪锡、成形及印制电路板的准备等，与手工焊接相比，对印制的要求更高，以适应波峰焊要求。

（2）装件工序　一般采用流水作业的方法插装元器件，即将加工成形的元器件分成若干个工位，插装到印制板上。插装形式可分为手工插装、半自动插装和全自动插装。

（3）焊剂涂覆工序　为了提高被焊表面的润湿性和去除氧化物，需要在印制板焊接面喷涂一层焊剂。喷涂形式一般有发泡式、喷流式和喷雾式等。

（4）预热工序　为使印制板上的助焊剂加热到活化点，必须预热。同时预热还能减少印制板焊接时的热冲击，防止板面变形。预热的形式主要有热辐射和热风式两种。印制板预热温度一般控制在90℃左右，印制板与加热器之间的距离为50～60mm。

（5）焊接工具　印制板进入波峰区时，印制板与焊料波峰做相对运动，板面受到一定的压力，焊料润湿引线和焊盘，在毛细管效应的作用下形成锥形焊点。

（6）冷却工序　印制电路板焊接后，板面温度仍然很高，此时焊点处于半凝固状态，稍微受到冲击和振动都会影响焊接点的质量。另外，高温时间太长，也会影响元器件的质量。因此，焊接后，必须进行冷却处理，一般采用风扇冷却。

（7）清洗工序　波峰焊接完成之后，对板面残留的焊剂等沾污物，要及时清洗，否则在焊点检查时，不易发现渣孔、虚焊、气泡等缺陷，残留的助焊剂还会造成对插件板的侵蚀。清洗方法有多种，现在使用较普遍的方法有液相清洗法和气相清洗法两类。

3. 再流焊

再流焊，也叫回流焊，主要用于表面安装片状元器件的焊接。这种焊接技术的焊料是焊锡膏。焊锡膏是先将焊料加工成一定粒度的粉末，加上适当液态黏合剂和助焊剂，使之成为有一定流动性的糊状焊膏，用它将元器件粘在印制板上，通过加热使焊膏中的焊料熔化并再次流动，从而将元器件焊接到印制板上。

再流焊加工的为表面贴装的 PCB 板，可分为单面贴装和双面贴装两种。具体工作流程为：

（1）单面贴装　预涂锡膏→贴片→再流焊→检查及电测试；

（2）双面贴装　A 面预涂锡膏→贴片→再流焊→B 面预涂锡膏→贴片→回流焊→检查及电测试。

3.4　万用表的使用入门

3.4.1　万用表概述

万用表是电工电子测试中的基本仪表，结构和形式多种多样，表盘、旋钮的分布也千差万别。

使用之前，必须熟悉每个转换开关、旋钮、按键、插座和接线柱的作用，了解表盘上每条刻度的特点及其对应的被测电量。这样，可以充分发挥万用表的作用，使测量准确可靠，同时，也可以保证让万用表在使用中不被损坏。会用、用好万用表是要经过学习和实践训练的。

1. 指针表和数字表

万用表目前常用的有指针式（也称模拟式）和数字式两种，图 3.4-1 是指针表 MF368，图 3.4-2 是数字表 DT9203。

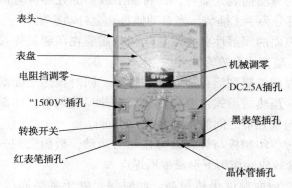

图 3.4-1　MF368 型指针式万用表

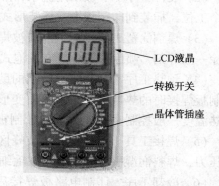

图 3.4-2　DT9203 型数字式万用表

（1）指针式万用表　可靠耐用，观察动态过程直观，但读数精度和分辨力较低，衡量指针表性能的重要指标是电压表灵敏度（Ω/V），较好的指针表其参数≥20kΩ/V。

（2）数字式万用表　读数精确直观，输入阻抗高，但有时出现错误不易觉察，且使用维护要求较高。显示位数是衡量数字表性能的重要指标，有 3 位半（一般习惯写作 3½，最大显示 1999，下同）、4 位半、5 位半、6 位半等。位数越多，精度和分辨力越高。

指针表和数字表二者配合可取长补短，相得益彰。例如调试电源可用数字表测电压，读数精确直观；指针表测电流，观察动态过程。要求精确度高时应采用数字表。

2. 认识万用表

（1）表头　是指针式万用表的心脏。工作原理是利用电磁感应将电量的变化转化成指针偏转角的变化。指针满偏时，流过表头的电流越小，表的灵敏度越高。一般万用表的电流约几毫安到几百毫安。MF368 为 40.4mA。表头是比较精密而又娇气的机电元件，较强的振动或过载都会损坏它。

（2）测量电路　是万用表的大脑。由电子元器件和印制板装配而成，指针表和数字表工作原理详见《模拟电子技术基础》教材。

（3）转换开关和插孔　是万用表的语言，不同挡位和量程对应表盘上不同的刻度，能忠实、正确报告测量信息。显示屏是数字表特有的，常见的有 LCD、LED 显示。

3.4.2　指针式万用表的使用方法

1. 参数测量

将黑表笔插入"＊"插孔，红表笔插入"＋"插孔。先把万用表的指针调至零位，测直流电压时将转换开关打至"DCV"处，测交流电压时将转换开关打至"ACV"处，测直流电流时将转换开关打至"DCmA"处，根据被测量大小选择具体挡位，不知被测量大小先选择最大挡位，再看指针偏转角度选择具体挡位。如果电压大于 500V 时则将红笔插至"DC1500V"孔，读数看表盘 DCV ICEO 刻度尺 0～15 再乘以 100 即可，电流大于 0.25A 时红笔插入"DC2.5A"孔。

2. 被测电量和量程的选择

万用表是一个多变量、多量程的测量仪器，在测量中应首先选择相应的电量和量程。如测量 220V 交流电时，转换开关置于交流电压挡，并选择量程 250V 或 500V。万用表被测电量量程的选择有两种方法，一种是同时选择，即一个转换开关在选择量程的同时，还用来选择电量；另一种是分别选择，即使用两个转换开关，一个用来选择被测电量的种类，另一个用来选择量程。

在选择指针表量程时，一般要使指针指示在满刻度的 1/2 或 2/3 以上的位置，这样便于读数，测量结果比较准确。如果不知道被测电量的范围，可先选择最大的量程，若指针偏转很小，再逐步减小量程。

3. 数值的读取

指针表盘上有多条标度尺，它们分别在测量不同电量时使用。在选好电量种类和量程后，还要在相应的标度尺上去读数。如标有"DC"或"－"的标度尺可用来读取直流量；标有"AC"或"～"的标度尺可以用来读取交流量。在读数时，眼睛应位于指针的正上方；对于有反射镜的万用表，应使指针和镜像中的指针相重合，这样可以减小读数误差，提高读数准确性。在测量电流和电压时，还要根据所选择的量程，来确定刻度线上每一个小格所代表的值，从而确定最终的读数值。

4. 表笔极性及表笔间电压

万用表的直流电流挡，实际上是一个多量程的直流电流表，它由表头和测量电路两部分组成。测量有极性元器件(如二极管、三极管、电解电容等)时须注意表笔极性：在电阻挡，指针表和数字表极性及表笔间电压如表 3.4-1 所示。

表 3.4-1　表笔极性及表笔间电压

	红表笔	黑表笔	表笔间电压
指针表	−	+	10k 挡 9~22.5V，其余 1.5V 或 3V＊
数字表	+	−	所有挡<2.8V

＊ MF368 表笔间电压为 3V，实习用 MF368 表 10k 挡未装电池。

5. 指针式万用表使用注意事项

(1) 指针表机械调零　在使用指针万用表之前，应先检查"机械零位"，即在没有被测电量时，万用表指针指在零电压或零电流的位置上；否则应进行"机械调零"。

(2) 不可手触表笔的金属部分　在使用万用表过程中，不能用手去接触表笔的金属部分，这样一方面可以保证测量的准确，另一方面也可以保证人身安全。

(3) 先选挡后测量　在测量某一电量时，不能在测量时换挡，尤其是在测量高电压或大电流时，更应注意，否则会使万用表毁坏。如需换挡，应先断开表笔与电路的接触，换挡后再去测量。

(4) 指针表注意位置　指针万用表在使用时，必须水平放置，以免造成误差。同时，还要注意避免外界电场对万用表的影响。

(5) 用毕归位　指针万用表使用完毕，应将转换开关置于交流电压的最大挡；数字表应关断电源。如果长期不使用，还应将万用表内部的电池取出，以免电池腐蚀损坏表内其他器件。

(6) 握笔方法　测量时一般采用单手握笔，尤其测量高电压(例如 AC220V)，单手操作更安全，如图 3.4-3 所示。测量点较远时用双手握笔，如图 3.4-4 所示。

图 3.4-3　单手握笔

图 3.4-4　双手握笔

(7) 指针表测电阻先调零　测量电阻时，指针表应进行调零(黑红表笔短接，调旋扭使指针在电阻零位）；数字表应进行零位检测，在 200Ω 挡时表笔短接电阻 $\leqslant 1\Omega$。

3.4.3　数字式万用表的使用方法

DT9203 为四位半数字万用表。它可以测量交、直流电压和交、直流电流，电阻，电容，三极管 β 值，二极管导通电压等。它是由一个旋转波段开关改变测量的功能和量程，共有 32 挡。该万用表最大显示值为 ± 19999，可自动显示"0"和极性，过载时显示"1"或"-1"，电池电压过低时，显示屏左上方会出现一个电池符号，短路检查用蜂鸣器。

1. 电源检查

按下电源开关，观察液晶显示是否正常，是否有电池缺电标志出现，若有则要先更换电池。

2. 参数测量

1）交、直流电流的测量

根据测量电流的大小选择适当的电流测量量程和红表笔的插入孔，黑表笔插入"COM"插孔中。测量直流时，红表笔接触电压高的一端，黑表笔接触电压低的一端，正向电流从红表笔流入万用表，再从黑表笔流出，当要测量的电流大小不清楚的时候，先用最大的量程来测量，然后再逐渐减小量程来精确测量。

2）交、直流电压的测量

红表笔插入"VΩHz"插孔中，黑表笔插入"COM"插孔中。根据电压的大小选择适当的电压测量量程，黑表笔接触电路"地"端，红表笔接触电路中待测点，进行读数。

3）短路检测

将功能、量程开关转到"•))"位置，两表笔分别接触短路测试点，若有短路，则蜂鸣器会发出响声。

4）电阻测量

红表笔插入"VΩHz"插孔中，黑表笔插入"COM"插孔中。由于测量电阻时使用万用表内部电源，所以要将电阻所在的电路电源断开，或者使电阻脱离开电路再进行测量。

3. 数字万用表使用注意事项

（1）注意正确选择量程及红表笔插孔。对未知量进行测量时，应首先把量程调到最大，然后从大向小调，直到合适为此。若显示"1"，表示过载，应加大量程。

（2）改变量程时，表笔应与被测点断开。

（3）测量电流时，切忌过载。

（4）不允许用电阻挡和电流挡测电压。

3.5　基本电子元器件的识别与检测

3.5.1　基本元器件的识别

1. 训练要求

（1）熟练掌握电阻器、电容器、电感器、二极管、三极管、电感、开关等的正确识别。

（2）学会用万用表测量参数及判断质量好坏。

2．主要器材

（1）实习万用表。

（2）电阻、电容、二极管、三极管。

3．训练内容

1）电阻器和电位器

（1）电阻器

电阻器在电路中用"R"加数字表示，如：R1 表示编号为 1 的电阻。电阻器在电路中的主要作用为分流、限流、分压、偏置等。电阻元件图形符号如图 3.5-1 所示。

参数识别：电阻器的单位为欧姆（Ω），倍率单位有：千欧（kΩ）、兆欧（MΩ）等。

换算方法是：1 兆欧 = 1000 千欧 = 1000000 欧

电阻器的参数标注方法有 3 种，即直标法、色标法和数标法。

① 数标法主要用于贴片等小体积的电路，如：472 表示 $47×10^2\Omega$（即 4.7kΩ）；104 则表示 $10×10^4\Omega$（即 100kΩ）；

② 色环标注法使用最多，如四色环电阻、五色环电阻（精密电阻），如图 3.5-2 所示。

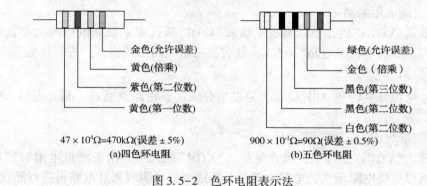

图 3.5-2　色环电阻表示法

③ 电阻器的色标位置和倍率关系如表 3.5-1 所示。

表 3.5-1　色码的表示意义

颜色	有效数字	乘数	允许偏差/%	颜色	有效数字	乘数	允许偏差/%
银色		10^{-2}	±10	绿色	5	10^5	±0.5
金色		10^{-1}	±5	蓝色	6	10^6	±0.2
黑色	0	10^0		紫色	7	10^7	±0.1
棕色	1	10^1	±1	灰色	8	10^8	±0.05
红色	2	10^2	±2	白色	9	10^9	
橙色	3	10^3		无色			±20
黄色	4	10^4					

注：四环法，前两位为有效数字，第三位为乘数，第四位为允许偏差；五环法，前三位为有效数字，第四位为乘数，第五位为允许偏差。

常见的电阻器如图 3.5-3 所示。

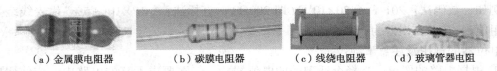

（a）金属膜电阻器　　（b）碳膜电阻器　　（c）线绕电阻器　　（d）玻璃管器电阻

图 3.5-3　电阻器

④电阻器的选用及注意事项：

a. 优先选用通用型电阻器。如碳膜电阻、金属膜电阻、线绕电阻等，这些电阻器的阻值范围宽，精度种类多，来源充足，价格便宜，有利于生产和维修。

b. 电阻器的额定功率须满足要求。为保证电阻器正常工作而不被烧坏，必须使它实际工作时所承受的功率不超过其额定功率，通常选用电阻器的额定功率应大于其实际承受功率的两倍以上。

c. 优先选用噪声电动势小的电阻器。在高增益前置放大电路中，应选用噪声电动势小的电阻器，以减小噪声对有用信号的干扰。

d. 根据电路工作频率选择电阻器。由于各种电阻器的结构和制造工艺不同，其分布参数也不相同。线绕电阻器的分布电感和分布电容比较大，只适用于频率低于 50kHz 的电路；碳膜电阻器可用于频率在 100MHz 左右的电路中工作；金属膜电阻器可以工作在高达数百兆赫的高频电路中。

e. 根据电路对温度稳定性的要求选择电阻器。由于电阻器电路中的作用不同，对它们在稳定性方面的要求也不同。实心电阻器温度系数较大，不宜用在稳定性要求较高的电路中；碳膜电阻器、金属膜电阻器具有较好的温度特性，适合应用于稳定度较高的场合；线绕电阻器由于采用特殊的合金线绕制，温度系数极小，阻值最为稳定。

f. 根据安装位置选用电阻器。制作电阻器的材料和工艺不同，因此相同功率的电阻器体积不同。例如，相同功率的金属膜电阻器的体积比碳膜电阻器小 50% 左右，适于安装在比较紧凑的电路中。反之，在元件安装位置较宽松的场合，选用碳膜电阻器就相对经济些。

g. 根据工作环境条件选择电阻器。使用电阻器的环境温度、湿度各不相同，金属膜电阻器或氧化膜电阻器耐受 ±125℃ 的温度，适合在高温下长期工作；沉积膜电阻器不宜用于潮湿，易腐蚀的环境等。

（2）电位器

电位器在电路中用"RP"加字母数字表示，如：RP2 表示编号为 2 的电位器。电位器是一种连续可调的电阻器。它有三个引出端，其中两个为固定端，另一个为滑动端，通过滑动臂的接触刷在电阻体上滑动，使它的输出电位发生变化。常见的电位器如图 3.5-4 所示。

（a）线绕电位器　　（b）金属陶瓷微调电阻　　（c）合成膜电位器

图 3.5-4　电位器

电位器的参数标注采用直标法或数码法。

例如，数码法：201 表示 $20 \times 10^1 \Omega$（即 200Ω）；直标法："RP×10k±5%"代表线绕型电位器阻值为 $10k\Omega$，误差为±5%。

电位器的选用及注意事项：

① 根据电路的要求，选择合适型号的电位器。一般在要求不高的电路中，或使用环境较好的场合，如在室内工作的收录机的音量、音调控制用的电位器，可选用碳膜电位器，它的规格齐全、价格便宜。如果需要较精密的调节，且消耗功率较大，就选用线绕电位器。在工作频率较高的电路中，选用玻璃釉电位器更合适。

② 根据不同用途，选择相应阻值变化规律的电位器。例如，用于音量控制的电位器应选用指数式，也可用直线式勉强代替，但不适用对数式，否则，将使音量调节范围变窄；用作分压器时，应选用直线式；用作音调控制时，应选用对数式。

③ 根据使用频度选择电位器。经常需要调节的电位器，应选择半圆轴柄的，以便安装旋钮。不需要经常调整的，可选择轴端带有刻槽的，用螺丝刀调整好后不再经常转动。收音机中的音量控制电位器，一般都选用带开关的电位器。

2）电容器

电容器在电路中一般用"C"加数字表示（如 C13 表示编号为 13 的电容器）。电容器是由两片金属膜紧靠、中间用绝缘材料隔开而组成的元件。电容器的特性主要是隔直流通交流，作用体现在四个方面，即旁路、去耦、滤波和储能。

电容容量的大小就是表示能储存电能的大小，电容对交流信号的阻碍作用称为容抗，它与交流信号的频率和电容量有关。容抗 $XC = 1/2\pi fc$（f 表示交流信号的频率，c 表示电容容量）。

电容的识别方法与电阻的识别方法基本相同，分直标法、色标法和数标法三种。电容的基本单位用法拉（F）表示，其他单位还有：毫法（mF）、微法（μF）、纳法（nF）、皮法（pF）。

其中：1 法拉 = 10^3 毫法 = 10^6 微法 = 10^9 纳法 = 10^{12} 皮法。

容量大的电容，其容量值在电容上直接标明，如 $10\mu F/16V$。

容量小的电容，其容量值在电容上用字母表示或数字表示：

字母表示法：$1m = 1000\mu F$　　$1p2 = 1.2pF$　　$1n = 1000pF$

数字表示法：一般用三位数字表示容量大小，前两位表示有效数字，第三位数字是倍率。如：102 表示 $10 \times 10^2 pF = 1000pF$，224 表示 $22 \times 10^4 pF = 0.22\mu F$。

电容容量误差表如表 3.5-2 所示。

表 3.5-2　电容容量误差表

符号	F	G	J	K	L	M
允许误差	±1%	±2%	±5%	±10%	±15	±20%

例如：一只瓷片电容为 104J 表示容量为 $0.1\mu F$，误差为±5%。

（1）电容器的分类

电容器按不同方法有不同的分类，例如：

① 按照结构分类　可分为固定电容器、可变电容器和微调电容器。

② 按电解质分类 可分为有机介质电容器、无机介质电容器、电解电容器和空气介质电容器等。

③ 按用途分类 可分为高频旁路、低频旁路、滤波、调谐、高频耦合、低频耦合、小型电容器等。

④ 按制造材料分类 可分为瓷介电容、涤纶电容、电解电容、钽电容和聚丙烯电容等。

（2）电容器的适用场合

每种电容器的材料不同，它的适用场合也不同，例如：

① 涤纶电容 电容量为 $40pF \sim 4\mu F$，额定电压为 $63 \sim 630V$。主要特点：小体积，大容量，耐热耐湿，稳定性差。应用：对稳定性和损耗要求不高的低频电路。

② 高频瓷介电容 电容量为 $1 \sim 6800pF$，额定电压为 $63 \sim 500V$。主要特点：高频损耗小，稳定性好。应用：高频电路。

③ 低频瓷介电容 电容量为 $10pF \sim 4.7\mu F$，额定电压为 $50 \sim 100V$。主要特点：体积小，价廉，损耗大，稳定性差。应用：要求不高的低频电路。

④ 铝电解电容 电容量为 $0.47 \sim 10000\mu$，额定电压为 $6.3 \sim 450V$。主要特点：体积小，容量大，损耗大，漏电大。应用：电源滤波，低频耦合，去耦，旁路等。

在实验室常见的电容器有电解电容、瓷片电容、涤纶电容、贴片电容等，如图 3.5-5 所示。

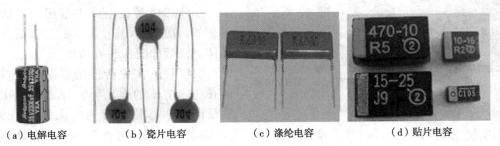

| （a）电解电容 | （b）瓷片电容 | （c）涤纶电容 | （d）贴片电容 |

图 3.5-5 电位器

（3）电容器的选用及注意事项

① 应根据电路要求选择电容器的类型。优先选用绝缘电阻大、介质损耗小、漏电流小的电容器。对于要求不高的低频电路和直流电路，一般可选用纸介电容器、低频瓷介电容器。在高频电路中，当电器性能要求较高时，可选用云母电容器、高频瓷介电容器。在要求较高的中频及低频电路中，可选用塑料薄膜电容器。在电源滤波、去耦电路中，一般可选用铝电解电容器。对于要求可靠性高、稳定性高的电路，应选用云母电容器、漆膜电容器或钽电解电容器。对于高压电路，应选用高压瓷介电容器或其他类型的高压电容器。对于调谐电路，应选用可变电容器及微调电容器。

② 合理确定电容器的电容量及允许偏差。在低频的耦合及去耦电路中，一般对电容器的电容量要求不严，只要按计算值选取稍大一些的电容即可。在定时电路、振荡回路及音调控制等电路中，对电容器的电容量要求较为严格，应选取电容器的标称值尽量与计算的电容量相一致，并且选择精度较高的电容器。

③ 选用电容器的工作电压应符合电路要求。一般情况下，选用电容器的额定电路应是实际工作电压的 1.2~1.3 倍。对于工作环境温度较高或稳定性较差的电路，选用电容器应考虑降低其额定电压使用。电容器的额定电压一般是指直流电压，若用于交流电路，应根据电容器的特性及规格来选用；若用于脉动电路，则应按交、直流分量总和不得超过电容器的额定电压来选用。

④ 应根据电容器的工作环境选择电容器。在高温条件下使用的电容器应选用工作温度高的电容器；在潮湿环境中工作的电路，应选用抗湿性好的密封电容器；在低温条件下使用的电路，应选用耐寒的电容器。这对电解电容来说尤为重要，因为普通的电解电容在低温条件下会使电解液结冰而失效。电容器的外形有很多种，选用时应根据安装现场实际情况来选择电容器的形状及引脚尺寸。

⑤ 常见电路电容器的一般选择：

调频旁路：陶瓷电容器、云母电容器、玻璃膜电容器及涤纶电容器。

低频旁路：纸介电容器、陶瓷电容器、铝电解电容器及涤纶电容器。

滤波：铝电解电容器、纸介电容器、复合纸介电容器及液体钽电容器。

调谐：陶瓷电容器、云母电容器、玻璃膜电容器及聚苯乙烯电容器。

调频耦合：陶瓷电容器、云母电容器及聚苯乙烯电容器。

低频耦合：纸介电容器、陶瓷电容器、铝电解电容器、涤纶电容器及固体钽电容器。

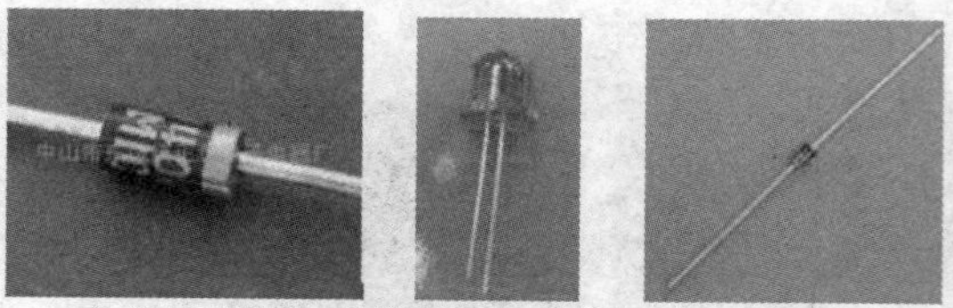

（a）二极管　　（b）发光二极管　　（c）变容二极管

图 3.5-6　二极管

3）晶体二极管

晶体二极管在电路中常用"D"加数字表示，如：D5 表示编号为 5 的二极管。常见的晶体二极管如图 3.5-6 所示。

二极管的主要特性是单向导电性，也就是在正向电压的作用下，导通电阻很小；而在反向电压作用下导通电阻极大或无穷大。

正因为二极管具有上述特性，常把它用在整流、隔离、稳压、极性保护、调频调制和静噪等电路中。

二极管的识别方法很简单，小功率二极管的 N 极（负极），在二极管外表大多采用一种色环标出来，有些二极管也用二极管专用符号来表示 P 极（正极）或 N 极（负极），也有采用符号标志为"P""N"来确定二极管极性的。发光二极管的正负极可从引脚长短来识别，长脚为正，短脚为负。

二极管在测试时应注意：用数字式万用表去测二极管时，红表笔接二极管的正极，黑表笔接二极管的负极，此时测得的数值是二极管的正向导通电压（硅管 0.5~0.7V，锗管 0.2~0.3V），这与指针式万用表的表笔接法刚好相反。

根据用途晶体二极管可分为以下 11 类：

（1）检波用二极管　是从输入信号中取出调制信号，以整流电流的大小（100mA）作为界线，通常把输出电流小于 100mA 的叫检波。除用于检波外，还能够用于限幅、削波、调制、混频、开关等电路。

（2）整流用二极管　主要用于整流电路，利用二极管的单项导电性，将交流电变为直流电。

（3）限幅用二极管　作为限幅使用，如保护仪表用或高频齐纳管之类的专用限幅二极管。

（4）调制用二极管　是环形调制专用的二极管，也就是正向特性一致性好的四个二极管的组合件。

（5）混频用二极管　应用于 500~10000Hz 频率范围内的混频电路中，多采用肖特基型和点接触型二极管。

（6）放大用二极管　通常是指隧道二极管、体效应二极管和变容二极管。

（7）开关用二极管　利用二极管的单向导电性，在电路中起到控制电流通过或关断的作用，成为一个理想的电子开关。开关二极管的正向电阻很小，反向电阻很大，开关速度很快。

常用开关二极管可分为小功率和大功率管形。小功率开关二极管主要使用于电视机、收录机及其他电子设备的开关电路、检波电路、高频高速脉冲整流电路等。大功率开关二极管主要用于各类大功率电源作续流、高频整流、桥式整流及其他开关电路。

（8）变容二极管　它是利用 PN 结空间电荷具有电容特性的原理制成的特殊二极管。变容二极管是根据普通二极管内部"PN"结的结电容可随外加反向电压的变化而变化的原理专门设计出来的一种特殊二极管，如图 3.5-7 所示。

变容二极管在收音机中主要用在本振回路改变频率电路上，实现频率由低向高的变化。在工作状态，调制电压加到变容二极管的负极上，使变容二极管的内部结电容容量随调制电压的变化而变化。

（9）频率倍增用二极管　又称为可变电抗器，它虽然和自动频率控制用的变容二极管的工作原理相同，但电抗器的构造却能承受大功率。

（10）稳压二极管　它是通过二极管的 PN 结反向击穿后使其两端电压变化很小，基本维持一个恒定值来实现的。在电子设备电路中，起稳定电压的作用。

（11）发光二极管　它的内部结构为一个 PN 结，具有单向导电性。当发光二极管的 PN 结上加上正向电压时，会发光。发光二极管有无色和着色的，着色散射型用 D 表示；白色散射性用 W 表示；无色透明型用 C 表示；着色透明型用 T 表示等。

4）电感器

电感器在电路中常用"L"加数字表示，如：L6 表示编号为 6 的电感器。常见的电感器如图 3.5-8 所示。

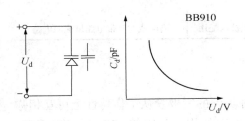

图 3.5-7　变容二极管

（a）色环电感

（b）空心线圈电感

图 3.5-8　电感器

（1）电感线圈是将绝缘的导线在绝缘的骨架上绕一定的圈数制成。

直流可通过线圈，直流电阻就是导线本身的电阻，压降很小；当交流信号通过线圈时，线圈两端会产生自感电动势，自感电动势的方向与外加电压的方向相反，阻碍交流的通过，所以电感器的特性是通直流阻交流，频率越高，线圈阻抗越大。电感器在电路中可与电容器组成振荡电路。

电感器一般有直标法和色标法，色标法与电阻类似。如：棕、黑、金，金表示 $1\mu H$（误差 5%）的电感器。

电感器的基本单位为亨（H），换算单位有：$1H = 10^3 mH = 10^6 \mu H$。

（2）电感器按不同方法有不同的分类，例如：

① 按结构的不同可分为线绕式电感器和非线绕式电感器（多层片状、印刷电感等），还可分为固定式电感器和可调式电感器。

② 按工作频率可分为高频电感器、中频电感器和低频电感器。

③ 按用途可分为振荡电感器、校正电感器、显像管偏转电感器、阻流电感器、滤波电感器、隔离电感器、补偿电感器等。

图 3.5-9　晶体三极管

5）晶体三极管

晶体三极管在电路中常用"Q"加数字表示，如：Q17 表示编号为 17 的三极管。常见的晶体三极管如图 3.5-9 所示。

晶体三极管（简称三极管）是内部含有 2 个 PN 结，并且具有放大能力的特殊器件。

三极管主要用于放大电路中起放大作用，在常见电路中有三种接法。为了便于比较，将三极管三种接法电路所具有的特点列于表 3.5-3 中。

表 3.5-3　晶体管三种接法电路性能比较

名称	共发射极电路	共集电极电路（射极输出器）	共基极电路
输入阻抗	中（$10^2 \sim 10^3 \Omega$）	大（$10^4 \Omega$ 以上）	小（几欧~几十欧）
输出阻抗	中（$10^3 \sim 10^4 \Omega$）	小（几欧~几十欧）	大（$10^4 \sim 10^5 \Omega$）
电压放大倍数	大	小（小于并接近于 1）	大
电流放大倍数	大（几十）	大（几十）	小（小于并接近于 1）
功率放大倍数	大（约 30~40dB）	小（约 10dB）	中（约 15~20dB）
频率特性	高频差	好	好
应用	多级放大器中间级低频放大	输入级、输出级或作阻抗匹配用	高频或宽频带电路恒流源电路

三极管按不同方法有不同的分类，例如：

（1）按材质不同可分为硅管和锗管。

（2）按结构不同可分为 NPN 型和 PNP 型，这两种类型的三极管从工作特性上可互相弥补，所谓 OTL 电路中的对管就是由 PNP 型和 NPN 型配对使用。常用的 NPN 型三极管有：9014、9018、8050 等，PNP 型三极管有：S9012、S9015、S8550 等。

6）场效应管放大器

场效应管具有较高输入阻抗和低噪声等优点，因而也被广泛应用于各种电子设备中。尤其用场效管作整个电子设备的输入级，可以获得一般晶体管很难达到的性能。

场效应管分成结型和绝缘栅型两大类，其控制原理都是一样的。常见场效应管放大器如图3.5-10所示。

图3.5-10　场效应管放大器

场效应管与晶体管的比较：

（1）场效应管是电压控制元件，而晶体管是电流控制元件。在只允许从信号源取较少电流的情况下，应选用场效应管；而在信号电压较低，又允许从信号源取较多电流的条件下，应选用晶体管。

（2）场效应管是利用多数载流子导电，所以称之为单极型器件，而晶体管是既有利用多数载流子导电，也利用少数载流子导电，被称之为双极型器件。

（3）有些场效应管的源极和漏极可以互换使用，栅压也可正可负，灵活性比晶体管好。

（4）场效应管能在很小电流和很低电压的条件下工作，而且它的制造工艺可以很方便地把很多场效应管集成在一块硅片上，因此场效应管在大规模集成电路中得到了广泛的应用。

7）开关

开关的作用是接通或断开电路，大多数是手动机械式。常用的开关有旋转式、按动式及拨动式三种。

工艺实习中常用的开关如图3.5-11所示，有电源及音量开关(旋转式开关)、轻触开关(按动式开关)及拨动式电源开关。

（a）旋转式开关　　　　　（b）按动式开关　　　（c）拨动式开关

图3.5-11　开关

3.5.2　电子元器件检测

正规的元器件检测需要多种通用或专门测试仪器，一般性的技术改造和电子制作，利用万用表等普通仪表对元器件检测，也可满足制作要求。

1. 电阻器检测

用数字表可以方便、准确地检测电阻。

（1）选择相应量程并注意不要两手同时接触表笔金属部分。

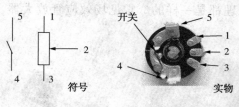

图 3.5-12　电位器符号与实例

（2）测量小阻值电阻时注意减去表笔零位电阻（即在 200Ω 挡时表笔短接有零点几欧电阻，是允许误差）。

（3）电阻引线不清洁须进行处理后再测量。

2. 电位器检测

固定端电阻（1、3 端）测量与电阻器测量相同；活动端（1、2 端）性能测量用指针表可方便观察，如图 3.5-12 及图 3.5-13 所示。

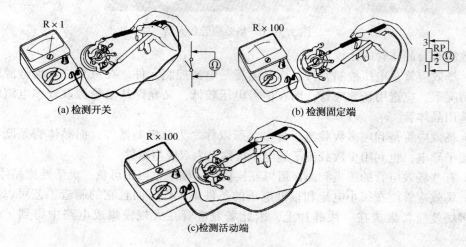

(a) 检测开关　　　　(b) 检测固定端

(c) 检测活动端

图 3.5-13　电位器检测

3. 电容器检测（用指针表可方便观察）

（1）小电容（≤0.1μF）可测短路、断路、漏电故障。采用测电阻的方法：正常情况下电阻为无穷大，若电阻接近或等于零则电容短路，若为某一数值则电容漏电。

（2）大容量电容（≥0.1μF）除可测短路和漏电外，还可估测电容量，电解电容须注意极性。

（3）其检测方法如下：

① 先将电容器两端短接放电；

② 用表笔接触两端，正常情况下表针将发生摆动，容量越大摆动角度越大，且回摆越接近出发点，电容器质量越好（漏电越小），如图 3.5-14 所示；

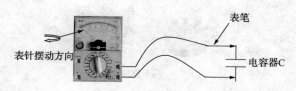

图 3.5-14　用指针表检测电容器

③ 利用已知容量电容对比可估测电容量。

4. 电感器检测（用万用表可测量线圈短路和断路）

方法是测线圈电阻及线圈间绝缘电阻。一般线圈电阻值较小，为几十欧姆到零点几欧姆，宜用数字表测。线圈之间绝缘电阻应为无穷大。

5. 二极管检测(用数字表和指针表均可)

1) 普通二极管

(1) 用指针表 采用测量二极管正反向电阻法,正常二极管正向电阻几千欧姆以下,反向几百千欧姆以上。

特别提示:指针表中,黑表笔为内部电池正极,红表笔为内部电池负极。

(2) 用数字表 用二极管挡,测量的是二极管的电压降,正常二极管正向压降约0.1V(锗管)到0.7V(硅管),反向显示"1 ———"。

2) 发光二极管LED

(1) 用指针表 MF368用Ω×1挡,表笔红负黑正,LED亮,从LI刻度读正向电流,LV刻度读正向电压。

(2) 用数字表 DT9236用HFE挡,LED正负极分别插入NPN的C、E孔(或PNP的E、C),LED发光(注意:由于电流较大,点亮时间不要太长)。

3) 变容二极管

采用测量普通二极管方法可测好坏,进一步测试需借助辅助电路。

6. 开关及连接器检测

(1) 用测量小电阻的方法可检测开关及连接器好坏和性能,接触电阻越小越好(常用开关及连接器 $R_c < 1\Omega$),用数字表较方便。

(2) 用高阻挡可检测开关及连接器的绝缘性能。

7. 三极管的检测

1) 判定基极和管型(NPN型或PNP型)

半导体三极管是具有两个PN结的半导体器件,如图3.5-15(a)和图3.5-15(b)所示,其中图3.5-15(a)为PNP型三极管,图3.5-15(b)为NPN型三极管。

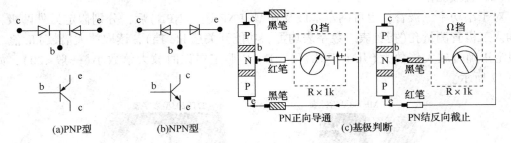

(a)PNP型　　　　(b)NPN型　　　　(c)基极判断

图3.5-15 三极管管型、内部PN结及基极判断

(1) 用指针表检测

用电阻挡的Ω×100或Ω×1k挡,以黑表笔(接表内电池正极)接三极管的某一个管脚,再用红表笔(接表内电池负极)分别去接另外两个管脚,直到出现测得的两个电阻值都很小(或者很大),那么黑表笔所接的那一管脚就应是基极。为了进一步确定基极,可再将红黑表笔对调,这时测得的两个电阻值应当与上面的情况刚好相反,即都是很大(或都是很小),这样三极管的基极就确认无误了,如图3.5-15(c)所示。

当黑表笔接基极时,如果红表笔分别接其他两脚,所测得的电阻值都很小,说明这是NPN型三极管。如果电阻都很大,说明这是PNP型三极管。

（2）用数字表检测

要用二极管挡［用电阻挡时各管脚电阻均为无穷大（显示"1---"）］，方法同上，只是要注意数字表笔接表内电池极性与指针表相反，显示的是 PN 结的正反向压降。

2）判定发射极和集电极及放大倍数

判定三极管的发射极 E 和集电极 C，通常用放大性能比较法。

（1）一般方法

用指针表找到基极 B 并确定为 NPN（或 PNP）型三极管后，在剩下的两个管脚中可以假定一个为集电极，另一个为发射极；观察放大性能，方法如图 3.5-16 所示。将黑表笔接假设的集电极，红表笔接假设的发射极，并在集电极与基极之间加一个 100kΩ 左右的电阻（通常测量时可用人体电阻代替，即用手指捏住两管脚，下同），观察测得的电阻值。然后对调表笔，并在假设的发射极与基极之间加一个 100kΩ 的电阻，观察测得的电阻值。将两次测得的电阻值作一个比较，电阻值较小的那一次测量，黑表笔所接的是 NPN 型三极管的集电极 C，红表笔所接的是三极管的发射极 E，假设正确。若是 PNP 型三极管，测量方法同上，只是测得的电阻较大的一次为正确的假设。

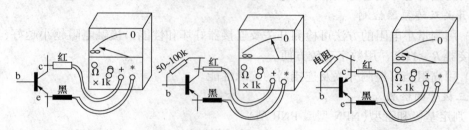

图 3.5-16 发射极和集电极及放大倍数检测（NPN 型三极管）

（2）直接测量

对于小功率三极管，也可确定基极及管型（PNP 还是 NPN）后，分别假定另外两极，直接插入三极管测量孔（指针表、数字表均可，功能开关选 hfe 挡），读取放大倍数 hfe 值。E、C 假定正确时放大倍数大（几十至几百），E、C 假定错误时放大倍数小（一般<20），如图 3.5-17 所示。

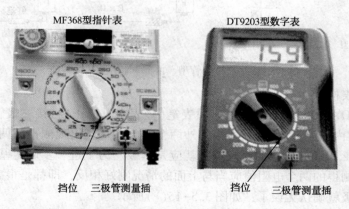

图 3.5-17 直接测量法（测量三极管放大倍数并判断管脚）

3.6　SMT 技术

3.6.1　SMT 简介

电子系统的微型化和集成化是当代技术革命的重要标志，也是未来发展的重要方向。日新月异的各种高性能、高可靠、高集成、微型化、轻型化的电子产品，正在改变我们的世界，影响人类文明的进程。

安装技术是实现电子系统微型化和集成化的关键。20 世纪 70 年代问世，80 年代成熟的表面安装技术(Surface Mounting Technology 简称 SMT)，从元器件到安装方式，从 PCB 设计到连接方法都以全新面貌出现，它使电子产品体积缩小，重量变轻，功能增强，可靠性提高，推动信息产业高速发展。SMT 已经在很多领域取代了传统的通孔安装(Through Hole Technology 简称 THT)，并且这种趋势还在发展，预计未来 90% 以上产品将采用 SMT。

通过 SMT 实习，了解 SMT 的特点，熟悉他的基本工艺过程，掌握最起码的操作技艺是跨进电子科技大厦的第一步。

1. THT 与 SMT

图 3.6-1 是 THT 与 SMT 的安装尺寸比较，表 3.6-1 是 THT 与 SMT 的区别。

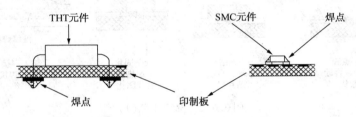

图 3.6-1　THT 与 SMT 的安装尺寸比较

表 3.6-1　THT 与 SMT 的区别

	年代	技术缩写	代表元器件	安装基板	安装方法	焊接技术
通孔安装	20 世纪 60~70 年代	THT	晶体管，轴向引线元件	单、双面 PCB	手工/半自动插装	手工焊、浸焊
	70~80 年代		单、双列直插 IC，轴向引线元器件编带	单面及多层 PCB	自动插装	波峰焊，浸焊，手工焊
表面安装	20 世纪 80 年代开始	SMT	SMC、SMD 片式封装 VSI、VLSI	高质量 SMB	自动贴片机	波峰焊，再流焊

2. SMT 主要特点

（1）高密集　SMC、SMD 的体积只有传统元器件的 1/3~1/10 左右，可以装在 PCB 的两面，有效利用了印制板的面积，减轻了电路板的重量。一般采用了 SMT 后可使电子产品的体积缩小 40%~60%，重量减轻 60%~80%。

（2）高可靠　SMC 和 SMD 无引线或引线很短，重量轻，因而抗振能力强，焊点失效率可比 THT 至少降低一个数量级，大大提高了产品可靠性。

（3）高性能　SMT 密集安装减小了电磁干扰和射频干扰，尤其高频电路中减小了分布参数的影响，提高了信号传输速度，改善了高频特性，使整个产品性能提高。

（4）高效率　SMT 更适合自动化大规模生产。采用计算机集成制造系统（CIMS）可使整个生产过程高度自动化，将生产效率提高到新的水平。

（5）低成本　SMT 使 PCB 面积减小，成本降低；无引线和短引线使 SMD、SMC 成本降低，安装中省去引线成型、打弯，剪线的工序；频率特性提高，减少了调试费用；焊点可靠性提高，减小调试和维修成本。一般情况下采用 SMT 后可使产品总成本下降 30% 以上。

3. SMT 工艺及设备简介

SMT 有两种基本方式，主要取决于焊接方式。

1）采用波峰焊

此种方式适合大批量生产。对贴片精度要求高，生产过程自动化程度要求也很高。工艺如图 3.6-2 所示。

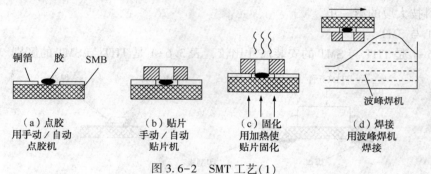

（a）点胶
用手动／自动
点胶机

（b）贴片
手动／自动
贴片机

（c）固化
用加热使
贴片固化

（d）焊接
用波峰焊机
焊接

图 3.6-2　SMT 工艺（1）

2）采用再流焊

这种方法较为灵活，视配置设备的自动化程度，既可用于中小批量生产，又可用于大批量生产。混合安装方法，则需根据产品实际将上述两种方法交替使用。工艺如图 3.6-3 所示。

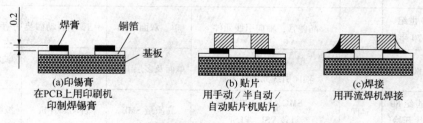

（a）印锡膏
在PCB上用印刷机
印制焊锡膏

（b）贴片
用手动／半自动／
自动贴片机贴片

（c）焊接
用再流焊机焊接

图 3.6-3　SMT 工艺（2）

3.6.2　SMT 元器件及设备

1. 表面贴装元器件 SMD（Surface Mounting Devices）

SMT 元器件由于安装方式的不同，与 THT 元器件主要区别在于外形封装。另一方面由于 SMT 重点在减小体积，故 SMT 元器件以小功率元器件为主。又因为大部分 SMT 元器件为片式，故通常又称片状元器件或表贴元器件，一般简称 SMD。

1）片状阻容元件

表贴元件包括表贴电阻、电位器、电容、电感、开关、连接器等。使用最广泛的是片状电阻和电容。片状电阻电容的类型、尺寸、温度特性、电阻电容值、允差等，目前还没有统一标准，各生产厂商表示的方法也不同。

目前我国市场上片状电阻电容以公制代码表示外形尺寸。

（1）片状电阻元件

表 3.6-2 是常用片状电阻尺寸等主要参数。

表 3.6-2　常用片状电阻主要参数

参数　　　代码	1608/ * 0603	2012/ * 0805	3216/ * 1206	3225/ * 1210	5025/ * 2010	6332/ * 2512
外形长×宽	1.6×0.8	2.0×1.25	3.2×1.6	3.2×2.5	5.0×2.5	6.3×3.2
功率/W	1/16	1/10	1/8	1/4	1/2	1
电压/V		100	200	200	200	200

注：1. * 英制代号。

2. 片状电阻厚度为 0.4~0.6mm。

3. 最新片状元件为 1005（0402）、0603（0201），目前应用较少。

4. 电阻值采用数码法直接标在元件上，阻值小于 10Ω 用 R 代替小数点，例如 8R2 表示 8.2Ω，0R 为跨接片，电流容量不超过 2A。

（2）片状电容

① 片状电容主要是陶瓷叠片独石结构，其外形代码与片状电阻含义相同，主要有：1005/ * 0402，1608/ * 0603，2012/ * 0805，3216/ * 1206，3225/ * 1210，4532/ * 1812，5664/ * 2225 等。

② 片状电容元件厚度为 0.9~4.0。

③ 片状陶瓷电容依所用陶瓷不同分为三种，其代号及特性分别为：

NPO：Ⅰ类陶瓷，性能稳定，损耗小，用于高频高稳定场合；

X7R：Ⅱ类陶瓷，性能较稳定，用于要求较高的中低频的场合；

Y5V：Ⅲ类低频陶瓷，比容大，稳定性差，用于容量、损耗要求不高的场合。

④ 片状陶瓷电容的电容值也采用数码法表示，但不印在元件上。其他参数如偏差、耐压值等表示方法与普通电容相同。

2）表贴器件

表面贴装器件包括表面贴装分立器件（二极管、三极管、FET/晶闸管等）和集成电路两大类。

（1）表面贴装分立器件

除部分二极管采用无引线圆柱外形，主要外形封装为小外形封装 SOP（Small Outline Package）型和 TO 型。表 3.6-3 是几种常用外形封装。此外还有 SC-70（2.0×1.25）、SO-8（5.0×4.4）等封装。

表 3.6-3　常用表面贴装分立器件封装

封装	SOT-23	SOT-89	TO-252
外形			
引脚功能	1. 发射极 2. 基极 3. 集电极	1. 发射极 2. 基极 3. 集电极	1. 基极 2. 集电极 3. 发射极
功率	≤300mW	0.3~2W	2~50W

（2）表面贴装集成电路

常用 SOP 和四列扁平封装 QFP（Quad Flat Package）封装。如图 3.6-4 和图 3.6-5 所示，这种封装属于有引线封装。

SMD 集成电路一种称为 BGA 的封装应用日益广泛，主要用于引线多、要求微型化的电路，图 3.6-6 是一个 BGA 的电路示例。

图 3.6-4　SOP 封装

图 3.6-5　QFP 封装

2. 印制板 SMB(Surface Mounting Board)

1）SMB 的特殊要求

（1）外观要求光滑平整，不能有翘曲或高低不平；

（2）热胀系数小，导热系数高，耐热性好；

（3）铜箔黏合牢固，抗弯强度大；

（4）基板介电常数小，绝缘电阻高。

2）焊盘设计

片状元器件焊盘形状对焊点强度和可靠性关系重大，以片状阻容元件为例，如图 3.6-7 所示。

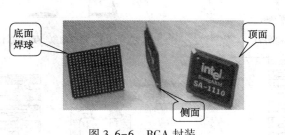

图 3.6-6　BGA 封装

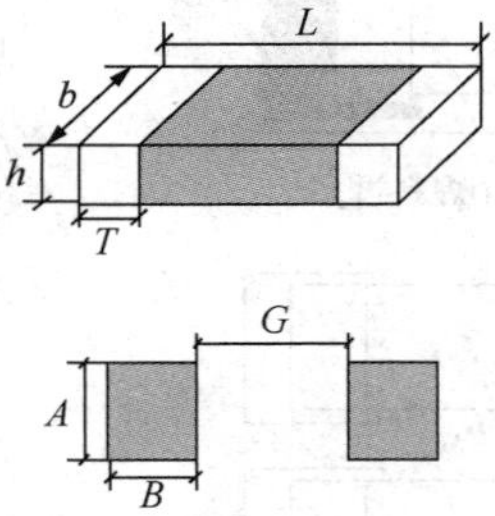

图 3.6-7　片状元件焊接

$$A = b \text{ 或 } b-0.3$$
$$B = h+T+0.3（电阻）$$
$$B = h+T-0.3（电容）$$
$$G = L-2T$$

大部分 SMC 和 SMD 在 CAD 软件中都有对应焊盘图形，只要正确选择，即可满足一般设计要求。

3. SMT 焊接质量

1）SMT 典型焊点

SMT 焊接质量要求与 THT 基本相同，要求焊点的焊料的连接面呈半弓形凹面，焊料与焊件交界处平滑，接触角尽可能小，无裂纹、针孔、夹渣、表面有光泽且平滑。

由于 SMT 元器件尺寸小，安装精确度和密度高，所以焊接质量要求更高。另外还有一些特有缺陷，如立片（又叫曼哈顿）。图 3.6-8 和图 3.6-9 分别是两种典型的焊点。

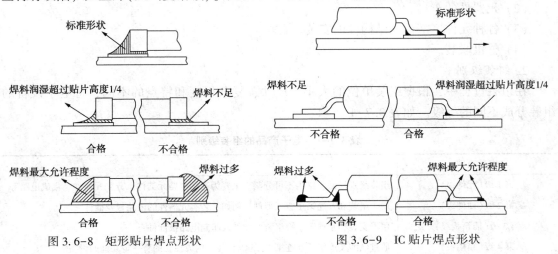

图 3.6-8　矩形贴片焊点形状

图 3.6-9　IC 贴片焊点形状

2）常见 SMT 焊接缺陷

几种常见 SMT 焊接缺陷如图 3.6-10 所示，采用再流焊工艺时，焊盘设计和焊膏印制对控制焊接质量起关键作用。例如，立片主要是因两个焊盘上焊膏不均，一边焊膏太少甚至漏印而造成的。

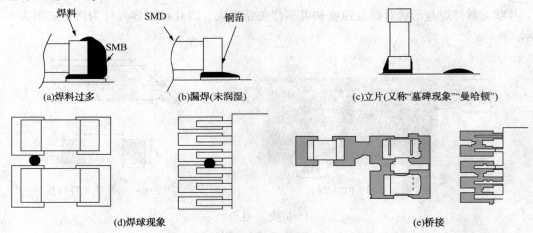

图 3.6-10 常见 SMT 焊接缺陷

3.7 电子产品装配工艺

3.7.1 组装内容与级别

电子产品的组装是将各种电子元件、机电元件以及结构件，按照设计要求，安装在规定的位置上，组成具有一定功能的完整的电子产品的过程。

1. 组装内容

（1）单元电路的划分。

（2）元器件的布局。

（3）各种元件、部件、结构件的安装。

（4）整机联装。

2. 组装级别

在组装过程中，根据组装单位的大小、尺寸、复杂程度和特点的不同，将电子设备的组装分成不同的等级。如表 3.7-1 所示。

表 3.7-1 电子产品的组装级别

组装级别	特 点
第 1 级（元件级）	组装级别最低，结构不可分割。主要为通用电路元器件、分立元器件、集成电路等
第 2 级（插件级）	用于组装和互连第 1 级元器件。例如：装有元器件的电路板及插件
第 3 级（插箱板级）	用于安装和互连第 2 级组装的插件或印制电路板部件
第 4 级（箱柜级）	通过电缆及连接器互连第 2、3 级组装。构成独立的有一定功能的设备

注：1. 在不同的等级上进行组装时，构件的含义会改变。例如：组装印制电路板时，电阻器、电容器、晶体管元器件是组装构件，而组装设备底板时，印制电路板则为组装构件。

2. 对于某个具体的电子设备，不一定各组装级都具备，而是要根据具体情况来考虑应用到哪一级。

3.7.2 组装特点与方法

1. 组装特点

电子产品属于技术密集型产品，组装电子产品有如下主要特点：

（1）组装工作是由多种基本技术构成的。如元器件的筛选与引线成形技术、线材加工处理技术、焊接技术、安装技术、质量检验技术等。

（2）装配质量在很多情况下是难以定量分析的。如对于刻度盘、旋钮等的装配质量多以手感来鉴定、目测来判断。因此，掌握正确的安装操作方法是十分必要的。

（3）装配者须进行训练和挑选。否则由于知识缺乏和技术水平不高，就可能生产出次品，而一旦混进次品，就不可能百分百地被检查出来。

2. 组装方法

电子产品的组装不但要按一定的方案去进行，而且在组装过程中也有不同的方法可供采用，具体方法如下：

（1）功能法　是将电子产品的一部分放在一个完整的结构部件内，去完成某种功能的方法。此方法广泛用在采用电真空器件的设备上，也适用于以分立元件为主的产品或终端功能部件上。

（2）组件法　就是制造出一些在外形尺寸和安装尺寸上都统一的部件的方法。这种方法广泛用于统一电气安装工作中，且可大大提高安装密度。

（3）功能组件法　这就是兼顾功能法和组件法的特点，制造出既保证功能完整性又有规范化的结构尺寸的组件。

3.7.3 元器件加工

元器件装配到印制电路板之前，一般都要进行加工处理，然后进行插装。良好的成形及插装工艺，不但能使机器具有性能稳定、防振、减少损坏的好处，而且还能得到机内整齐美观的效果。

元器件引线的成形

1. 预加工处理

元器件引线在成形前必须进行加工处理。主要原因是：长时间放置的元器件，在引线表面会产生氧化膜，若不加以处理，会使引线的可焊性严重下降。

引线的处理主要包括引线的校直、表面清洁及搪锡三个步骤。要求引线处理后，不允许有伤痕，镀锡层均匀，表面光滑，无毛刺和焊剂残留物。

2. 引线成形的基本要求

引线成形工艺就是根据焊点之间的距离，做成需要的形状，目的是使它能迅速而准确地插入孔内，元器件引线成形示意图如图3.7-1所示。

引线成形的具体要求如下：

（1）元器件引线开始弯曲处，离元器件端面的最小距离应不小于2mm。

（2）弯曲半径不应小于引线直径的两倍。

（3）怕热元器件，要求引线增长，成形时应绕环。

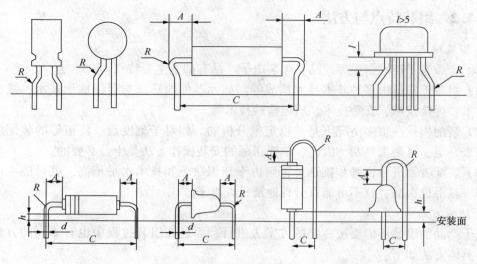

图 3.7-1　元器件引线成形示意图

（4）元器件标称值应处在便于查看的位置。

（5）成形后不允许有机械损伤。

3.7.4　元器件安装

电子元器件种类繁多，外形不同，引出线也多种多样，所以，印制电路板的安装方法也就有差异，必须根据产品的结构特点、装配密度、产品的使用方法和要求来决定。

1. 元器件安装的技术要求

（1）元器件的标志方向应按照图纸规定的要求，安装后看清元器件上的标志。若装配图上没有指明方向，则应使标记向外易于辨认，并按从左到右、从上到下的顺序读出。

（2）元器件的极性不得装错，安装前应套上相应的套管。

（3）安装高度应符合规定要求，同一规格的元器件应尽量安装在同一高度。

（4）安装顺序一般为先低后高，先轻后重，先易后难，先一般元器件后特殊元器件。

（5）元器件装配的方向。电子元器件的标记和色码部位应朝上，以便于辨认；水平装配元器件的读法应保证从左至右，竖直装配元器件的数值读法则应保证从下至上。

（6）元器件的间距。在印制板上的元器件之间的距离不能小于 1mm；引线间距要大于 2mm，必要时，要给引线套上绝缘套管。对水平装配的元器件，应使元器件贴在印制板上，元器件离印制板的距离要保持在 0.5mm 左右；对竖直装配的元器件，元器件离印制板的距离保持在 3~5mm。元器件的装配位置要求上下、水平、垂直和对称，要做到美观、整齐，同一类元器件高低应一致。

（7）元器件的引线直径与印制电路板焊盘孔径应有 0.2~0.4mm 的合理间隙。元器件插好后，引脚的弯折方向应与铜箔走线方向相同，如图 3.7-2 所示。

8MOS 集成电路的安装应在等电位工作台上进行，以免产生静电损坏器件，发热元器件不允许贴板安装，较大的元器件的安装应采取绑扎、粘固等措施。

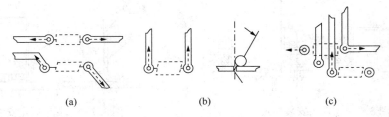

(a)   (b)   (c)

图 3.7-2　引脚安装形式

2. 元器件的安装方法

安装方法有手工安装和机械安装两种，前者简单易行，但效率低、误装率高，而后者安装速度快，误装率低，但设备成本高，引线成形要求严格，一般有以下几种安装形式：

（1）贴板安装　指元器件贴紧印制基板面且安装间隙小于 1mm 的安装方法。当元器件为金属外壳，安装面又有印制导线时，应加垫绝缘衬垫或套绝缘套管。适用于防震要求高的产品。贴板安装形式如图 3.7-3 所示。

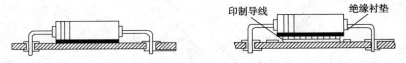

图 3.7-3　贴板安装形式

（2）悬空安装　指元器件距印制基板面有一定高度且安装距离一般在 3~8mm 范围内的安装方法。适用于发热元器件的安装。悬空安装形式如图 3.7-4 所示。

（3）垂直安装形式　指元器件垂直于印制基板面的安装方法。适用于安装密度较高的场合，但对于量大且引线细的元件不宜采用这种形式。垂直安装形式如图 3.7-5 所示。

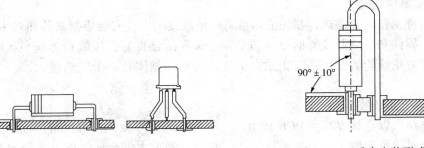

图 3.7-4　悬空安装形式   图 3.7-5　垂直安装形式

（4）埋头安装　如图 3.7-6 所示。这种方式可提高元器件防震能力，降低安装高度。元器件的壳体埋于印制基板的嵌入孔内，因此又称为嵌入式安装。

（5）支架固定安装　重量较大的元件，如小型继电器、变压器、阻流圈等，一般用金属支架在印制基板上将元件固定，如图 3.7-7 所示。

（6）有高度限制时的安装　元器件安装高度的限制一般在图纸上是标明的，通常处理的即可。对大型元器件要特殊处理，以保证有足够的机械强度，经得起振动和冲击。如图 3.7-8 所示。

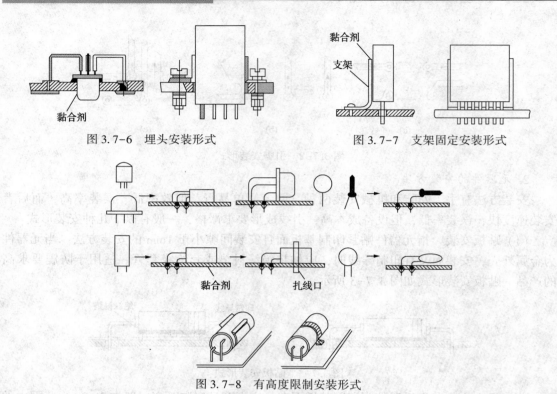

图 3.7-6　埋头安装形式　　　　　图 3.7-7　支架固定安装形式

图 3.7-8　有高度限制安装形式

3. 典型零部件安装

1）面板零件安装

面板上调节控制所用的电位器、波段开关、安插件等通常都是螺纹安装结构。安装时，一要选用合适的垫圈，二要注意保护面板，防止紧固螺钉时划伤面板。

2）功率器件组装

功率器件工作时要发热，领先散热器将热量散发出去，安装质量对传热效率影响较大。安装要点：器件和散热器接触面要清洁平整，保证接触良好；接触布加硅脂；两个以上螺钉安装时要对角线轮流紧固，防止贴合不良。大功率晶体管由于发热量大，一般不宜安装在印制板上。

3）集成电路插装

集成电路可以直接焊装到 PCB 板上，有时为了调修方便，也可以采用插装方式。安装要点：插装时尽可能使用镊子等工具夹持，并通过触摸大件金属体的方式释放静电。要注意集成电路的方位，会读引脚顺序（图 3.7-9），正确放置集成电路。然后对准方位，仔细让每一引脚都与插座一一对应，再均匀施力将集成电路插入。拔取时应借助镊子等工具或双手两侧同时施力，拔出集成电路。

4）安装二极管时，除注意极性外，还要注意外壳封装，特别是玻璃壳体易碎，引线弯曲时易裂，在安装时可将引线先绕 1~2 圈再装，对于大电流二极管，有的则将引线体当作散热器，故必须根据二极管规格中的要求决定引线的长度，也不宜把引线套上绝缘套管。

5）为区别晶体管的电极和电解电容的正负端，一般在安装时，加上带有颜色的套管以示区别。

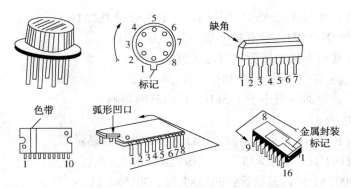

图 3.7-9　常见集成电路的方位标志

3.8　典型电子工艺实训基础训练

3.8.1　电子工艺实训任务书

1. 实训目的

(1) 掌握基本元器件的识别及测试方法。

(2) 在了解数字万用表基本工作原理的基础上学会安装、调试和使用，并学会排除一些常见故障。

(3) 掌握锡焊技术，注意培养自己在工作中耐心细致、一丝不苟的工作作风。

(4) 接触电学知识，实现理论联系实际，并为后续课程的学习打下一定的基础。

2. 实训要求

(1) 筛选器件，用数字万用表测试器件的标称值。

(2) 学习和练习焊接方法、烙铁的使用、焊接技术。

(3) 焊接、安装和调试数字万用表。

(4) 测试各量程数据。

3. 主要性能及技术指标

(1) 显示屏采用 15×50mm 液晶显示屏。

(2) 最大显示值为 ±1999。

(3) 电源使用 6F22，9V 电池一节。

(4) 过量程指示为"1"。

(5) 低电压指示"BAT"。

(6) 准确度：±(%读数+字数)。

(7) 环境温度：18~28℃。环境湿度：不大于75%。

(8) 温度系数：0.1×精度/1℃。

4. 测量范围

(1) 直流电压：200mV~600V　分五挡　最小分辨力 0.1mV。

(2) 交流电压：200V，600V　分二挡　最小分辨力 0.1V。

（3）直流电流：200μA～200mA　分四挡　最小分辨力 0.1μA。

（4）电阻：200Ω～2MΩ　分五挡　最小分辨力 0.1Ω。

（5）二极管：显示近似二极管正向电压值。

（6）三极管 h_{FE}：0～1000，I_b 取 10μA，V_{ce} 取 3V。

（7）短路报警：导通电阻小于 1.5kΩ，机内蜂鸣器响。

5. 主要元器件

A/D 转换器：ICL7106；集成运放：LM358；LCD 液晶显示器。

电位器：220Ω×1 只、电阻×35 只、热敏电阻×1 只、电容×8 只。

二极管：1N4007×1 只；三极管：9013×1 只、9015×1 只。

6. 实训报告要求

（1）电子工艺实训任务书。

（2）电子工艺实训目的。

（3）电烙铁的使用方法与焊接要点。

（4）常用电子元器件的识别及检测。

（5）电子产品的装配工艺。

（6）数字万用表的基本特点及使用方法。

（7）数字万用表主要元器件简介。

（8）数字万用表原理框图、电路原理详图。

（9）数字万用表各部分电路图并叙述工作原理。

（10）数字万用表的调试及使用方法。

（11）装配表各功能挡测试数据表。

（12）元器件清单。

（13）回答思考题。

（14）参考文献。

（15）安装调试中遇到的问题及解决方法。

（16）电子工艺实训的收获。

3.8.2　DT-830T 型数字万用表的组装及测试

1. 基本特点

（1）主电路以大规模集成电路双积分 A/D 转换器 ICL7106 为核心，并配以过载保护电路。采用字高 15mm 的液晶显示器。

（2）双积分 A/D 转换器的精度与时钟频率的漂移无关，所以时钟振荡器不一定采用价格较贵的石英晶体，只需用普通的阻容器件已能满足。

（3）具有精度高、功能齐全、性能稳定和防跌落性能等优点。常用电气测量轻松自如。

（4）设有背光源，方便用户在黑暗的场所读出测量显示。

（5）结构合理，安装简单，单板结构，集成电路 ICL7106 采用 COB 封装。只要有一般电子装配技术即可成功组装。

DT-830T 的外观及装配示意图如图 3.8-1 所示。

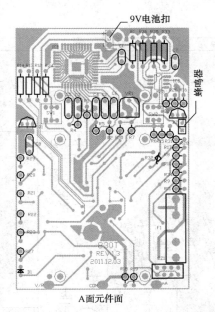

图 3.8-1 DT-830T 的外观及装配示意图

2. 工作原理

其电路原理图如图 3.8-2 所示。

1）核心器件

（1）双积分 A/D 转换器 ICL7106

① 简介：CMOS 三位半单片 A/D 转换器具有大规模集成的优点，是将双积分 A/D 转换器的模拟部分电路如缓冲器、积分器、比较器和模拟开关，以及数字电路部分的时钟脉冲发生器、分频器、计数器、锁存器、译码器、异或的相位驱动器和控制逻辑电路等全部集中在一个芯片上，使用时只需配以显示器和少量的阻容元件即可组成一台三位半的各种高精度、读数直观、功能齐全、体积小巧的仪器仪表。

A/D 转换器的每一个测量过程分为自动稳零、信号积分和反相积分三个阶段：

自动稳零阶段：通过电路内部的模拟开关，使 $V_{in}+$、$V_{in}-$ 两个输入与公共端 COM 短接，同时基准电压 V_{REF} 向基准电容充电，这时积分器、比较器和缓冲放大器的输出均为零，基准电容被充电到 V_{REF}。

信号积分阶段：信号一旦进入积分阶段受逻辑开关的控制，输入端 $V_{in}+$、$V_{in}-$ 不再短接公共端，积分器比较器亦开始工作，被测电压送至积分器在时间 T_1 内转换器以 $V_{in}/(R_{INT} \cdot C_{INT})$ 的斜率对 V_{in} 进行正向积分。

反相积分阶段：在对 V_{in} 作极性判别后，再用 C_{REF} 上已充好的电压以 $V_{REF}/R_{INT} \cdot C_{INT}$ 的斜率进行反相积分，经过时间 T_2，积分器的输出信号又回到零电平。

由于 T_1 的时间、周期、基准电压都是固定不变的，所以计数值和被测电压成正比，从而实现了模拟量到数字量的转变。积分器的输出信号经比较器进行比较后作为逻辑部分的程序控制信号，逻辑电路不断地重复产生三个阶段的控制信号适时地指挥分频、计数、锁存、译码、驱动，使相应于输入信号的脉冲个数的数字显示出来。

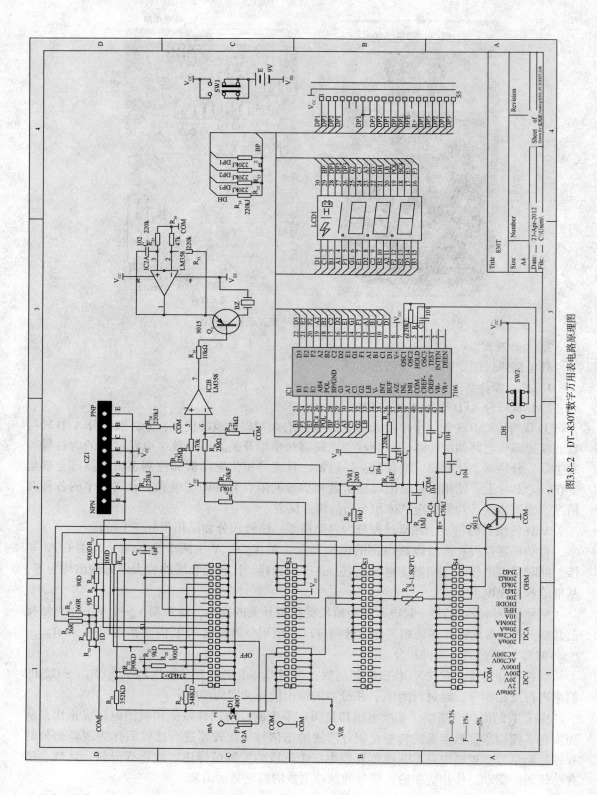

图3.8-2 DT-830T数字万用表电路原理图

② 各引脚功能：引脚序号如图 3.8-3 所示。

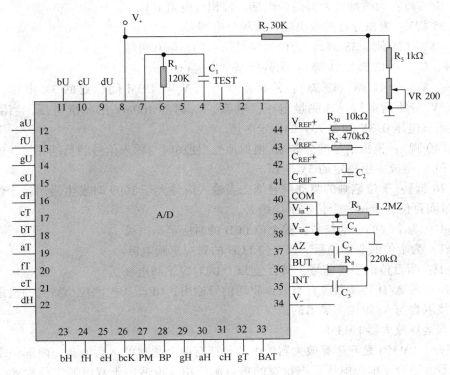

图 3.8-3 ICL7106 引脚图

本表所用的 A/D 转换器采用 COB 封装，内有异或门输出，能直接驱动 LCD 显示，使用 9V 电池一节，正常使用工作电流仅 1mA，一节电池可连续工作 400h，断续使用达一年以上。

各引脚功能说明如下：

V_+(8 脚)、V_-(34 脚)：电池电源的正极和负极。芯片内 V_+ 和 COM 之间有一个稳定性很高的 3V 基准电压，当电池电压低于 7V 时，基准稳不住 3V。所以只要电池不显示低电压符号，这 3V 基准电压始终是稳定的。同时它通过分压电阻分压后取得 100mV 的基准电压，供给 V_{REF} 使用。

TEST(3 脚)：测试端。可作为测试 LCD 显示器所有笔画，将 TEST 与 V_+ 短接，显示屏上显示 BAT1888(除小数点之外)的笔画点亮，也可用作负电源的输出供驱动器或组成小数点用，但输出电压随电池电压而波动。

OSC_1、OSC_2、OSC_3(7 脚、6 脚、4 脚)：时钟振荡器的接线端。外接阻容元件或石英晶体振荡器。

PM(27 脚)：负数指示信号。当输入信号为负值时该段亮，正值时不显示。

BP(28 脚)：公共电极的驱动端。

BAT(33 脚)：低电压指示端。当电池电压低于 7V 时，左上角显示"BAT"的符号就是该端送出的信号，告知电池电压已经太低，不能正常使用，需要更换新的电池。

AZ(37 脚)：为积分器和比较器的反相输入端，接自动稳零电容 $C_{AZ}(C_4)$。

BUF(36 脚)：为缓冲放大器的输出端，接积分电阻 R_{INT}。

INT(35 脚)：为积分器的输出端，接积分电容 $C_{INT}(C_5)$。

$V_{in}+$、$V_{in}-$(39 脚、38 脚)：为模拟信号输入的正端和负端。

$C_{REF}+$、$C_{REF}-$(42 脚、41 脚)：为外接基准电容(C_2)。

$V_{REF}+$、$V_{REF}-$(44 脚、43 脚)：外接基准电压 V_+ 与 COM 间稳定的 3V 电压，经 R_{11}、R_{12}、R_{13}、V_R 分压后取得，在测量电压、电流、h_{FE} 时为 100mV 的基准电压，当测量电阻时，提供测试电压 0.3V 和 2.73V 的稳定电压。

COM(40 脚)：模拟信号的公共端(模拟地)，使用时与输入信号的负端相接，同时在正常供电时和 V_+ 组成一组稳定的 3V 电压。

bcK(26 脚)：千位笔画的驱动信号端。当输入信号大于 1999 时发生溢出，千位数显示"1"的同时而百位、十位、个位数字均熄灭。

aU~gU：为个位的驱动信号，接个位 LCD 的对应笔画电极。

aT~gT：为十位的驱动信号，接十位 LCD 的对应笔画电极。

aH~gH：为百位的驱动信号，接百位 LCD 的对应笔画电极。

本表所用的 A/D 转换器没有小数点驱动信号输出，DP_2、DP_3 两位小数点的显示是由转换形状直接取自与 V_+ 短接而显示的。

(2) 双运算放大器 LM358

① 简介：LM358 是双运算放大器。内部包括有两个独立的、高增益、内部频率补偿的运算放大器，适合于电源电压范围很宽的单电源使用，也适用于双电源工作模式，在推荐的工作条件下，电源电流与电源电压无关。它的使用范围包括传感放大器、直流增益模块和其他所有可用单电源供电的使用运算放大器的场合。本电路里 LM358 的封装形式是塑封 8 引线双列贴片式。其引脚图及外观如图 3.8-4 所示。

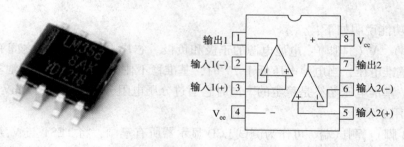

图 3.8-4　LM358 外观图及引脚图

② LM358 的特点：

内部频率补偿；

低输入偏流；

低输入失调电压和失调电流；

共模输入电压范围宽，包括接地；

差模输入电压范围宽，等于电源电压范围；

直流电压增益高(约 100dB)；

单位增益频带宽(约1MHz);

电源电压范围宽:单电源(3~30V);双电源(±1.5~±15V);

低功耗电流,适合于电池供电;

输出电压摆幅大(0 至 $V_{CC}-1.5V$)。

2)原理简介及原理框图

数字万用表同指针式万用表一样是一种多用途仪表,它能测量交流电压、直流电压与电流、电阻,并能对二极管、三极管进行测试。数字万用表有多种型号,本实验采用的数字万用表为 MAS830L。此表为 3(1/2)位液晶显示,最大读数"1999",该表能自动显示极性,超量程仅最高位显示"1"。

数字多用表的电路中仅用一片集成电路芯片 ICL7106 型 A/D 转换器,直接用 COB 封装在印刷板上,其功能有采样、计算、译码及驱动显示等。芯片外围由若干电阻电容、显示器和换挡形状组合而成,故组装非常简单,调试又方便,并用量程转换开关 S 兼作电源开关。电路主要包括 8 部分:A/D 转换及 LCD 驱动电路、直流电压测量电路 200mV~600V、交流电压测量电路 200~600V、直流电流测量电路 200μA~200mA、电阻测量电路 200Ω~2MΩ、小功率三极管放大倍数 h_{FE} 为 0~1000 倍、二极管测量电路、电源电路。其原理框图如图 3.8-5 所示。

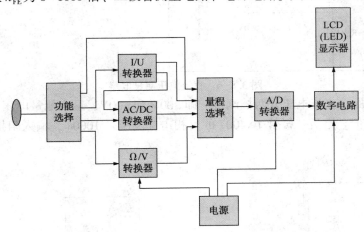

图 3.8-5　DT-830T 数字万用表原理框图

万用表的实际线路有多种多样,但其基本线路大同小异。一个万用表线路看起来很复杂,事实上只要抓住了看万用表线路的基本方法,看懂线路则不难。看万用表线路的方法:首先,弄清各元件的实物结构及其在图中的代表符号,了解各元件的作用及分布位置;其次,由于万用表中起综合作用的是转换开关,因此要弄清转换开关活动连接片转到某一位置时,哪条电路被接通,哪条电路被断开。在看直流电压、电流的测量线路时,应将转换开关转到相应的区间,然后从表笔"+"端开始,经过有关元件再回到表笔"-"端。在查看交流测量线路时,同样应将转换开关转到相应的区间,然后从一个表笔端经过整流器等交流特有元件再回到表笔另一端。看电阻测量线路时,也和上面一样,但必须经过内附电池这一电阻测量的特有元件。最后,在查看某一部分线路时,若碰到几条支路的交点,如果某一条支路被转换开关切断走不下去,该支路不用考虑,凡是能走得通的线路就应一直走下去,直到回到表笔另一端为止,这样的支路,在分析时就应加以考虑。各部分原理线路如下:

（1）直流电压　直流电压的测量分五挡，最大量程是 600V，$R_1 \sim R_6$ 是精度较高的分压电阻，误差为 ±0.5%，总电阻值是 1MΩ，该电阻的精度直接影响到测量的精度。总电阻值即为测量直流电压的输入阻抗。最小分辨力是 0.1mV。直流电压测量电路如图 3.8-6 所示。

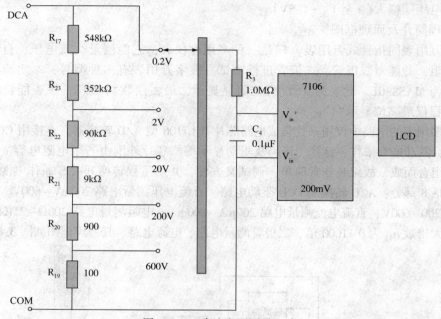

图 3.8-6　直流电压测量电路

（2）交流电压　交流电压分两挡测量，即 200V 和 600V，最大测量电压不超过 600V 有效值和 1000V 峰值。整流二极管 1N4007 的反相击穿电压是 1000V，输入阻抗是 450kΩ。如图 3.8-7 所示。

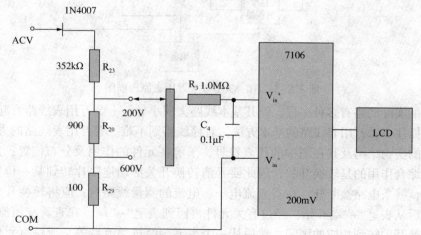

图 3.8-7　交流电压测量电路

（3）直流电流　其原理是借助分流电阻将 200mV 的直流电压表改成五量程的直流电流表，由于 A/D 转换器的输入阻抗达 10MΩ，故对输入信号无衰减作用，四挡均有保险丝，双重保险。如图 3.8-8 所示。

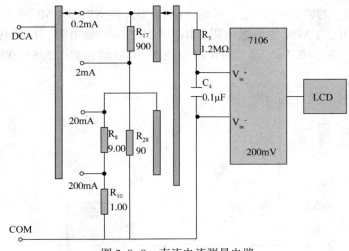

图 3.8-8　直流电流测量电路

（4）电阻测量和二极管测量　这部分电阻和测量直流电压是共用一套电阻，分五挡测量电阻和一挡测量二极管。测量电阻分 200Ω、2kΩ、20kΩ、200kΩ、2MΩ，采用比例测量。由 V_+ 的 3V 稳定电压经 9kΩ、100Ω 分别向被测电阻提供测试电压，在测量高阻时提供 1/10 的 V_+ 电压值，而当测量低阻值和二极管时，由于提供二极管单向导通电压和反相电池的关系，所以提供的测量电压提高至 2.73V 的稳定电压，这时电流的功耗也相应提高。如图 3.8-9 所示。

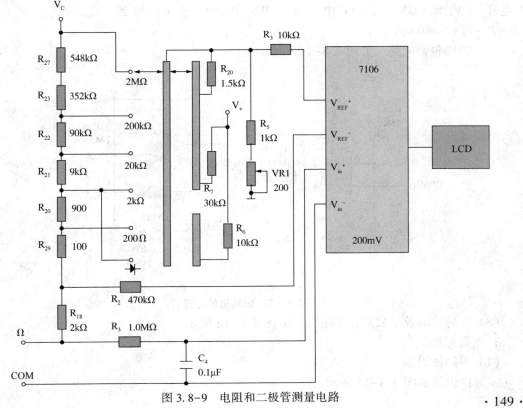

图 3.8-9　电阻和二极管测量电路

（5）三极管 h_{FE} 的测量　选配专用的 8 芯插座，接 NPN、PNP 两个区域排列，各有 ECBE 四个插孔，R_{19} 为 NPN 的偏置电阻，R_{18} 为 PNP 的偏置电阻，I_b 取 $10\mu A$，$R_{24} = 10\Omega$，$V_{in} = I_C \cdot R_{24} = 10I_b \cdot h_{FE} = 0.1mV h_{FE}$，测量范围是 $0 \sim 1000$ 倍。如图 3.8-10 所示。

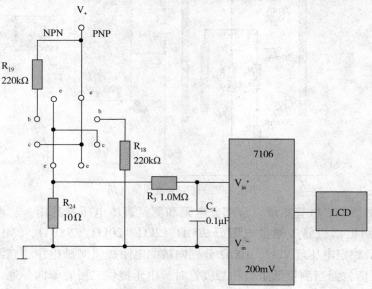

图 3.8-10　h_{FE} 测量电路

（6）基准电压的选取　在测量直流电压、交流电压、直流电流 h_{FE} 时，A/D 转换器的基准电压由 V+ 和 COM 间的 3V 电压通过 R_5、R_7、V_R 分压后得到，$V_{REF} = V_+ [(R_5 + V_R) / (R_7 + R_5 + V_R)] = 100mV$。

（7）短路报警电路　如图 3.8-11 所示。

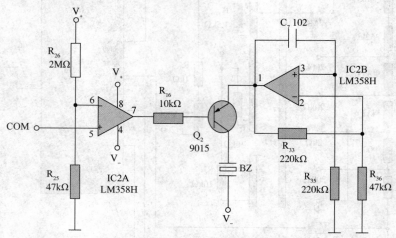

图 3.8-11　短路报警电路

（8）保持功能及小数点显示电路　如图 3.8-12 所示。

3）主要元件识别

（1）零部件识别

零部件识别如图 3.8-13 所示。

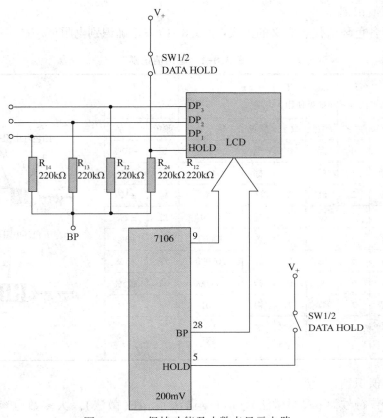

图 3.8-12 保持功能及小数点显示电路

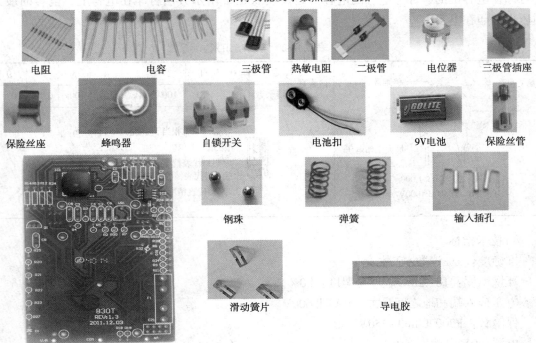

图 3.8-13 零部件识别

（2）电阻值识别

根据以下各色环所代表意义的列表（表 3.8-1）来正确识别电阻值。

表 3.8-1　电阻值识别

第一色环 第一位数		第二色环 第二位数		第三色环 （如果使用）		倍乘数		精度	
颜色	数字	颜色	数字	颜色	数字	颜色	倍乘数	颜色	数字
黑	0	黑	0	黑	0	黑	1	银	±10%
棕	1	棕	1	棕	1	棕	10	金	±5%
红	2	红	2	红	2	红	100	棕	±1%
橙	3	橙	3	橙	3	橙	1000	红	±2%
黄	4	黄	4	黄	4	黄	10000	橙	±3%
绿	5	绿	5	绿	5	绿	100000	绿	±5%
蓝	6	蓝	6	蓝	6	蓝	1000000	蓝	±25%
紫	7	紫	7	紫	7	银	0.01	紫	±1%
灰	8	灰	8	灰	8	金	0.1		
白	9	白	9	白	9				

四色环电阻表示法
1 2 倍数 精度

五色环电阻表示法
1 2 3 倍数

（3）电容值识别

电容的单位符号为 pF（微微法）、nF（毫微法）、μF（微法）。大多数电容的电容值是直接打印在电容上的，部分电容的电容值是按表 3.8-2 所示方法打印在电容上，电容的最大耐压也打印在电容上。

表 3.8-2　电容值识别

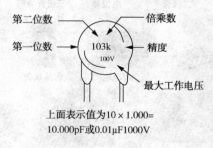

第二位数　　倍乘数
第一位数　→　103k　←　精度
　　　　　　100V
　　　　　　　　　→　最大工作电压

上面表示值为 10 × 1.000 =
10.000pF 或 0.01μF1000V

倍乘数	数字	0	1	2	3	4	5	8	9
	倍乘数	1	10	100	1k	10k	100k	0.01	0.1

注意:字母R相当于小数点,R可为p、n、μ
例:3R3=3.3RF
字母M代表精度 ±20%
字母K代表精度 ±10%
字母J代表精度 ±5%

4）技术指标

准确度：±% 读数±字数。

环境温度：18~28℃。环境湿度：80%。

电压输入端和地之间最大：CAT Ⅱ 600V。

保险管：F200200mA/250V。

电源：9V 电池。

最大显示值：1999。

过量程指示："1"。

极性显示：负极性显示"−"。

工作温度：0~40℃。

储存温度：−10~50℃。

低电压指示：显示器显示"　"。

（1）直流电压测量

直流电压测量如表 3.8-3 所示。

表 3.8-3　直流电压测量

量程	分辨力	准确度	量程	分辨力	准确度
200mV	100μV	±0.5%读数±2 字	200V	100mV	±0.8%读数±3 字
2V	1mV	±0.5%读数±3 字	600V	1V	±0.8%读数±5 字
20V	10mV	±0.8%读数±3 字			

过载保护：200mV 量程 250V 直流或▉交流有效值，其余量程 600V 直流或 600V 交流有效值。

（2）直流电流测量

直流电流测量如表 3.8-4 所示。

表 3.8-4　直流电流测量

量程	分辨力	准确度	量程	分辨力	准确度
200μA	0.1μA		200mA	100μA	±2.0%读数±5 字
2mA	1μA	±1.0%读数±5 字	10A	10mA	±3.0%读数±5 字
20mA	10μA				

过载保护：F250mA/250V 保险丝（10A 量程无保险丝）。

（3）交流电压测量

交流电压测量如表 3.8-5 所示。

表 3.8-5　交流电压测量

量程	分辨力	准确度	量程	分辨力	准确度
200V	100mV	±1.5%读数±10 字	600V	1V	±1.5%读数±10 字

过载保护：600V 直流或 600V 交流有效值；频率范围：40~400Hz；显示：平均值（正弦波有效值）。

（4）电阻测量

电阻测量如表 3.8-6 所示。

表 3.8-6 电阻测量

量程	分辨力	准确度
200Ω	0.1Ω	
2kΩ	1Ω	
20kΩ	10Ω	±1.0%读数±2 字
200kΩ	100Ω	
2MΩ	1kΩ	

过载保护：250V 直流或交流有效值；最大开路电压：3.2V。

（5）二极管和电路通断测试

二极管和电路通断测试如表 3.8-7 所示。

表 3.8-7 二极管和电路通断测试

量程	说明	量程	说明
•)))	导通电阻小于 1.5kΩ，机内蜂鸣器响	➤ǀ	显示近似二极管正向电压值

过载保护：250V 直流或交流有效值。

（6）晶体管 h_{FE} 测量

晶体管 h_{FE} 测量如表 3.8-8 所示。

表 3.8-8 晶体管 h_{FE} 测试（0~1000）

量程	测试范围	测试电流	测试电压
NPN & PNP	0~1000	$I_b = 10\mu A$	$V_{ce} = 3V$

3. 安装工艺

数字万用表由机壳塑料件（包括上、下盖，旋钮）、印制板部件（包括插口）、液晶屏及表笔等组成，组装成功关键是装配印制板部件，整机安装流程如图 3.8-14 所示。

图 3.8-14 数字多用表安装流程图

1）印制板安装

装配图和贴板图如图 3.8-15 所示，双面板的 A 面是焊接面，中间圆形印制导线是功能、量程转换开关电路，如果划伤或污染，对整机性能影响很大，必须小心保护。

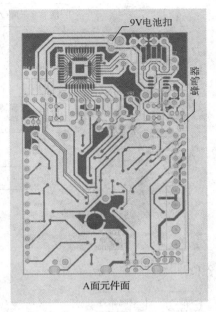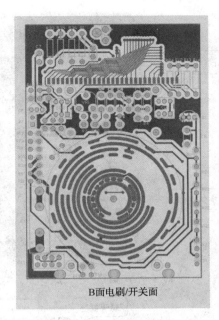

图 3.8-15　DT-830T 数字万用表装配图和贴板

安装步骤如下：

（1）安装电阻、电容、二极管等。电阻、二极管等安装时，如果安装孔距>8mm（例如 R8/RR9/R*/R21 等，丝印图画"—"或电阻符号）一般可卧式安装，如果孔距<5mm，应立式安装（板上其他电阻、丝印图画"○"）。一般片状电容亦采用立式安装。安装时，一般 1/4W 以下卧式安装电阻可贴板安装，立装电阻和电容元件与 PCB 距离一般为 0～3mm。PCB 元件面上丝印图相应符号如图 3.8-16 所示。

（2）安装三极管插座、保持开关、背景灯开关。注意安装方向，从 B 面插入，在 A 面焊接。印制板图如图 3.8-17 所示。

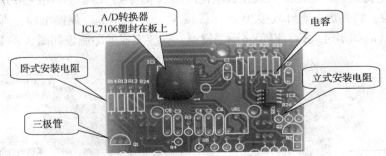

图 3.8-16　安装符号示例（局部）

（3）安装保险座、插座。焊接点大，注意预焊和焊接时间。

（4）蜂鸣器装配。将两根导线分别焊接在蜂鸣器片的中心和边缘上。注意：边缘上的焊点不可与蜂鸣器片中间的圆圈短路。将焊好的蜂鸣器贴在蜂鸣器座内（注意：导线应从蜂鸣器座上的缺口处穿出），将其卡入蜂鸣器座。装蜂鸣器盖时，蜂鸣器盖上的穿线槽一定要与蜂鸣器座上的穿线槽对齐，不可将导线压在座与盖之间，如图 3.8-18 所示。

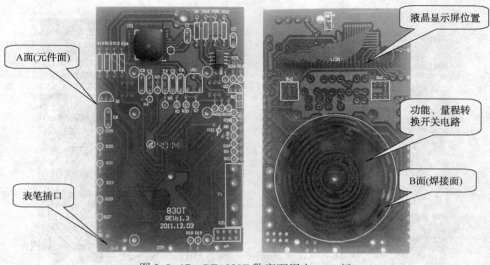

图 3.8-17　DT-830T 数字万用表 PCB 板

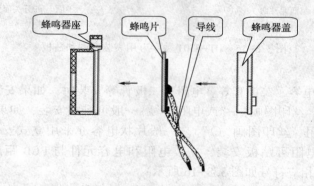

图 3.8-18　蜂鸣器装配

（4）安装电池线。将电池线从线路板电池线由 A 面穿到 B 面，并将线头分别插入线路板 9V 和 V_ 的孔位，将其焊好。红线接 9V、黑线接 V_。焊点饱满，焊接牢固，不可有虚焊、漏焊、连焊；焊接时间不可太长，以免将铜箔烫掉。安装完成的印制板如图 3.8-19 所示。

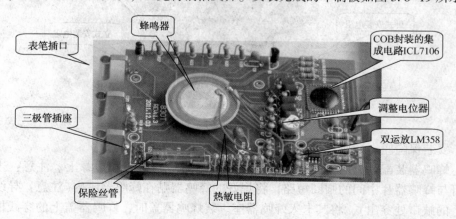

图 3.8-19　安装完成的印制板 A 面

2）液晶屏组件安装

液晶屏组件由液晶片、导电胶条组成，如图 3.8-20 所示。

透明条状引线

液晶片

导电胶

图 3.8-20　液晶片安装

液晶片镜面为正面显（示字符），白色面为背面，上、下透明条可见条状引线为引出线，通过导电胶条与印制板上镀金印制导线实现电连接。由于这种连接靠表面接触导电，因此导电面污染或接触不良都会引起电路故障，表现为显示缺笔画或乱字符。因此安装时务必保持清洁并仔细对准位置。

3）组装转换开关

转换开关由塑壳和簧片组成，用镊子将簧片卡到塑壳内，如图 3.8-21 所示。注意两边簧片位置不对称，宽窄也不一样。

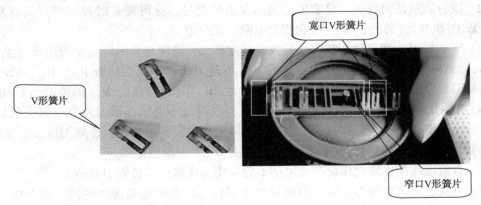

宽口V形簧片

V形簧片

窄口V形簧片

图 3.8-21　转换开关的组装

4）总装

（1）安装转换开关/前盖

① 如图 3.8-21 所示，将镜片装入面壳，将 2 个弹簧分别对称装入面壳两侧的弹簧槽内。

② 将 2 颗钢珠分别对称装在 2 个弹簧上。

③ 将旋钮装配装入面壳，旋钮要压在钢珠上。

（2）将线路板装配装入面壳。

（3）用 3 颗螺钉把线路板固定在面壳上。

（4）安装保险管（0.5A）。

（5）安装电池。

4. 调试与总装

保证安装位置准确无误，焊接可靠无虚焊，即可开机调试。挡位旋钮打到直流电压挡（DCV）20V 挡，用直流稳压电源作基准源，输出直流 10V 电压，调整线路板上 VR_1，使数字万用表液晶显示与稳压电源显示一致即可，其他挡位无需调整。如有标准测试电源作基准源更好。

调整方法 1：在装后盖前将转换开关置 200mV 电压挡（注意此时固定转换开关的 4 个螺钉还有 2 个未装，转动开关时应按住保险管形附近印制板，防止开关转动时滚珠滑出）插入表笔，测量集成电路 40 和 44 之间的电压，调节表内电位器 VR 使表显示 100mV 即可。

调整方法 2：在装后盖前将转换开关置 2V 电压挡（同调整方法 1，注意防止开关转动时滚珠滑出）此时用待调整表和另一个数字表（已校准，或 $4\frac{1}{2}$ 以上数字表）测量同一电压值（例如一节电池），调节表内电位器 VR_1 使两表显示一致即可。

总装：盖上后盖，安装后盖螺钉，安装完毕。

5. 维护

数字多用表的性能是稳定可靠的，但在长期使用后或使用不当引起元件烧坏或变质，经修理后必须重新进行调试，在调试过程中只测量 V_{REF} 是不够的，必须用精度更高的数字多用表作为基准表来计量，才能达到预期的效果。在修复后可能有如下的一些情况出现：

（1）不显示：首先应检查电池、导电胶、量程开关是否接触好。

（2）没有测量任何数据，显示屏已显示溢出的符号，这可能是时钟振荡器没有起振所致，检查 C_1 和 R_{15}。另外，检查 C_5 和积分电阻、积分电容。

（3）所有量程的测量数据和实际的数据相差甚大，应注意显示屏上是否出现"▄▄"欠电压指示，另外检查 V_{REF} 是否 100mV，如果 V_{REF} 不是 100mV，只要检查 R_{18}、R_{19}、VR 即可。VR 接触不良、R_{19} 阻值变大都可能引起 V_{REF} 变大，R_{18} 阻值变大后，V_{REF} 的值就小于 100mV。

（4）$R_1 \sim R_6$ 电阻值是直流电压、交流电压、电阻及小电流都通过六只电阻，所以这六只电阻的精度要求高，误差在 ±0.5% 之内，同时安放位置不可错位，否则测量误差很大。

（5）只有电流不能测量（10A 除外），这时是 0.2A 保险丝烧断。

（6）直流电压能正常使用而交流电压不能使用，应该是二极管 D 的问题。

（7）直流、交流电压都正常，但测量电阻不良，最大可能是提供的测试电源电压有问题，应重点检查 R_{21}、R_{22}。注意 200Ω 提供的测量电压为 2.73V，其他挡位的测试电压应该为 300mV。另外 R_{18} 只有在测量电阻时使用。

（8）测量 h_{FE} 时，由于使用的电阻只有 R_{23}、R_{24} 或 R_{25}，如果全"1"，说明 R_{24} 开路以及 R_{23} 或 R_{25} 短路，由于测量 h_{FE} 时工作电压仅为 3V，I_b 为 10μA，又有 V_{be} 的影响，因此测量值偏高，只能是一个近似值。

6. 使用方法

1）操作前注意事项

（1）接通电源，先检查 9V 电池，如果电池电压不足，"▄▄"将显示在显示器上，这时需更换电池。如果显示器上没有显示"▄▄"则按以下步骤操作。

（2）测试笔插孔旁边的"⚠"符号，表示输入电压或电流不应超过指示值，这是为了保护内部线路免受损伤。

（3）测试之前，功能量程开关应置于你所需要的量程。

2）直流电压测量

（1）将红表笔插入"VΩmA"插孔，黑表笔插入"COM"插孔。

（2）将功能量程开关置于 V—量程范围，并将测试笔连接到待测电源或负载上，红表笔所接端的极性将同时显示于显示器上。

【注意】①如果被测电压范围事先不知道，请将功能量程开关置于最大量程，然后逐渐降低直至取得满意的分辨力；②如果显示器只显示"1"，这表示已经过量程，功能量程开关应置于更高量程；③不要输入高于 600V 的电压，显示更高电压是可能的，但有损坏仪表内部线路的危险。

3）直流电流测量

（1）将黑表笔插入"COM"插孔，当被测电流不超过 200mA 时，红表笔插入"VΩmA"插孔。当被测电流在 200mA 和 10A 之间时，则红表笔插入"10A"插孔。

（2）将功能量程开关置于 A—量程范围，并将测试表笔串联接入到待测负载上，电流值显示的同时将显示红表笔连接的极性。

【注意】①如果被测电压范围事先不知道，请将功能量程开关置于最大量程，然后逐渐降低直至取得满意的分辨力；②如果显示器只显示"1"或"-1"，这表示已经过量程，功能量程开关应置于更高量程。③测试笔插孔旁边的"⚠"符号，表示最大输入电流是 200mA 或 10A，取决于所使用的插孔，过量的电流将烧坏保险丝。10A 量程无保险丝保护。

4）交流电压测量

（1）将红表笔插入"VΩmA"插孔，黑表笔插入"COM"插孔。

（2）将功能量程开关置于 V—量程范围，并将测试笔连接到待测电源或负载上。

【注意】参看直流电压测量注意事项①②和③。

5）电阻测量

（1）将红表笔插入"VΩmA"插孔，黑表笔插入"COM"插孔。

（2）将功能量程开关置于所需的 Ω 量程范围，将表笔并接到被测电阻上，从显示器上读取测量结果。

【注意】①如果被测电阻超过所选择量程的最大值，将显示过量程"1"，此时应选择更高的量程。在测量 1MΩ 以上的电阻时，可能需要几秒钟后读数才会稳定，这对于高阻值测量是正常的；②当无输入时，例如开路情况，仪表显示"1"；③检查在线电阻时，必须先将被测线路内所有电源关断，并将所有电容器充分放电。

6）二极管测试

（1）将红表笔插入"VΩmA"插孔，黑表笔插入"COM"插孔。此时红表笔显示极性为"+"。

（2）将功能量程开关置于 ➤▸ 量程位置，将红表笔接到被测二极管的阳极，黑表笔接到二极管的阴极，由显示器上读取被测二极管的近似正向压降值。

7）三极管测试

（1）将功能量程开关置于"h$_{FE}$"位置。

（2）判断被测三极管是 PNP 还是 NPN 型，将基极、发射极和集电极分别插入仪表板上三极管测试插座的相应孔内。

（3）由显示器上读取 h_{FE} 的近似值。测试条件为：$I_b = 10\mu A$、$V_{ce} = 3V$。

7. 元件清单

电子元器件如表 3.8-9 所示。

表 3.8-9　电子元器件清单

编号	名称	型号及规格		元件编号	数量	备注
1	精密金属膜电阻	0.99Ω	-0.5%	R_{10}	1	
2	精密金属膜电阻	9Ω	-0.3%	R_8	1	
3	精密金属膜电阻	90Ω	-0.3%	R_{28}	1	
4	精密金属膜电阻	100Ω	-0.3%	R_{29}	1	
5	精密金属膜电阻	900Ω	-0.3%	R_{17}，R_{20}	2	
6	精密金属膜电阻	9kΩ	-0.3%	R_{21}	1	
7	精密金属膜电阻	90kΩ	-0.3%	R_{22}	1	
8	精密金属膜电阻	352kΩ	-0.3%	R_{23}	1	
9	精密金属膜电阻	548kΩ	-0.3%	R_{27}	1	
10	金属膜电阻	36Ω	±1%	R_9	1	
11	金属膜电阻	360Ω	±1%	R_{11}	1	
12	金属膜电阻	1k	±1%	R_5	1	
13	金膜电阻	10k	±1%	R_6，R_{16}，R_{30}	3	
14	金属膜电阻	33k	±1%	R_7	1	
15	金膜电阻	47k	±5%	R_{25}，R_{36}	2	
16	金膜电阻	120kΩ	±5%	R_1	1	
17	金膜电阻	220kΩ	±5%	R_4，R_{12}，R_{13}，R_{14}，R_{19}，R_{18}，R_{24}，R_{33}，R_{35}	9	
18	金膜电阻	470kΩ	±5%	R_2，R_{31}	2	
19	金膜电阻	1M	±5%	R_3	1	
20	金膜电阻	2M	±5%	R_{15}，R_{26}	2	
21	金膜电阻	90Ω	±5%	R_{34}	1	
22	插件电位器	200Ω		VR_1	1	
23	插件瓷片电容	100P	±20%	C_1	1	
24	插件瓷片电容	220P	±20%	C_7	1	
25	插件聚酯电容	100nF	±20%	C_2，C_4，C_5，C_6	4	
26	插件聚酯电容	220nF	±20%	C_3	1	
27	插件独石电容	1μF	±20%	C_8	1	
28	热敏电阻	1.2~1.5kPTC		R_{32}	1	
29	插件二极管	4007		D_1	1	
30	插件三极管	9013		Q_1	1	
31	插件三极管	9015		Q_2	1	

续表

编号	名称	型号及规格	元件编号	数量	备注
32	贴片 IC	LM358	IC₂　已焊在线路板上	1	
33	DIP44/7106	7106	IC₁　已绑定在线路板上	1	
34	保险管 5×20mm	0.2A	F₁	1	
35	通用保险座	与 47 通用		2	
36	八针	短脚		1	
37	蜂鸣器	φ27 带壳线		1	
38	输入插孔	与钳表通用		3	
39	自锁开关	5.8×5.8		2	
40	电池线	80mm	E	1	
41	导电胶	6.8×2×54mm		1	
42	钢珠	φ3		2	
43	旋钮弹簧	φ2.9×5.0×0.3mm×6 圈		2	
44	基板固定螺钉	PB2×5mm		6	
45	底壳螺钉	PA2.8×10mm		3	
46	电池盖螺钉	PM3×6mm		1	
47	簧片	A95	已装配到旋钮上	2	
48	簧片	宽 2.5mm　A375		3	
49	液晶片（反射）	GH11141TNP-IS 33.7×53.5mm		1	
50	线路板：830T　VRE：1.3　2011.12-03　板材：KB（A 料）带水印 61mm×100.5mm				
51	双面胶	蜂鸣器粘到线路板上用		1	
52	机壳	面板+镜片 按钮（×2） 旋钮+簧片（已装配好） 后盖（含撑架） 电池盖板 胶套		1套	
53		表棒		1	
54		9V 电池		1	
55		说明书		1	
56		装配资料		1	
57		彩盒		1	

8. 组装表各功能挡检测

各功能挡测试数据填入表 3.8-10 中。

表 3.8-10　各功能挡测试数据表

功能档	标准值	量程	标准表	组装表
电阻/Ω		200Ω		
		2kΩ		
		20kΩ		
		200kΩ		
		2MΩ		
直流电压/V		200mV		
		2V		
		20V		
		200V		
		600V		
交流电压/V		200V		
		600V		
电池性能测试/mA		1.5V		
		9V		
直流电流/A		200μA		
		2mA		
		20mA		
		200mA		
三极管		h_{FE}		
电路通断测试		•)))		
二极管		▸⊢		

3.8.3　智能机器狗的设计与改装

1. 实习目的

本产品具有机、电、声、光、磁结合的特点，通过制作本产品完成 EDA 实践的全程训练过程，由学生完成从电路原理仿真验证、元器件检测、焊接、安装、调试的产品设计制造全过程，达到培养同学们工程实践能力的目的。

2. 工作原理

图 3.8-22 为机器狗的外观图，它是声控、光控、磁控机电一体化电动玩具。主要工作原理：利用 555 构成的单稳态触发器，在三种不同的控制方法下，均给以低电平触发，促使电机转动，从而达到了机器狗停走的目的。即：拍手即走、光照即走、磁铁靠近即走，但都只是持续一段时间后就会停下，再满足其中一个条件时将继续行走。图 3.8-23 和图 3.8-24 为机器狗的基本原理框图和和电原理图。

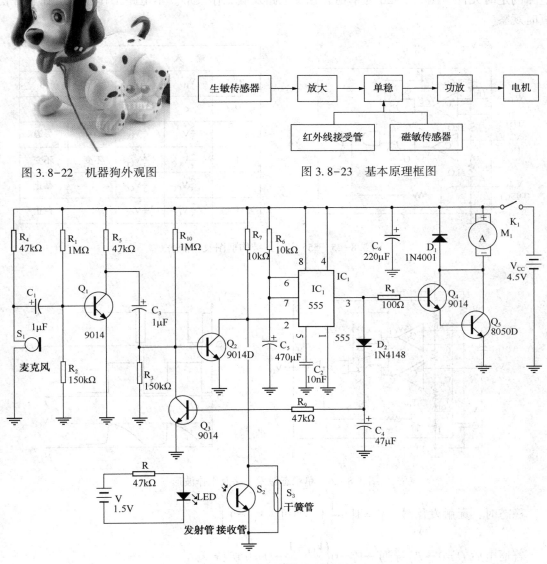

图 3.8-22 机器狗外观图　　　　　　　　图 3.8-23 基本原理框图

图 3.8-24 机器狗电原理图

1) 555 构成的单稳态触发电路的工作原理

555 定时器的功能主要由两个比较器 C_1 和 C_2 决定，比较器的参考电压由分压器提供，在电源和地之间加 V_{CC} 电压，并让 V_{CO} 悬空时，上比较器 C_1 的参考电压为 $2/3V_{CC}$，下比较器 C_2 为 $1/3V_{CC}$。图 3.8-25 为 555 定时器结构框图。

2) 单稳态触发器特点

有两个工作状态：稳态和暂稳态。在外界触发脉冲作用下，能从稳态翻转到暂稳态，暂态时间结束，电路能自动回到原来状态，从而输出一个矩形脉冲，由于这种电路只有一种稳定状态，因而称之为"单稳态触发器"，简称"单稳电路"或"单稳"。单稳电路的暂态时

间的长短 t_W，与外界触发脉冲无关，仅由电路本身的耦合元件 RC 决定，因此称 RC 为单稳电路的定时元件。图 3.8-26 为单稳态触发电路及其工作波形。本电路工作波形可在软件仿真时观察。

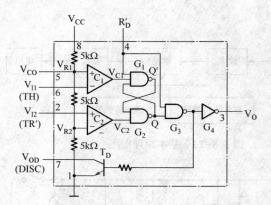

输　入			输　出	
R'_D	V_{I1}	V_{I2}	V_O	T_D
0	×	×	0	导通
1	$\frac{2}{3}V_{CC}$	$\frac{2}{3}V_{CC}$	0	导通
1	$\frac{2}{3}V_{CC}$	$\frac{2}{3}V_{CC}$	不变	不变
1	$\frac{2}{3}V_{CC}$	$\frac{2}{3}V_{CC}$	1	截止
1	$\frac{2}{3}V_{CC}$	$\frac{2}{3}V_{CC}$	1	截止

图 3.8-25　555 定时器结构框图及功能表

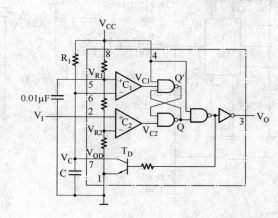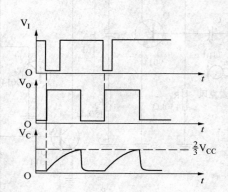

图 3.8-26　单稳态触发电路及工作波形

稳态时，无触发信号：$V_I = 1 \left(> \frac{1}{3}V_{CC} \text{即可}, \ V_{C2} = 1 \right)$

若通电后 $Q = 0 \rightarrow T_D$ 导通 $\rightarrow V_C = 0 \begin{cases} V_{C1} = 1 \\ V_{C2} = 1 \end{cases} \rightarrow Q = 0$ 保持

若通电后 $Q = 1 \rightarrow T_D$ 截止 $\rightarrow C$ 充电至 $V_C = \frac{2}{3}V_{CC} \rightarrow V_{C1} = 0 \rightarrow Q = 0 \rightarrow T_D$ 导通 $\rightarrow C$ 放电 $\rightarrow$

$\begin{cases} V_{C1} = 1 \\ V_{C2} = 1 \end{cases} \rightarrow Q = 0$ 保持

触发时，只要 V_I 降至 $\frac{1}{3}V_{CC}$，则 $\begin{cases} V_{C1} = 1 \\ V_{C2} = 0 \end{cases} \rightarrow Q = 1$，$T_D$ 截止 $\rightarrow C$ 开始充电，

当 V_C 充至 $\frac{2}{3}V_{CC}$ 时，（假定此时 V_I 已经回到高于 $\frac{1}{3}V_{CC}$）

则 $\begin{cases} V_{C1}=1 \\ V_{C2}=1 \end{cases} \rightarrow Q=0$, T_D 导通→C 开始放电至 0

$\begin{cases} V_{C1}=1 \\ V_{C2}=1 \end{cases} \rightarrow Q=0$ 保持暂稳态输出的宽度

$$t_W = RC\ln\frac{V_{CC}-0}{V_{CC}-\frac{2}{3}V_{CC}} = RC\ln 3$$

$$t_W = RC\ln 3 \approx 1.1RC$$

3. 原理图设计与仿真（Multisim8）

图 3.8-27 为机器狗的仿真电路图，仿真过程中分别用开关 K_1、K_2、光耦合器模拟仿真声控、磁控和光控；灯泡代替电动机。每当按下其中一个开关时，灯泡即发光，一段时间后自动熄灭，相当于机器狗的"走-停"过程。可通过调整 C_5、R_6 各自数值的大小改变电动机工作时间的长短。

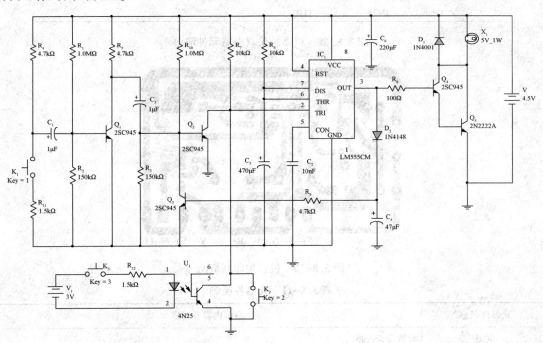

图 3.8-27　EDA 仿真电路图

本电路元件清单：

由于 multisim 元件库里没有 9014 及 8050 型号的三极管，故用性能参数相近的 2SC945 和 2N2222A 代替做仿真。元件清单如图 3.8-28 所示。

4. 安装工艺

机器狗印制板如图 3.8-29 所示。

1）元器件检测

全部元器件安装前必须进行测试（表 3.8-11）。

Quantity	Description	库	Referince_ID	Package
2	DC Current Source		V, V_1	
1	CAPacitor, 10nF		C_2	cap3
5	CAP_Electrolit	同上	C_1, C_3, C_4, C_5, C_6	ELKO5R5
12	Resistor	同上	R_1~R_{12}	RES0.5
4	Connectors	同上	J, J_1, J_2, J_3, J_4	HDR1X2 (X4)
1	Diode, 1N4001(4148)		D_1, D_2	DO-35
5	BJT_NPN		Q_1~Q_5	TO92
1	Timer, 555		IC_1	M08A
1	Lamp		X_1	LAMP
3	Switches		K_1, K_2, K_3	
1	Optocoupler,4N25	自建		

图 3.8-28　机器狗仿真电路元件清单

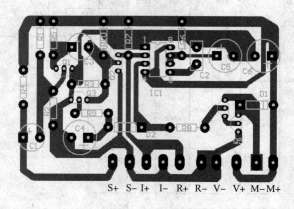

S+ S- I+ I- R+ R- V- V+ M- M+

图 3.8-29　机器狗印制板图

表 3.8-11　元器件检测

元器件名称	测试内容及要求
电阻	阻值是否合格
二极管	正向导通，反向截至；极性标志是否正确（注：有色环的一边为负极性）
三极管	判断极性及类型：　　8050、9014（D）为 NPN 型 β 值大于 200

续表

元器件名称	测试内容及要求
电解电容	是否漏电　漏电流小 极性是否正确　极性正确 负　正
光敏三极管 （红外接收管）	由两个 PN 结组成，它的发射极具有光敏特性。它的集电极则与普通晶体管一样，可以获得电流增益，但基极一般没有引线。光敏三极管有放大作用，如右图所示。当遇到光照时，C、E 两极导通。测量时红表笔接 C C　E　光敏三极管
干簧管 （舌簧开关）	由一对磁性材料制造的弹性舌簧组成，密封于玻璃管中，舌簧端面互叠留有一条细间隙，触点镀有一层贵金属，使开关具有稳定的特性和延长使用寿命。当恒磁铁或线圈产生的磁场施加于开关上时，开关两个舌簧磁化，若生成的磁场吸引力克服了舌簧的弹性产生的阻力，舌簧被吸引力作用接触导通，即电路闭合。一旦磁场力消除，舌簧因弹力作用又重新分开，即电路断开。我们所用的干簧管属常开型 惰性气体　玻璃封壳　引线脚　N S　干簧管传感器
麦克风 （声敏传感器）	是将感应到的声音或振动转化为电信号，外围负，用屏蔽线焊接 正　负　麦克风

2）印制板焊接

按图 3.8-29 所示位置，将元器件全部卧式焊接（图 3.8-30）注意二极管、三极管及电解电容的极性。

(a)三极管　　　　(b)电解电容　　　　(c)二极管、电阻

图 3.8-30 元器件焊接

图 3.8-31　电动机正负极

5. 整机装配与调试

在连线之前，应将机壳拆开，避免烫伤及其他损害，并保存好机壳和螺钉。

注意：电机不可拆！图 3.8-31 为电机的正负极，表 3.8-12 为各控制器件对应符号。

表 3.8-12　各控制器件对应符号表

名称	代表字符	名称	代表字符	名称	代表字符
电动机	M	麦克风(声控)	S	红外接收(光控)	I
电源	V	干簧管(磁控)	R		

参考下列步骤进行进线：

(1) 电动机：打开机壳，电动机(黑色)已固定在机壳底部。电动机负极与电池负极有一根连线，改装电路，将连在电池负极的一端焊下来，改接至线路板的"电动机-"(M-)，由电动机正端引一根线 J_1 到印制板上的"电动机+"(M+)。音乐芯片连接在电池负极的那一端改接至电动机的负极，使其在狗行走的时候才发出叫声。

(2) 电源：由电池负极引一根线 J_2 到印制板上的"电源-"(V-)。"电源+"(V+)与"电机+"(M+)相连，不用单独再接。

(3) 磁控：由印制板上的"磁控+、-"(R+、R-)引两根线 J_3、J_4，分别搭焊在干簧管(磁敏传感器)两腿，放在狗后部，应贴紧机壳，便于控制。干簧管没有极性。

(4) 红外接收管(白色)：由印制板上的"光控+、-"(I+、I-)引两根线 J_5、J_6 搭焊到红外接收管的两个管腿上，其中一条管腿套上热缩管，以免短路，导致打开开关后狗一直走个不停。红外接收管放在狗眼睛的一侧并固定住。应注意的是：红外接收管的长腿应接在"I-"上。

(5) 声控部分：屏蔽线两头脱线，一端分正负(中间为正，外围为负)焊到印制板上的S+、S-；另一端分别贴焊在麦克风(声敏传感器)的两个焊点上，但要注意极性，且麦克易损坏，焊接时间不要过长。焊接完后麦克安在狗前胸。

(6) 通电前检查元器件焊接及连线是否有误，以免造成短路，烧毁电机发生危险。尤其注意在装入电池前测量"电源-"(V-)。"电源+"间是否短路，并注意电池极性。

(7) 静态工作点参考值如表 3.8-13 所示。

表 3.8-13　静态工作点参考值

代号	型号	静态参考电压		
		E	B	C
Q_1	9014	0V	0.5V	4V
Q_2	9014D	0V	0.6V	3.6V
Q_3	9014	0V	0.4V	0.5V

续表

代号	型号	静态参考电压		
		E	B	C
Q_4	9014	0V	0V	4.5V
Q_5	8050D	0V	0V	4.5V
IC_1	555	1：0V	2：3.8V	3：0V
		4：4.5V	5：3V	6：0V
		7：0V	8：4.5V	

（8）组装：简单测试完成后再组装机壳，注意螺钉不宜拧得过紧，以免塑料外壳损坏。装好后，分别进行声控、光控、磁控测试，均有"走-停"过程即算合格。

6. 机器狗材料清单

机器狗材料清单如表3.8-14所示。

表3.8-14　机器狗材料清单

序号	代号	名称	规格及型号	数量	检测
1	R_1，R_{10}	电阻	1MΩ	2	
2	R_2，R_3	电阻	150kΩ	2	
3	R_4，R_5，R_9	电阻	4.7kΩ	3	
4	R_6，R_7	电阻	10kΩ	2	
5	R_8	电阻	100Ω	1	
6	C_1，C_3	电解电容	1μF/10V	2	
7	C_2	瓷介电容	10nF	1	
8	C_4	电解电容	47μF/10V	1	
9	C_5	电解电容	470μF/10V	1	
10	C_6	电解电容	220μF/10V	1	
11	D_1	二极管	1N4001	1	
12	D_2	稳压二极管	1N4148	1	
13	Q_1，Q_3，Q_4	三极管	9014（NPN）	3	
14	Q_2	三极管	9014D（NPN）	1	
15	Q_5	三极管	8050D（NPN）	1	
16	IC_1	集成电路	555	1	
17	S_1	声敏传感器	Sound control	1	
18	S_2	红外接收管	Infrared	1	
19	S_3	磁敏传感器	Reed switch	1	

序号	代号	名称	规格及型号	数量	检测
20	J_X	连接线	$\phi0.12$，70cm $J_1 \sim J_4$：10cm J_5、J_6：15cm	1	
21		屏蔽线	15cm	1	
22		热缩套管	3cm	1	
23		外壳(含电动机)		1	
24		线路板	82mm×55mm	1	

3.8.4 数字电子钟的设计及组装

1. 实验目的

（1）掌握利用中小规模器件组成数字电子钟的基本原理及具体电路。

（2）提高电路的识图能力。

（3）巩固元器件的测试技能。

（4）了解电子产品的制作程序和要求，学会组装并调试数字电子钟。

2. 工作原理

1）数字电子钟的设计

数字式计时器一般都由振荡器、分频器、计数器、译码器及显示器等几部分组成。其中振荡器和分频器组成标准秒信号发生器，连接各种不同进制的计数器、译码器和显示器组成计时系统。秒信号送入计数器进行计数，并把累计结果以"时""分""秒"的数字显示出来。"秒""分"的显示分别由两级计数器和译码、显示器组成的六十进制计数电路来实现；"时"的显示由两级计数器和译码、显示器组成的二十四进制计数电路来实现。其原理框图如图 3.8-32 所示。

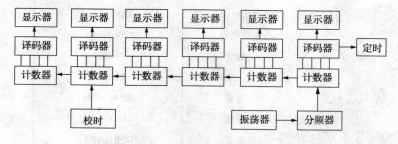

图 3.8-32 数字电子钟原理框图

（1）石英晶体振荡器

石英晶体振荡器产生一个稳定的频率标准，送到分频电路，产生标准的秒时间脉冲，因此石英晶体振荡器的频率精度与稳定度基本上决定了数字种的质量。振荡电路由石英晶体、微调电容与集成电路反相器等元器件组成，原理电路如图 3.8-33 所示。图中反相器 1 用作放大，反相器 2 用于缓冲整形，R_f 为反馈电阻提供反相器偏置，使其工作在放大区。

（2）分频器

由石英晶体振荡器产生时间标准信号的频率很高，要得到秒脉冲，需要进行分频。目前多数石英电子钟的晶体振荡频率为32768Hz，它是2的15次方，用15位二进制计数器进行分频后可得到1Hz的秒信号，分频器可采用CMOS集成电路实现。

（3）计数器、译码和显示电路

计数电路由秒个位和秒十位计数器、分个位和分十位计数器、时个位和时十位计数器及星期计数器构成，其中秒个位和秒十位计数器、分个位和分十位计数器为60进制计数器，时个位和时十位计数器为24进制计数器。译码驱动电路将计数器输出的8421BCD码转换为数码管需要的逻辑状态，并且为保证数码管正常工作提供足够的工作电流。显示电路的数码管通常有发光二极管（LED）数码管和液晶（LCD）数码管，本设计提供的为LED数码管。

（4）校时控制电路

数字电子钟刚通电时，显示的时间需要校对，或工作一段时间出现误差时，也需要校对。图3.8-34所示为简单校对控制电路，它由两个门电路组成，分别实现对"时""分"的校准。开关有"正常"和"标准"两挡。开关在"正常"位置时，设定电路为低电平，这时校对控制电路不工作，"时""分"计数器正常工作。当开关在"校准"位置时，门电路打开，秒信号进入计数器进行快速计数，得到准确的时间显示。

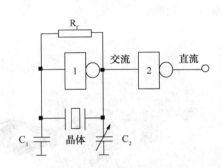

图3.8-33 晶体振荡电路

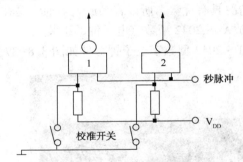

图3.8-34 校时控制电路

（5）整点报时电路

整点报时电路如图3.8-35所示。当分计数器累计计数到58min时，这时计数器状态为$Q_{A3}Q_{D3}Q_{A4}Q_{C4}=1$，即与非门2的输出为1。持续时间是1min。到59min50s时，要使与非门4输出为1，即$Q_{A3}Q_{D3}Q_{A4}Q_{C4}Q_{A2}Q_{C2}=1$待续时间为10s。我们设与非门4的输出为A，由振荡器引入的500Hz、1000Hz的方波信号分别设定为B、C。从图中可见，与非门6的输出为$Q_{A1} \cdot Q_{D1} A \cdot B$，当59min51s、53s、55s、57s时，输出500Hz音频信号，当59min59s时，输出1000Hz的信号，持续时间为1s，在1000Hz音响整时刻为整点。因此该计数器每运行到差10s整数点时，便自动发出鸣叫声。

（6）音响频率振荡器和音响电路

音响频率（500Hz和1000Hz）振荡器，可用555时基电路分别组成多谐振荡器，要使频率误差小于±10%。音响电路实质上是功率放大器，如图3.8-36所示。R要求功率较大，具体阻值及瓦数根据扬声器参数选择。

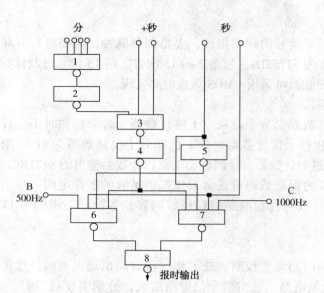

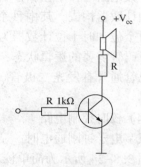

图 3.8-35　整点报时电路　　　　　　　图 3.8-36　音响电路

为什么将扬声器接在三极管的集电极输出端？三极管集电极的输出信号是既能够放大电压又能够放大电流的，就是说功率放大能力比较强，它比发射极输出信号只能够放大电流的情况具有优势，所以音频放大器通常是在集电极上接喇叭。

2）ADS 2042 型数字电子钟的组装

ADS 2042 型数字电子钟套件如图 3.8-37 所示。

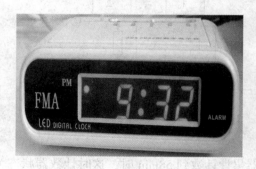

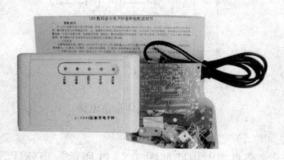

图 3.8-37　ADS 2042 型数字电子钟套件

（1）数字电子钟的构成

数字计时器一般由振荡器、分频器、计数器、译码器、显示器等几部分组成。这些都是数字电路中应用最广的电路，其组成框图如图 3.8-38 所示。数字钟实际上是一个对标准频率（1Hz）进行计数的计数电路。由于计数的起始时间不可能与标准时间（如北京时间）一致，故需要在电路上加一个校时电路，同时标准的 1Hz 时间信号必须做到准确稳定。通常使用石英晶体振荡器电路构成数字钟。

本数字钟电路主要由分信号发生器、译码显示器、"时"和"分"计数器、校时电路、定时电路和振荡器组成。分信号产生器是整个系统的时基信号，它直接决定计时系统的精度，一般用石英晶体振荡器加分频器来实现。"分计数器"采用 60 进制计数器，每累计 60 分钟，

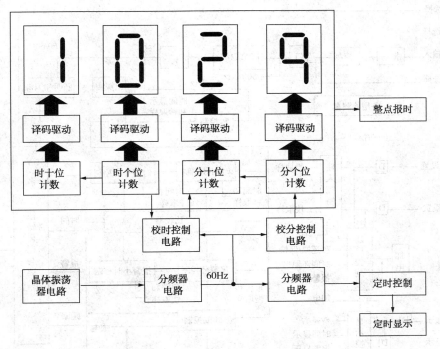

图 3.8-38 数字电子钟组成框图

发出一个"时脉冲"信号，该信号将被送到"时计数器"。"时计数器"采用 12 进制计时器，可实现对半天 12 小时的累计。译码显示电路将"时""分"计数器的输出状态进行七段显示译码器译码，通过四位 LED 七段显示器显示出来。定时电路是根据计时系统的输出状态产生一脉冲信号，然后去触发一音频发生器实现报时。校时电路是用来对"时""分"显示数字进行校对调整的。

（2）主要元器件和组成电路分析

① LM8560 集成电路

LM8560 为 PMOS 大规模集成电路，采用双列直插塑封，配用 4 位数字显示板。其等效原理框图如图 3.8-39 所示。特点：驱动 7 段 LED 发光管显示；操作电源电压范围宽；支持 12 小时 AM/PM 和 24 小时显示的转换；50/60Hz 工作；超前零关断；内置定时休眠功能（最大时间间隔 59 分钟或 1 小时 59 分钟）；预置 24 小时内的报警；内置小时和分钟设置的自动、快速、向前功能；使用触摸递增器设置控制；电源失效指示；内置电池备份 RC 振荡器；内置唤醒功能，支持重复使用；配备电源故障显示功能；900Hz 报警音乐输出。

a. LM8560 在数字钟中是比较便宜且容易买得到的一种集成电路芯片，而且用它组成的数字钟直接用交流电的频率提供脉冲。我国使用的交流电源频率是 50Hz，只要将第 26 脚 50Hz 或 60Hz 选择接到第 15 脚（VSS）即可。如果电源频率 60Hz，此脚悬空不接。

b. LM8560 集成电路内含显示译码驱动电路、12/24 小时选择电路及以其他各种设置报警等电路。它具有较宽的工作电压范围（7.5~14V）和工作温度范围（-20~+70℃）；自身功耗很小，输出能直接驱动发光二极管显示屏。其引脚功能如图 3.8-40 所示。

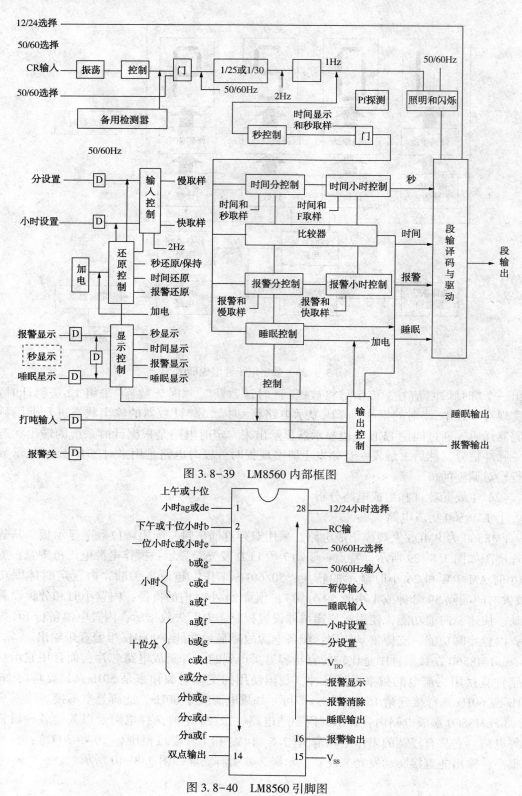

图 3.8-39 LM8560 内部框图

图 3.8-40 LM8560 引脚图

c. 12/24Hz 选择输出：12/24 小时显示选择将第 28 脚（12/24 小时选择）接到 V_{ss} 即可显示 24 小时格式；此脚悬空不连，可显示 12 小时格式。内置一个下拉电阻。

d. CR 输入：停电时，备用电池自动供电，片子内部的时钟振荡器立刻工作，代替 50/60Hz 输入，控制时间计数器继续计时，但不显示；来电时自动转为交流电源，恢复显示。这样虽然停电，仍能准确地计时。在 CR 输入端接的 R 和 C 的数值，决定片内时钟振荡器的频率。备用振荡器的稳定度为 ±10%，精度为 ±10%。

e. 50/60Hz 输入：时间计数器的时基由 50/60Hz 交流电源提供时从此端（第 25 脚）输入。此端外接简单的 RC 滤波电路，能够消除电源电压瞬变的影响，消除噪声，否则容易引起时钟的误记或器件的损坏。

f. 50/60Hz 选择输入：当 50/60Hz 选择输入端接到 V_{ss}，输入则为 50Hz。当 50/60Hz 选择输入端悬空，V_{DD} 端接入内部的下拉电阻，输入为 60Hz。

g. 显示模式选择输入（报警/休眠）：由于芯片内部置有下拉电阻，可以利用 SPST 开关（单刀单掷开关）选择 4 种显示中的一种：时间、秒、报警时间、睡眠时间。表 3.8-15 为显示模式。

表 3.8-15　显示模式

| 选择输入 | | 显示模式 | 数 1 | 数 2 | 数 3 | 数 4 |
报警	休眠					
NC	NC	时间显示	10 位显示小时（AM/PM）	小时	10 位显示分钟	分钟
V_{ss}	NC	报警显示	10 位显示小时（AM/PM）	小时	10 位显示分钟	分钟
NC	V_{ss}	休眠显示	清空	小时	10 位显示分钟	分钟
V_{ss}	V_{ss}	秒钟显示	清空	分钟	10 位显示秒钟	秒钟

注：当报警、休眠电源同时为 V_{ss} 时，为秒钟显示模式。

h. 时间输入设置：针对小时和分钟的输入，有两种输入设置。小时设置和分设置端用来对准时间或设置报警和睡眠时间。在睡眠显示模式时用小时设置即可将睡眠计时器置位到 1 小时 59 分钟，否则将置位到 59 分钟。在表 3.8-16 中，时间设置可通过激活 V_{ss} 管脚。芯片内部置有下拉电阻。

表 3.8-16　设置内容

显示模式	设置输入	功　　能
时间	小时 分钟 小时 & 分钟	迅速向小时位加 1，然后以 2Hz 的速度，在每个 1/4 到 3/4 秒之后分配 1 迅速向分钟位加 1，然后以 2Hz 的速度，在每个 1/4 到 3/4 秒之后分配 1 重新设置秒 两种同时操作如上面介绍
秒 （报警 & 休眠）	小时（说明） 分钟 小时 & 分钟 *	秒钟位清零 [00] 时间保持 重新设置小时和分钟位，在 24-H 模式时为 [0：00]，在 12-H 模式时为 [12：00]

显示模式	设置输入	功　能
报警	小时	迅速向小时位加 1，然后以 2Hz 的速度，在每个 1/4 到 3/4 秒之后分配 1
	分钟	迅速向分钟位加 1，然后以 2Hz 的速度，在每个 1/4 到 3/4 秒之后分配 1
	小时 & 分钟	重新设置小时和分钟位，在 24-H 模式时为[0：00]，在 12-H 模式时为[12：00]
休眠	—	当接通 V_{DD} 管脚，设置为休眠时，立即设置休眠计数器为[0：59]
	小时	当 V_{DD} 管脚接通，设置为休眠，启动小时，立即设置休眠计数器为[1：59]
	分钟	休眠计数器以 2Hz 的速度减 1
	小时 & 分钟	休眠计数器以 2Hz 的速度减 1

注：1. 一旦条件设置为重启或保持，其他功能的输入则锁住；直到小时和分钟分离。

2. 当秒钟位在 30~59 秒之间时，分钟位加 1，并且秒钟位重新置[00]。

i. 电源故障检测显示：当主电源设备掉线，所有部分都连通，切换到电源故障检测中的显示器。通过连接 V_{ss} 到小时设置或最小设置来取消电源故障检测中的显示。若电源断电后又来电，则所有笔画均以 1Hz 的频度闪烁，而后可用小时设置和分设置输入还原。

j. 报警选项及报警输出：当报警内容与电路时间匹配时，则此端输出控制外部电路发出 2Hz 断续的 900Hz 乐音。它可持续 1 小时 59 分钟，除非它被报警关输入或打盹输入复位，恢复到正常状态。此外还可以通过简单的低通滤波器得到直流输出，作为控制信号使用。

k. 打盹输入：警报鸣响时，瞬间启动 V_{ss} 到这个引脚，报警输出设置为离线 8~9 分钟后一段时间内，再次报警信号输出。打盹的功能是在 1 个小时 59 分钟内能被反复运行。内部有下拉电阻。当报警处于离线状态睡眠定时器计数为[0：00]时，连通 Vss 和打盹引脚（这就是所谓的一键睡眠定时复位功能）。

l. 离线报警：激活该输入引脚连接到 V_{ss}，就设置报警为离线。下拉电阻为内置。

m. 睡眠和睡眠定时器输出：睡眠输出可以打开无线波，可用于设置 59 分钟或 1 小时 59 分钟的时间间隔。请参考表 3.8-16 为正确选择步骤（59 分钟或 1 小时 59 分钟的选择）。睡眠定时器使用了定时计数器，当到达计数器的设置数置时，将归 0。输出设置为离线、无线关闭。加入 V_{ss} 连接打盹输入轮流输出。睡眠时输出开。

n. 使用板限值任意脚上所加的电压范围：+0.3~−15.0V，工作温度：−20~+70℃，储存温度：−55~+150℃，引线最高温度（焊接 10s）：300℃。

② CD4060 集成电路

CD4060 引脚图如图 3.8-41 所示。CD4060 由一振荡器和 14 级二进制串行计数器位组成，振荡器的结构可以是 RC 或晶振电路，CR 为高电平时，计数器清零且振荡器使用无效。所有的计数器位均为主从触发器。在 CP_1（和 CP_0）的下降沿计数器以二进制进行计数。在时钟脉冲线上使用斯密特触发器对时钟上升和下降时间无限制。

③ 晶体振荡器电路及分频器电路

石英晶体振荡器是由品质因素极高的石英晶体振子（即谐振器和振荡电路）组成。晶体的品质、切割取向、晶体振子的结构及电路形式等，共同决定振荡器的性能。晶振的主要参数有标称频率、负载电容、频率精度、频率稳定度等。不同的晶振标称频率不同，标称频率大都标明在晶振外壳上。石英晶体振荡器是利用石英晶体(二氧化硅的结晶体)的压电效应制成的一种谐振器件,是高精度和高稳定度的振荡器,被广泛应用于彩电、计算机、遥控器等各类振荡电路中,以及通信系统中用于频率发生器、为数据处理设备产生时钟信号和为特定系统提供基准信号。图 3.8-42 为 CD4060 典型晶体振荡器电路。

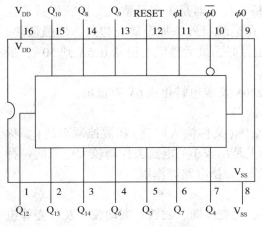

图 3.8-41　CD4060 引脚图

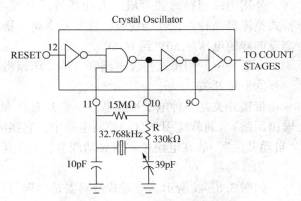

图 3.8-42　CD4060 典型晶体振荡器

晶振的作用是为系统提供基本的时钟信号,共振的状态下工作,以提供稳定、精确的单频振荡。通常一个系统共用一个晶振,便于各部分保持同步。有些通信系统的基频和射频使用不同的晶振,而通过电子调整频率的方法保持同步。晶体振荡器是构成数字式时钟的核心,它保证了时钟的走时准确及稳定。

本系统中晶振 JT 的频率选为 30720Hz。该元件专为数字钟电路而设计,其频率较低,有利于减少分频器级数。分频器电路将 30720Hz 的高频方波信号通过 9 次二分频后可获得 60Hz 的脉冲输出供分计数器进行计数。分频器实际上也就是计数器。

④数码管

数码管通常有发光二极管(LED)数码管和液晶(LCD)数码管,本设计提供的为 LED 数码管。

⑤整流桥

T1 是变压器,VD_6、VD_7、VD_8、VD_9 组成了桥式整流。C_3、C_4 是滤波电容。整流桥为 LM8560、CD4060 及显示屏提供了工作电压。图 3.8-43 为整流桥电路。

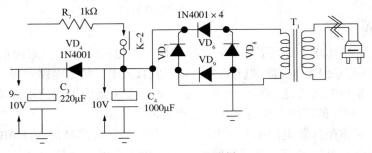

图 3.8-43　整流桥

桥式整流器是利用二极管的单向导通性进行整流的最常用的电路，常用来将交流电转变为直流电。桥式整流是对二极管半波整流的一种改进。桥式整流器利用四个二极管，两两对接。输入正弦波的正半部分是两只管导通，得到正的输出；输入正弦波的负半部分时，另两只管导通，由于这两只管是反接的，所以输出还是得到正弦波的正半部分。桥式整流器对输入正弦波的利用效率比半波整流高一倍。桥式整流器是由多只整流二极管作桥式连接，外用绝缘塑料封装而成，大功率桥式整流器在绝缘层外添加金属壳包封，增强散热。桥式整流器品种多，性能优良，整流效率高，稳定性好，最大整流电流从 0.5A 到 50A，最高反向峰值电压从 50V 到 1000V。

本系统中，用桥式整流电路和降压变压器将 220V 交流电转化成 6V 直流电。

⑥带锁开关

带锁开关是一种电子控制器件，它具有控制系统（又称输入回路）和被控制系统（又称输出回路），通常应用于自动控制电路中，它实际上是用较小的电流去控制较大电流的一种"自动开关"。故在电路中起着自动调节、安全保护、转换电路等作用。

⑦蜂鸣器

如图 3.8-44 所示，电磁式蜂鸣器是由振荡器、电磁线圈、磁铁、振动膜片及外壳等组成。接通电源后，振荡器产生的音频信号电流通过电磁线圈，使电磁线圈产生磁场。振动膜片在电磁线圈和磁铁的相互作用下，周期性地振动发声。蜂鸣器引脚有正负极区分，在引脚处有正负极标志或者长脚为正、短脚为负，在蜂鸣器上覆盖有纸片，它的作用是防水防尘，将蜂鸣器安装好以后，应将纸片揭下来。

图 3.8-44　蜂鸣器外观图

3）工作原理

图 3.8-45 为 ADS2042 型数字电子钟电原理图。本电路为交、直流两用，T_1 降压变压器，经桥式整流（$VD_6 \sim VD_9$）及滤波（C_3、C_4）后得到直流电，供主电路和显示屏工作。当交流电源停电时，备用电池通过 VD_5 向电路供电。VD_5 作用是为了在使用交流电时，防止向电池充电。VD_3、VD_4 的作用是调整加在 IC_{115} 脚上的电位。

本电路中，晶体振荡器电路给数字钟提供一个频率稳定准确的 30720Hz 的方波信号，此外还有一校正电容可以对温度进行补偿，以提高频率准确度和稳定度，可保证数字钟的走时准确及稳定。

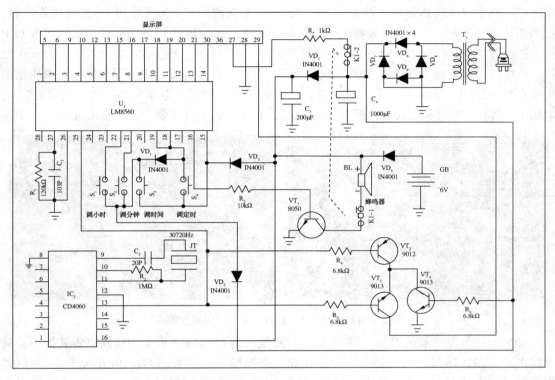

图 3.8-45 ADS 2042 型数字电子钟电原理图

CD4060、JT、R_2、C_2 组成的电路是 60Hz 的时基电路，如图 3.8-46 所示。时钟是否准确就是由这里决定的。此电路将 30720Hz 的高频方波信号通过 9 次二分频后可获得 60Hz 的脉冲输出。这个信号被送到 LM8560 的 25 脚。

LM8560（IC_1）专用数字钟集成芯片，1~14 脚是显示笔画输出，15 脚为正电源端，20 脚为负电源端，27 脚是内部振荡器 RC 输入端，16 脚是报警输出。这里是用报警信号控制继电器得电，从而控制交流电源 220V 的开启。14 脚为双点输出端，驱动显示屏内的冒号闪动。19 脚是使能脚，当与其连接的 S_3、S_4 接通 5V 电位时，其功能分别为调时间或调定时。S_1、S_2 分别是调小时、调分钟的开关。与 16 脚相连的 VT_1 是开关管，当 16 脚输出高电位时，VT_1 导通，蜂鸣器发声。

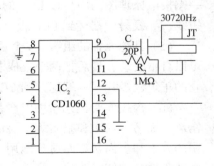

图 3.8-46 时基电路

显示屏上的 26、27 脚是脉冲输入脚，脉冲信号通过 VT_2、VT_3 输入到显示屏。由于 CMOS 电路的输入阻抗极高，较高的反馈电阻有利于提高振荡频率的稳定性。

3. 安装工艺及焊接注意事项

（1）用万用表检测各元件。安装元件时，分步安装。

（2）交、直流转换电路的组装。图 3.8-47 所示将这些元器件在 PCB 板上对应焊接，电源线与电源变压器红线一端焊接时，焊好后用热缩管分别将焊点包好，防止短路或电伤人员。

电源变压器黑线焊到 PCB 板上的 6V、$6V_1$ 处(这里是交流信号不分正负极)。二极管焊接时，要判别其正负极方向，二极管带有色环的一端为负极，插入 PCB 时将二极管的负极插入 PCB 板上二极管符号有白线指示的一端，电解电容 C_3、C_4 焊接时，要注意其方向性。引脚长正短负，负极(短脚)对应 PCB 板上圆形二极管座有阴影的一侧。焊好后用万用表的直流电压挡测量电容 C_4 正负极引脚间的电压为 10V 左右，C_3 正负极引脚间的电压为 9~10V。要求电容 C_4 采用卧式焊接。电路板上还有 4 根跳线(J_1~J_4)，可用其他元件多余的引脚线充当。

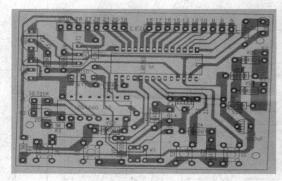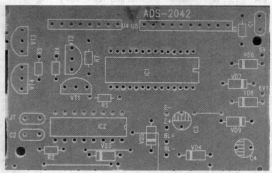

图 3.8-47   ADS 2042 型数字电子钟印刷板电路

(3) 分信号发生器的组装。将 16 脚芯片座缺口端对应 PCB 板上相应缺口安装焊好，只焊接 1、8~13、16 脚即可，各引脚不能短路。晶振没有正负板，对应 PCB 板上 JT 的位置焊好即可。C_2 为瓷片电容无极性，直接焊接，焊好后用示波器测试 CD4060 第 13 脚输出为 60Hz 的方波。

(4) 译码显示电路的组装。将 28 脚芯片座缺口端对应 PCB 板上相应缺口安装焊好，三极管在焊接时将三极管头部半圆形与 PCB 板上半圆形对应焊接。排线两端去塑料皮上锡后一端按电原理图的序号接 LED 的显示屏，另一端接 PCB 板，蜂鸣器正负极分别焊接红、黑短线，导线另一端接到 PCB 板上的 BL+、BL-处。

(5) 其他元件的组装。4 个轻触开关和一个自锁开关紧贴电路板安装，它们没有方向，可以自由安装，最后把两个集成芯片插入相应的插座中。分别用两根短线一端连接将电池仓的正负极极片，一端连接到 PCB 板上的 E+、E-处。

(6) 焊接前要把元器件引线刮干净，最好是先镀锡在焊接。对被焊物表面的氧化物、锈斑、油污、灰尘和杂质等，要清理干净。焊剂的用量：使用焊剂时，必须根据焊接件面积的大小和表面状态而适量施用，用量过少则影响焊接的质量，用料过多，焊剂残渣将会腐蚀零件，并使线路的绝缘性能变差。

(7) 变压器安装在前盖两个高的支架上，用螺钉固定，接入电路时注意分清初、次级。蜂鸣器装在前盖的共振腔座孔中，用胶或电烙铁点一下固定。显示屏和电路板分别用四颗自攻螺丝固定，电路板与显示屏之间的排线折成 S 形(即扭成一个麻花)，防止排线在焊接处折断。电源线卡好后引出壳外，电池弹簧依顺序安好。

(8) 焊接结束后，应将焊点周围的焊剂清洗干净，并对焊接好的电路板进行目测检查有无漏焊、错焊、虚焊等现象。可用镊子将每一个元件拉一拉，看有无松动现象。检查无误后，对电路板进行固定，前盖和后盖对正后扣好，再用自攻螺丝固定即可。

4. 调试

（1）通电前先认真对照电路原理图、线路板，检查有无错焊漏焊，观察电路板上有无短路现象发生，如有故障要一一排除。通电时一定要注意高压危险，插电源时手一定不要接触及电路极，特别是继电器这一块只要焊接正确，通电后即可正常工作，时间显示并闪动了，调整后就不闪动了。

（2）在面板上从左到右，存在 5 个微动开关，分别是 S_4、S_3、S_2、S_1。S_1 调小时，S_2 调分钟，S_3 调时钟，S_4 调定时，K_1 定时报警开关（即闹铃开关），K_2 定时控制开关。

（3）调时钟时候，需要按下 S_3 同时按动 S_1，即可调小时数。调分钟时，按下 S_3 的同时按动 S_2 可调分钟数。

（4）调定时输出或闹铃报警时，需按下 S_4 的同时按动 S_1 即可调定时小时数；按下 S_4 的同时按动 S_2 可调定时分钟数。当调好定时时间后，并按下开关 K_2（白色钮），显示屏右下方有红点指示，到定时时间有驱动信号经 R_3 使 VT_1 工作，继电器得电工作，从而使负载两端加有 220V 交流电。如需复位，只按动开关 S_4 即可，即可定时输出。按下开关 K_1（红色钮），即可定时报警输出。

（5）当前时间当左上角有点显示时表示是上午，没有点显示时是下午（24 小时制除外）。显示面板如图 3.8-48 所示。

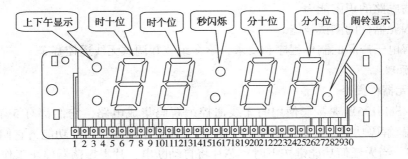

图 3.8-48　显示面板

5. 元件清单

元器件清单如表 3.8-17 所示。

表 3.8-17　元件清单

序号	名称	型号规格	用量	位号	序号	名称	型号规格	用量	位号
1	集成电路	LM8560（3450）	1 块	IC_1	18	电解电容	220μF	1 支	C_3
2	集成电路	CD4060	1 块	IC_2	19	电解电容	1000μF	1 支	C_4
3	二极管	IN4001	9 支	$D_1 \sim D_9$	20	轻触开关	6×6×17	4 个	$S_1 \sim S_4$
4	三极管	9013	2 支	VT_3、VT_4	21	自锁开关	7×7	1 个	K_1
5	三极管	9012	2 支	VT_2	22	按键帽		1 个	
6	三极管	8050	2 支	VT_1	23	集成插座	28	1 个	
7	显示屏	FTTL-655G	1 块	LED	24	集成插座	16	1 个	
8	晶振	30.720K	1 支	JT	25	偏插头	1.2m	1 根	

序号	名称	型号规格	用量	位号	序号	名称	型号规格	用量	位号
9	蜂鸣器	$\phi12\times9$	1个	BL	26	排线	8cm×18	1组	
10	电源变压器	220V/9V/2W	1个		27	导线	1.0×60mm	4根	
11	电阻	1kΩ	1支	R_7	28	电池极片		一套	
12	电阻	6.8kΩ	3支	R_4、R_5、R_6	29	前后壳电池盖		三件	
13	电阻	10kΩ	1支	R_3	30	螺丝	PA3×6mm	5粒	
14	电阻	120kΩ	1支	R_1	31	螺丝	PA3×8mm	1粒	
15	电阻	1MΩ	1支	R_2	32	热缩管	$\phi3\times20mm$	2根	
16	瓷片电容	20P	1支	C_2	33	线路板		1块	
17	瓷片电容	103P	1支	C_1		跳线		4根	自备

3.8.5　遥控赛车的组装与调试

1. 实验目的

（1）了解5功能集成芯片 SCTX2B/SM6135W 的引脚功能和应用电路。

（2）提高电路的识图能力。

（3）巩固元器件的测试技能。

（4）了解电子产品的制作程序和要求，学会组装并调试无线遥控赛车。

2. 工作原理

1）主要元器件简介

SCTX2B/SM6135W 是配套使用的无线遥控编解码集成电路，它们都有5个输出管脚，对应于5种编/解码功能。SCTX2B/SM6135W 具有遥控车的完整控制功能，它们的工作电压为 2.5~6.0V，当无任何功能键按下时，芯片将自动断电，片上振荡器停止工作，从而减少工作电流。该编/解码器的使用十分简单，应用时只需很少的几个外部元件即可构成一个完整的实用电路。

SCTX2B/SM6135W 电路的极限参数如下：

电源电压：2.4~6.0V；

输入输出电压：上下浮动±0.3V；

工作温度：−10~+65℃；

储存温度：−25~+125℃。

制作时，不要超出极限参数中所列的数值范围，否则芯片可能会损坏。

（1）SCTX2B 的主要性能结构

编码电路的内部结构和外形封装分别如图 3.8-49（a）和（b）所示。由图可见：该编码器的内部主要由输入电路、编码电路、振荡电路、时序产生器电路和输出电路组成。输入电路有5个输入管脚，分别与5个功能按键 forward（前进）、backward（后退）、right-ward（向右）、left-ward（向左）和 turbo（加速）相对应。芯片中的编码电路向 SO 和 SC 两个输出管脚发送数字码，数字码与定义的功能按键相对应，SO 编码输出端用于无线遥控，而 SC 编码输出端则用于红外遥控。芯片内时序电路中的一个计数器可使 SCTX2B 具有自动断电功能。其管脚 PC 输出端可用来控制外部工作电源的通、断状态。按下任何一个功能按键都会立即使芯片激活。编码器输出的编码格式和字格式分别如图 3.8-50(a)和(b)所示。在编码格式中，W_1 表示功能码，W_2 表示开始码。SCTX2B 的管脚功能说明如表 3.8-18 所列。

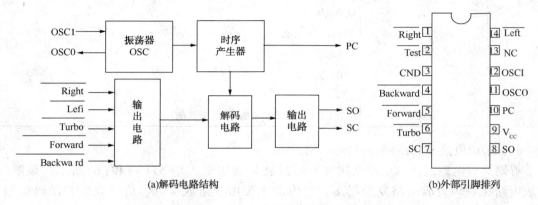

图 3.8-49 SCTX2B 内部结构图和外形引脚图

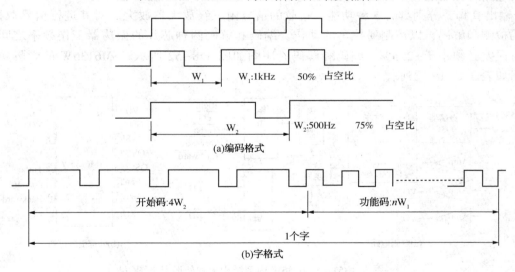

图 3.8-50 编码格式和字格式

表 3.8-18 SCTX2B 的各管脚说明

管脚号	管脚名	功能说明
1	Right	带有上拉电阻，此脚接地则选择右转功能
2	Test	带有上拉电阻，测试端，此脚可用于测试方式
3	GND	电源负极
4	Backward	带有上拉电阻，此脚接地选择后退功能
5	Forward	带有上拉电阻，此脚接地选择前进功能
6	Turbo	带有上拉电阻，此脚接地选择加速功能

续表

管脚号	管脚名	功能说明
7	SC	带有载波频率的编码信号输出端，用于红外遥控
8	SO	不带载波频率的编码信号输出端，用于无线遥控
9	V_{CC}	电源正极
10	PC	电源控制输出端
11	OSCO	振荡器输出端
12	OSCI	振荡器输入端
13	NC	空脚
14	Left	带有上拉电阻，此脚接地选择左转功能

（2）解码电路 SM6135W 的功能结构

解码集成电路的内部电路结构和外形封装分别如图 3.8-51（a）和（b）所示。该解码集成电路比编码集成电路复杂得多，它内部主要由 3 组放大器、信号取样和误码检测、解码电路、控制逻辑电路、振荡器、时序产生器、锁存器、输出电路组成。SM6135W 有 5 个输出管脚，分别具有 5 种功能。接收的信号由三级放大器放大后对其进行信号取样、误码检测和解码，以控制遥控车的动作。编码和解码两种芯片的振荡器工作频率之间的相对误差必须小于±2.5%。编码和解码时序图如图 3.8-52 所示。SM6135W 的管脚功能说明如表 3.8-19 所列。

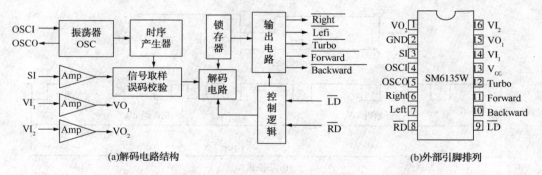

图 3.8-51　SM6135W 内部结构图和外形引脚图

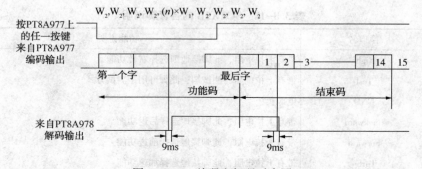

图 3.8-52　编码和解码时序图

表 3.8-19 SM6135W 的各管脚说明

管脚号	管脚名	功能说明
1	VO$_2$	放大器2输出管脚
2	GND	负电源
3	SI	解码信号输入端
4	OSCI	振荡器输入端
5	OSCO	振荡器输出端
6	Right	右转输出端
7	Left	左转输出端
8	RD	带有上拉电阻，该脚接地选择右转功能无效
9	LD	带有上拉电阻，该脚接地选择左转功能无效
10	Backward	后退输出端
11	Forward	前进输出端
12	Turbo	加速输出端
13	V$_{CC}$	电源正极
14	VI$_1$	放大器1输入端
15	VO$_1$	放大器1输出端
16	VI$_2$	放大器2输入端

2）基本原理

玩具遥控车采用的是伺服电机无线遥控技术，如图 3.8-53 所示。遥控电路设计的基本要求是高性能、低成本、运行平稳、控制灵活、线路简单、抗干扰能力强。通常玩具遥控车的驱动要用两个微型直流伺服电动机来实现玩具遥控车的前进、后退、左转、右转和加速等功能。玩具遥控车市场竞争的日趋激烈，对玩具遥控车的电气性能也提出了越来越高的要求。玩具遥控车的无线遥控控制电路设计决定着玩具遥控车的整体性能。本系统主要采用 SCTX2B/SM6135W 集成电路控制器来设计完成。

普通玩具遥控车一般都具有前进、后退、左转、右转的基本功能，这些功能可分别由两台微型伺服电动机来完成，该电机没有调速功能。无线遥控电路的原理方框图如图 3.8-54 所示。

图 3.8-53 遥控赛车套件

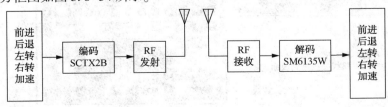

图 3.8-54 原理方框图

该电路由无线发射和无线接收两部分组成，其中无线发射由编码电路和 RF 发射电路组成。编码电路使用的集成电路型号是 SCTX2B，该电路具有 5 种编码功能，其中 F/b 用于控制伺服电动机的前进、后退；L/R 用于控制伺服电动机的左转、右转；turbo 用于加速。无线接收电路部分的解码电路可以使用 SM6135W 集成电路芯片来完成，解调后的 RF 信号被放大和滤波，然后得到基带信号。当系统在对该信号进行取样后，解码逻辑便可以提取F/b、L/R 和来自接收信号的功能位，同时输出相应的前进、后退、左转、右转和加速功能所用的控制电平。为了满足玩具遥控车的安全需要，同时还应为伺服电机设计过载保护电路。

（1）发射机基本原理

发射原理框图如图 3.8-55 所示。该电路使用 3V 电池供电，三极管 Q_1 和 Q_2 的工作电压均是 3V，集成电路芯片的工作电压是 3V。电阻 R_4 用来决定编码器内部振荡器 OSC 的振荡频率，改变 R_4 阻值，可改变载波频率及编码脉冲波形输出。R_4 的取值范围为 100kΩ ~ 500kΩ。按键开关 L、R 用于控制遥控车的左、右转，按键开关 F、b 用于控制遥控车的前进、后退。10 脚为发射状态指示端，可通过外接发光管 LED 来指示发射状态。三极管 Q_1 与 T_1、C_3、C_4 组成了一个电容三点式载波振荡器，该振荡器的工作频率可以是 27MHz 或 49MHz。编码器 SO 管脚（8 脚）输出的编码数字信号，经后级相应的射频电路 Q_1 输出的载波信号同时加到 Q_2 的基极后，经 Q_2 调制放大，C_1 滤波后便由天线 L_1 发射，然后再由与之配套的接收电路 SM6135W 接收解调。本套件使用无线遥控电路，即 8 脚输出，7 脚为红外遥控输出，未使用。发射机线路板如图 3.8-56 所示。

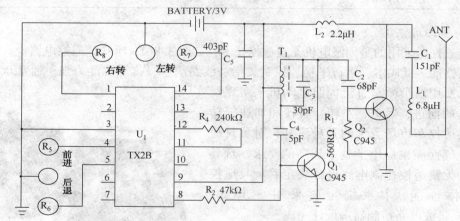

图 3.8-55　发射机原理图

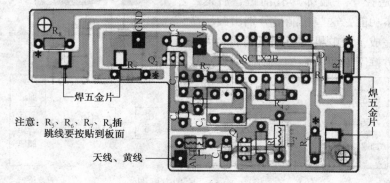

　　　　图 3.8-56　发射机线路板

（2）接收机基本原理

接收电路原理框图如图 3.8-57 所示。该电路使用的是 6V 电源电压，6V 电压直接加在伺服电机 M_1 和 M_2 的两组 H 桥驱动器上。无线遥控信号经天线和射频接收电路（Q_1 及其周围元件组成）接收解调后，还原成相应的码信号，该信号被由 SM6135W 的 14 脚、15 脚、16 脚及 1 脚内部反相器及相应的外围电路组成的反相放大器放大后，送至 SM6135W 的编码输入端 3 脚，经内部译码后，将在输出端 Right（6 脚）、Left（7 脚）、Backward（10 脚）、Forward（11 脚）分别输出相应的控制信号以驱动两个 H 桥电机驱动器。从而使桥路上的驱动三极管交替导通以控制伺服电机的正、反转。4 脚和 5 脚外接的电阻 R_3，其阻值不得误差太大，否则接收电路 SM6135W 内部基准频率与发射电路 SCTX2B 内部基准频率不一致时，接收电路 SM6135W 可能无法调出相应的编码信号。现以伺服电机 M_1 为例：当解码芯片 Forward（11 脚）管脚输出为高电平，Backward（10 脚）管脚输出为低电平时，Q_2、Q_6、Q_{12} 导通，而 Q_3、Q_7、Q_{13} 关断，M_1 中的电枢电流为从左至右，此时 M_1 应前进；反之，当解码芯片 Forward（11 脚）管脚输出为低电平，Backward（10 脚）管脚输出为高电平时，Q_3、Q_7、Q_{13} 导通，而 Q_2、Q_6、Q_{12} 关断，M_1 中的电枢电流从右至左，此时，M_1 应后退。接收机线路板如图 3.8-58 所示。

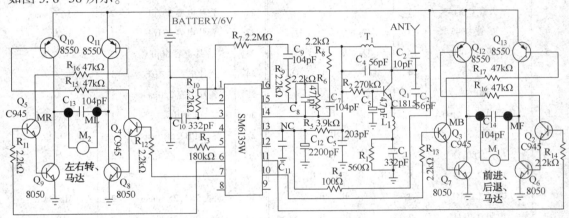

图 3.8-57　接收机原理图

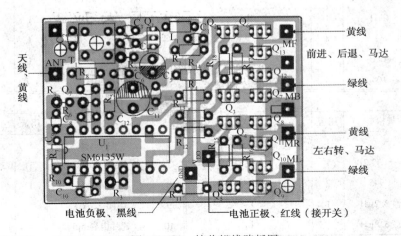

图 3.8-58　接收机线路板图

3. 调试说明

接通遥控器电源，机板靠近频谱仪的天线，调整机板上 T_1 可调电感，使频谱仪感应到的频率读数在 27MHz±100kHz 范围内即可。接收板的调试方法相同。要注意的是必须和遥控器调在同一频率上（调 T_1），成对应关系，没有仪器时，可把整车装好后打开电源倒过来放，不让四轮触地。同时接通遥控器电源，拨通前进功能键并靠近整车体，看车轮是否转动，否则微调 L_1；使轮转动后拉开几米距离再轻轻微调 L_1，使车轮还能转动即可。注意，使用的电池必须是高能电池才能带动汽车。

4. 元器件清单

元器件清单如表 3.8-20 所示。

表 3.8-20 元器件清单

接 收 板							
序号	名称规格	用量	位号	序号	名称规格	用量	位号
1	线路板	1		19	瓷片电容 10pF	1	C_2
2	集成电路 SM6135	1	U_2	20	瓷片电容 203pF	1	C_6
3	三极管 C1815	1	Q_1	21	瓷片电容 332pF	2	C_1、C_{10}
4	三极管 C945	4	Q_2、Q_3、Q_4、Q_5	22	瓷片电容 471pF	1	C_8
5	三极管 8050	4	Q_6、Q_7、Q_8、Q_9	23	瓷片电容 56pF	2	C_3、C_4
6	三极管 8550	4	Q_{10}、Q_{11}、Q_{12}、Q_{13}	24	瓷片电容 4.7μF	1	C_5
7	可调电感	1	T_1	25	瓷片电容 220μF	1	C_{12}
8	色环电感 5.6μH	1	L_1	26	电源开关	1	（已安装在车上）
9	电阻 100Ω	1	R_4	27	螺丝 PB2.6×6mm	2	机板
10	电阻 180kΩ	1	R_3	28	螺丝 PB2.6×8mm	4	外壳
11	电阻 2.2kΩ	5	R_8、R_9、R_{10}、R_{11}、R_{12}	29	天线焊片 2.7	1	
12	电阻 2.2MΩ	2	R_6、R_7	30	天线 9×1.2×50mm	2	MF、MB
13	电阻 2.2kΩ	2	R_{13}、R_{14}	31	导线 9×1.2×80mm	2	MR. ML
14	电阻 270kΩ	1	R_2	32	导线 9×1.2×110mm	1	V_{CC}
15	电阻 3.9kΩ	1	R_5	33	导线 9×1.2×45mm	1	GND
16	电阻 47Ω	4	R_{15}、R_{16}、R_{17}、R_{18}	34	导线 9×1.2×75mm	1	V_{DD}
17	电阻 560Ω	1	R_1	35	导线 9×1.2×55mm	1	ANT
18	瓷片电容 104pF	4	C_7、C_9、C_{13}、C_{14}	36	外壳半成品	1 套	
发 射 板							
序号	名称规格	用量	位号	序号	名称规格	用量	位号
1	线路板	1		6	可调电感	1	T_1
2	集成电路 SCTX2B	1		7	电阻 560Ω	1	R_1
3	三极管 C945	2	Q_1. Q_2	8	电阻 47kΩ	1	R_2
4	色环电感 2.2μH	1	L_2	9	电阻 220kΩ	1	R_4
5	色环电感 6.8μH	1	L_1	10	瓷片电容 5pF	1	C_4

续表

序号	名称规格	用量	位号	序号	名称规格	用量	位号
				发 射 板			

序号	名称规格	用量	位号	序号	名称规格	用量	位号
11	瓷片电容 30pF	1	C_3	17	螺丝 PB2.6×8mm	6	外壳
12	瓷片电容 68pF	1	C_2	18	五金片	2	
13	瓷片电容 151pF	1	C_1	19	天线焊片 2.7	1	
14	瓷片电容 403pF	1	C_5	20	导线 9×1.2×45mm	3	V_{CC}、GND、ANT
15	跳线 20mm	4	R_5、R_6、R_7、R_8	21	外壳半成品	1 套	
16	螺丝 PB2.6×6mm	3	机板×2、电池门				

第 4 章　自动控制原理实验

4.1　TAP-3 型实验装置简介

TAP-3 型控制理论实验装置由计算机、A/D/A 接口板、模拟实验箱组成。计算机负责实验过程的控制，实验数据的采集、显示、储存等功能，还可以给实验电路提供各种电信号。模拟实验箱给被控对象提供搭建电路的平台，实验箱中有放大器及电阻、电容等元器件，其相互配合，可组成各种具有不同系统特性的实验对象；实验箱上的信号源包括阶跃信号发生器，及正弦波、三角波等信号发生器。A/D/A 转换板在模拟实验箱内部，它起着模拟与数字信号之间的转换作用，是计算机与实验台之间必不可少的桥梁。

4.1.1　TAP-3 软件系统

在 TAP-3 型自动控制原理实验系统中包含两个应用软件，HQFC-C1 软件和 THBCC-1 软件，其功能是可以实现信号的产生，信号的采集、观察、分析及对传递函数进行仿真。

HQFC-C1 软件包含信号发生器及示波器功能，软件界面如图 4.1-1 所示。打开软件，可以向模拟实验箱输出正弦波、方波、三角波、锯齿波信号，也可以从模拟实验箱采集信号，并对信号进行观察、分析和测量。

计算机中另一个软件 THBCC-1，软件界面如图 4.1-2 所示。包含示波器、MATLAB 仿真及波特图等功能，可以实现信号采集、观察，传递函数的仿真及绘制波特图等，对系统（环节）进行幅频特性及相频特性等分析。

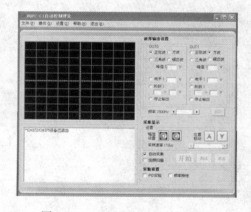

图 4.1-1　HQFC-C1 软件界面图

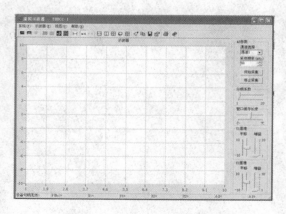

图 4.1-2　THBCC-1 软件界面

4.1.2　模拟实验箱

　　模拟实验箱由信号源单元、运放单元、非线性单元、元器件单元等组成，实验箱面板如图 4.1-3 所示。可完成自动控制原理的典型环节阶跃响应、二阶系统阶跃响应、控制系统稳定性分析、系统频率特性测量、连续系统串联校正、数字 PID、状态反馈与状态观测器等相应实验。

图 4.1-3　HAP-3 实验箱面板

　　运放单元使用 741 运算放大器为基础，外接不同参数的电阻、电容及可调电位器组成电路，共有九组。包括 5 组比例积分、2 组比例放大、1 组 PI 校正和 1 组 PD 校正单元，运放调零电阻已接入电路中，并已调零完成。运用导线外接不同的电阻电容即可构成不同的电路完成实验。

　　非线性单元使用 741 运算放大器为基础，外接不同参数的电阻、电容、可调电位器及双向稳压管组成电路，共有 2 组。包括 1 组饱和特性和 1 组死区特性单元，运放调零电阻已接入电路中，并已调零完成；电阻、电容、双向稳压管等元件也接好，运用导线接入输入信号即可完成实验。

　　元器件单元由不同参数的电阻、电容、可调电位器组成，连线亦接好，只需外接导线即可使用。

　　集成芯片单元预留了芯片插座，可插入多种引脚的芯片，最多可达 80 脚，并为芯片提供了"±12V"电源和地"GND"。

　　信号源单元包括正弦波、方波、三角波三种可调电信号，频率为 20Hz ~ 20kHz，幅值为 0~5V。另外，实验箱右上角有一组阶跃信号发生器，在多种实验中均有使用。信号源单元包含三个输入、输出端口，即 OUT_1、OUT_0、IN。其中 HQFC-C1 软件包含的两组信号发生器产生的电信号通过 OUT_1、OUT_0 端口传送到实验箱，实验箱的信号通过 IN 端口传送到该软件中。

4.2　典型环节、控制规律的电路仿真及其阶跃响应

4.2.1　实验目的

　　(1) 熟悉构成各典型环节、控制规律的电路模拟及其阶跃响应特性。

　　(2) 测量各典型环节、控制规律的阶跃响应曲线，并了解参数变化对其动态特性的影

响，学会由阶跃响应曲线计算典型环节的传递函数。

4.2.2 实验内容

（1）完成比例、积分及微分环节的电路模拟实验，并研究参数变化对其阶跃特性的影响；

（2）完成比例积分环节的电路模拟实验，并研究参数变化对其阶跃特性的影响；

（3）完成比例积分微分环节的电路模拟实验，并研究参数变化对其阶跃特性的影响；

（4）完成惯性环节的电路模拟实验，并研究参数变化对其阶跃特性的影响。

4.2.3 实验原理

自控系统是由比例、积分、微分等环节按一定的关系组建而成。熟悉这些典型环节的结构及其对阶跃输入的响应，将对系统的设计和分析十分有益。

本实验中的典型环节都是以运放为核心器件构成，其原理框图如图4.2-1所示。图中 Z_1 和 Z_2 表示由 R、C 构成的复数阻抗。

1. 比例（P）环节

比例环节的特点是输出不失真、不延迟、成比例地复现输出信号的变化，适应于对象容量大、负荷变化不大、纯滞后小、允许有余差存在的系统。

其传递函数与方框图分别为：

$$G(s) = \frac{U_o(s)}{U_i(s)} = K \qquad \xrightarrow{U_i(s)} \boxed{K} \xrightarrow{U_o(s)}$$

当 $U_i(s)$ 输入端输入一个单位阶跃信号，且比例系数为 K 时的响应曲线如图4.2-2所示。

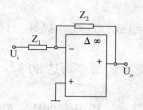

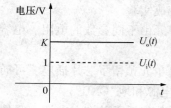

图 4.2-1　典型环节的原理框图　　　图 4.2-2　比例环节的单位阶跃响应曲线

2. 积分（I）环节

积分环节起着消除余差的作用，即偏差存在积分作用就会有输出。其输出量与其输入量对时间的积分成正比。其传递函数与方框图分别为：

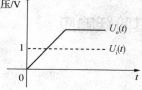

$$G(s) = \frac{U_o(s)}{U_i(s)} = \frac{1}{T_I s} \qquad \xrightarrow{U_i(s)} \boxed{\frac{1}{T_I s}} \xrightarrow{U_o(s)}$$

设 $U_i(s)$ 为一个单位阶跃信号，当积分系数为 T_I 时的响应曲线如图4.2-3所示。

图 4.2-3　积分环节的单位
　　　阶跃响应曲线

3. 微分（D）环节

微分环节使输入信号的变化量与输入量（即被调参数的实际

值与额定值的偏差)的变化率成比例。其传递函数与方框图分别为:

$$G(s) = \frac{U_o(s)}{U_i(s)} = T_D s$$

设 $U_i(s)$ 为一个单位阶跃信号,当微分系数为 T_D 时的响应曲线如图 4.2-4 所示。

4. 比例积分(PI)环节

比例积分控制作用为比例加积分可以消除偏差。积分会使控制速度变慢,系统稳定性变差。比例积分适应于对象滞后大,负荷变化较大,但变化速度缓慢并要求控制结果没有余差。比例积分环节的传递函数与方框图分别为:

$$G(s) = \frac{U_o(s)}{U_i(s)} = K\left(1 + \frac{1}{T_I s}\right)$$

设 $U_i(s)$ 为一个单位阶跃信号,图 4.2-5 给出了比例系数为 K、积分系数为 T_I 时的 PI 输出响应曲线。

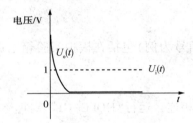

图 4.2-4　微分环节的单位阶跃响应曲线图　　　图 4.2-5　比例积分环节的单位阶跃响应曲线

5. 比例积分微分(PID)环节

比例积分微分控制,就是根据系统的误差或者加上系统误差的变化率,利用比例、积分、微分计算出控制量进行控制。比例积分微分环节的传递函数与方块图分别为:

$$G(s) = \frac{U_o(s)}{U_i(s)} = K\left(1 + T_D s + \frac{1}{T_I s}\right)$$

设 $U_i(s)$ 为一个单位阶跃信号,图 4.2-6 给出了比例系数为 K、微分系数为 T_D、积分系数为 T_I 时的 PID 输出响应曲线。

6. 惯性环节

惯性环节的传递函数与方框图分别为:

$$G(s) = \frac{U_o(s)}{U_i(s)} = \frac{K}{T_s + 1}$$

当 $U_i(s)$ 输入端输入一个单位阶跃信号,且放大系数为 $K = 1$、时间常数为 T 时,输出响应曲线如图 4.2-7 所示。

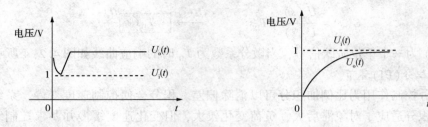

图 4.2-6　比例积分微分环节的单位阶跃响应曲线　　图 4.2-7　惯性环节的单位阶跃响应曲线

4.2.4　实验设备

（1）TAP-3 型控制理论实验箱；

（2）PC 机一台（含"HQFC-C1"软件）；

（3）USB 接口线、连接导线若干。

4.2.5　实验步骤

1. 自控原理实验装置操作步骤

自控原理实验装置的操作（以输入信号选择阶跃信号为例）包括在模拟实验箱上进行实验电路的连接及与"HQFC-C1"软件的信号传递两部分。

1）启动计算机

打开微机，将 USB 接口与模拟实验箱右侧的接口相连，运行"HQFC-C1"软件。

2）调试阶跃信号

检查实验箱电源处于关闭状态。将实验箱的阶跃信号与实验箱信号源单元中的信号采集"IN"端口相连，并将阶跃信号开关拨在中间的位置（此时输入信号为 0V）。待检查电路接线无误后，启动电源开关。

在"HQFC-C1"软件界面点击"开始"按钮。将实验箱中的阶跃开关拨到"上"的位置。观察响应曲线的幅值及位置，调整实验箱阶跃信号的幅值调节旋钮，使阶跃信号为单位阶跃。

单位阶跃调整完毕后，点击软件界面的"停止"按钮，关掉实验箱的阶跃信号电源开关。关闭实验箱总电源（注意：在连接实验电路时需要关闭电源，电路连接完成才能打开电源）。

3）模拟电路连接

熟悉模拟实验箱，在 $A_1 \sim A_9$ 运放单元中选择模块，按设计好的模拟电路图连接实验电路。将信号源信号与电路的输入端 U_i 相连，开关拨在中间的位置。将电路的输出端 U_o 与"IN"端相连。待检查电路接线无误后，打开电源开关。

4）调整参数，观察波形

选中"HQFC-C1"软件界面采集显示模块中的"低频扫描"通道，设置合适的采样频率，开始采集响应曲线，观察软件界面显示的响应曲线。注意：需选择合适的采样频率，以获得满意的波形。测试结束先点击软件的"停止"按钮，再关闭阶跃信号电源开关，最后关闭实验箱电源总开关。

5）积分环节及微分环节模拟电路连接

重复步骤3）和4）按积分和微分环节设计的模拟电路连接好实验电路，完成测量。

6）记录数据

记录数据，绘出相应的实验曲线。

2. 典型环节模拟电路连接测试

1）比例环节

根据比例环节模拟电路图4.2-8，选择实验箱上的"比例放大"模块，设计并连接相应的模拟电路。

此电路传函为：$G(s) = K = \dfrac{R_2}{R_1}$

图4.2-8中后一个单元为反相器，其中$R_0 = 200\text{k}\Omega$，$R = 200\text{k}\Omega$（R在实验箱中已接好）。

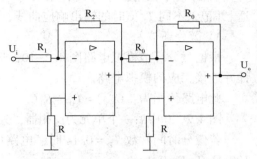

图4.2-8 比例环节模拟电路图

若比例系数$K = 1$时，电路中的参数取：$R_1 = 100\text{k}\Omega$，$R_2 = 100\text{k}\Omega$；

若比例系数$K = 2$时，电路中的参数取：$R_1 = 100\text{k}\Omega$，$R_2 = 200\text{k}\Omega$。

当U_i为一单位阶跃信号时，用"HQFC-C1"软件观测相应输出，记录不同K值时的响应曲线，填入表4.2-1中，并与仿真曲线进行比较。

表4.2-1 数据记录表

比例环节	比例系数	$K=1$	$K=2$
	响应曲线		
积分环节	时间常数	$T_I = 0.1\text{s}$	$T_I = 0.01\text{s}$
	响应曲线		
微分环节	时间常数	$T_D = 0.1\text{s}$	$T_D = 0.01\text{s}$
	响应曲线		

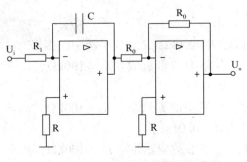

图4.2-9 积分环节模拟电路图

2）积分环节

根据积分环节模拟电路图4.2-9，选择实验箱上的"比例积分"和"比例放大"模块，设计并连接相应的模拟电路。

此电路传函为：$G(s) = \dfrac{1}{T_I s} = \dfrac{1}{R_1 C s}$

图4.2-9中后一个单元为反相器，其中$R_0 = 200\text{k}\Omega$，$R = 200\text{k}\Omega$（R在实验箱中已接好）。

若积分时间常数$T_I = 0.1\text{s}$时，电路中的参数取：$R_1 = 100\text{k}\Omega$，$C = 1\mu\text{F}$，则 $T_I = R_1 C = 100\text{k}\Omega \times 1\mu\text{F} = 0.1\text{s}$；

若积分时间常数 $T_I = 0.01\text{s}$ 时，电路中的参数取：$R_1 = 100\text{k}\Omega$，$C = 0.1\mu\text{F}$，则 $T_I = R_1 C = 100\text{k}\Omega \times 0.1\mu\text{F} = 0.01\text{s}$；

当 U_i 为单位阶跃信号时，用"HQFC-C1"软件观测[采样速率选择(20~80ms)较为合适]并记录不同 T_I 值时的输出响应曲线，填入表4.2-1中，并与仿真曲线进行比较。

3）微分环节

根据微分环节模拟电路图4.2-10，选择实验箱上的"比例积分"和"比例放大"模块，设计并连接相应的模拟电路。

此电路传函为：$G(s) = T_D s = R_1 Cs$

图4.2-10中后一个单元为反相器，其中 $R_0 = 200\text{k}\Omega$，$R = 200\text{k}\Omega$（R 在实验箱中已接好）。

若微分时间常数 $T_D = 0.1\text{s}$ 时，电路中的参数取：$R_1 = 100\text{k}\Omega$，$C = 1\mu\text{F}$，则 $T_D = R_1 C = 100\text{k}\Omega \times 1\mu\text{F} = 0.1\text{s}$；

若微分时间常数 $T_D = 0.01\text{s}$ 时，电路中的参数取：$R_1 = 100\text{k}\Omega$，$C = 0.1\mu\text{F}$，则 $T_D = R_1 C = 100\text{k}\Omega \times 0.1\mu\text{F} = 0.01\text{s}$。

当 U_i 为单位阶跃信号时，用"HQFC-C1"软件观测[采样速率选择(20~80ms)较为合适]并记录不同 T_D 值时的输出响应曲线，填入表4.2-1中，并与仿真曲线进行比较。

4）比例积分环节

根据比例积分环节模拟电路图4.2-11，选择实验台上的"比例积分"和"比例放大"模块，设计并组建相应的模拟电路。

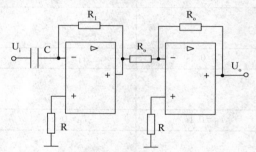 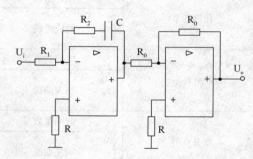

图4.2-10　微分环节模拟电路图　　　　图4.2-11　比例积分环节模拟电路图

此电路传函为：$G(s) = K\left(1 + \dfrac{1}{T_I s}\right) = \dfrac{R_2}{R_1} + \dfrac{1}{R_1 Cs} = \dfrac{R_2}{R_1}\left(1 + \dfrac{1}{R_2 Cs}\right)$

图4.2-11中后一个单元为反相器，其中 $R_0 = 200\text{k}\Omega$，$R = 200\text{k}\Omega$（R 在实验箱中已接好）。

若取比例系数 $K = 1$、积分时间常数 $T_I = 0.1\text{s}$ 时，电路中的参数取：$R_1 = 100\text{k}\Omega$，$R_2 = 100\text{k}\Omega$，$C = 1\mu\text{F}$（$K = R_2/R_1 = 1$，$T_I = R_2 C = 100\text{k}\Omega \times 1\mu\text{F} = 0.1\text{s}$）；

若取比例系数 $K = 1$、积分时间常数 $T_I = 0.01\text{s}$ 时，电路中的参数取：$R_1 = 100\text{k}\Omega$，$R_2 = 100\text{k}\Omega$，$C = 0.1\mu\text{F}$（$K = R_2/R_1 = 1$，$T_I = R_2 C = 100\text{k}\Omega \times 0.1\mu\text{F} = 0.01\text{s}$）；

若取比例系数 $K = 2$、积分时间常数 $T_I = 0.2\text{s}$ 时，电路中的参数取：$R_1 = 100\text{k}\Omega$，$R_2 = 200\text{k}\Omega$，$C = 1\mu\text{F}$（$K = R_2/R_1 = 2$，$T_I = R_2 C = 200\text{k}\Omega \times 1\mu\text{F} = 0.2\text{s}$）。

注：通过改变 R_2、R_1、C 的值可改变比例积分环节的放大系数 K 和积分时间常数 T_I。

当 U_i 为单位阶跃信号时，用"HQFC-C1"软件观测并记录不同 K 及 T_1 值时的输出响应曲线，并与理论值进行比较。

5）比例积分微分环节

根据比例积分微分环节模拟电路，选择实验箱上的"比例积分"和"比例放大"模块，设计并组建相应的模拟电路，如图 4.2-12 所示。

此电路传函为：$G(s) = K\left(1 + T_D s + \dfrac{1}{T_1 s}\right) = \dfrac{R_2}{R_1} + R_2 C_1 s + \dfrac{1}{R_1 C_2 s} = \dfrac{R_2}{R_1}\left(1 + R_1 C_1 s + \dfrac{1}{R_2 C_2 s}\right)$

图 4.2-12 中后一个单元为反相器，其中 $R_0 = 200\text{k}\Omega$，$R = 200\text{k}\Omega$（R 在实验箱中已接好）。

若取比例系数 $K = 2$、积分时间常数 $T_1 = 0.1\text{s}$、微分时间常数 $T_D = 0.1\text{s}$ 时，电路中的参数取：$R_1 = 100\text{k}\Omega$，$R_2 = 100\text{k}\Omega$，$C_1 = 1\mu\text{F}$，$C_2 = 1\mu\text{F}$ [$K = (R_1 C_1 + R_2 C_2)/R_1 C_2 = 2$，$T_1 = R_2 C_2 = 100\text{k}\Omega \times 1\mu\text{F} = 0.1\text{s}$，$T_D = R_1 C_1 = 100\text{k}\Omega \times 1\mu\text{F} = 0.1\text{s}$]；

若取比例系数 $K = 1.1$、积分时间常数 $T_1 = 0.1\text{s}$、微分时间常数 $T_D = 0.01\text{s}$ 时，电路中的参数取：$R_1 = 100\text{k}\Omega$，$R_2 = 100\text{k}\Omega$，$C_1 = 0.1\mu\text{F}$，$C_2 = 1\mu\text{F}$ [$K = (R_1 C_1 + R_2 C_2)/R_1 C_2 = 1.1$，$T_1 = R_2 C_2 = 100\text{k}\Omega \times 1\mu\text{F} = 0.1\text{s}$，$T_D = R_1 C_1 = 100\text{k}\Omega \times 0.1\mu\text{F} = 0.01\text{s}$]。

当 U_i 为单位阶跃信号时，用"HQFC-C1"软件观测并记录不同 K、T_1 及 T_D 值时的输出响应曲线，并与理论值进行比较。

6）惯性环节

根据惯性环节模拟电路图 4.2-13，选择实验箱上的"比例积分"和"比例放大"模块，设计并组建相应的模拟电路。

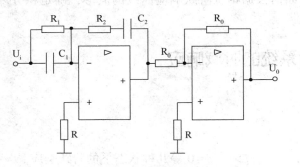

图 4.2-12　比例积分微分环节模拟电路图 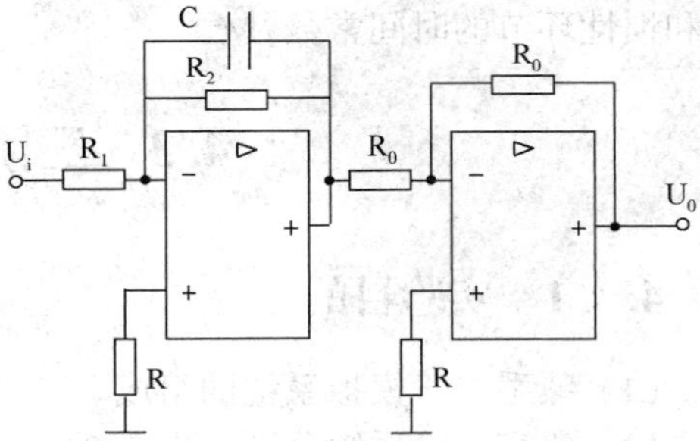　　图 4.2-13　惯性环节模拟电路图

此电路传函为：$G(s) = \dfrac{K}{Ts+1} = \dfrac{R_2/R_1}{R_2 C s + 1}$

图 4.2-13 中后一个单元为反相器，其中 $R_0 = 200\text{k}\Omega$，$R = 200\text{k}\Omega$（R 在实验箱中已接好）。

若比例系数 $K = 1$，时间常数 $T = 0.1\text{s}$ 时，电路中的参数取：$R_1 = 100\text{k}\Omega$，$R_2 = 100\text{k}\Omega$，$C = 1\mu\text{F}$（$K = R_2/R_1 = 1$，$T = R_2 C = 100\text{k}\Omega \times 1\mu\text{F} = 0.1\text{s}$）；

若比例系数 $K = 1$，时间常数 $T = 0.01\text{s}$ 时，电路中的参数取：$R_1 = 100\text{k}\Omega$，$R_2 = 100\text{k}\Omega$，$C = 0.1\mu\text{F}$（$K = R_2/R_1 = 1$，$T = R_2 C = 100\text{k}\Omega \times 0.1\mu\text{F} = 0.01\text{s}$）；

当 U_i 为单位阶跃信号时，用"HQFC-C1"软件观测并记录不同 K 及 T 值时的输出响应曲线，并与理论值进行比较。

根据实验时记录的波形及实验数据，填入表 4.2-2 完成实验报告。

表 4.2-2　数据记录表

比例积分环节	参数条件	$K=1$, $T_1=0.1$s	$K=1$, $T_1=0.01$s	$K=2$, $T_1=0.2$s
	响应曲线			
比例积分微分环节	参数条件	$K=2$, $T_1=0.1$s, $T_D=0.1$s		$K=1.1$, $T_1=0.1$s, $T_D=0.01$s
	响应曲线			
惯性环节	参数条件	$K=1$, $T=0.1$s		$K=1$, $T=0.01$s
	响应曲线			

4.2.6　实验报告

（1）画出各典型环节的实验电路图，并注明参数。

（2）根据测得的典型环节单位阶跃响应曲线，分析参数变化对动态特性的影响。

（3）观察积分环节模拟电路产生的响应曲线与仿真响应曲线有什么不同，并分析其原因。

（4）用运放模拟典型环节时，其传递函数是在什么假设条件下近似导出的？

（5）积分环节和惯性环节主要差别是什么？在什么条件下，惯性环节可以近似地视为积分环节？而又在什么条件下，惯性环节可以近似地视为比例环节？

（6）在积分环节和惯性环节实验中，如何根据单位阶跃响应曲线的波形，确定积分环节和惯性环节的时间常数？

4.3　二阶系统的时域响应

4.3.1　实验目的

（1）熟悉二阶模拟系统的组成。

（2）研究二阶系统分别工作在 $0<\zeta<1$，$\zeta=1$，$\zeta>1$，$\zeta=0$ 等几种状态下的阶跃响应。

（3）学习掌握动态性能指标的测试方法，研究典型系统参数对系统动态性能和稳定性的影响。

4.3.2　实验内容

观察典型二阶系统的阶跃响应，测出系统的超调量 M_P 和调节时间 t_s，并研究其参数变化对系统动态性能和稳定性的影响。

4.3.3　实验原理

1. 典型二阶系统的动态结构方块图如图 4.3-1 所示。

其开环传递函数为：$G(s)=1\cdot\dfrac{1}{T_0 s}\cdot\dfrac{K_1}{T_1 s+1}=\dfrac{K}{s(T_1 s+1)}$，其中，$K=\dfrac{K_1}{T_0}$ 为开环增益。

其闭环传递函数为：

$$\Phi(s) = \frac{G(s)}{1+G(s)} = \frac{\dfrac{1}{T_0 s}\dfrac{K_1}{T_1 s+1}}{1+\dfrac{1}{T_0 s}\dfrac{K_1}{T_1 s+1}} = \frac{K_1}{T_0 s(T_1 s+1)+K_1} = \frac{K_1}{T_0 T_1 s^2 + T_0 s + K_1}$$

$$= \frac{K_1/T_0 T_1}{s^2 + s/T_1 + K_1/T_0 T_1} = \frac{\omega_n^2}{s^2 + 2\zeta\omega_n s + \omega_n^2}$$

式中　$\omega_n = \sqrt{\dfrac{K_1}{T_1 T_0}}$——自然角频率；

$\zeta = \dfrac{1}{2\omega_n T_1} = \dfrac{1}{2}\sqrt{\dfrac{T_0}{K_1 T_1}}$——阻尼比。

闭环特征方程：$S^2 + 2\zeta\omega_n S + \omega_n^2 = 0$

其解：$S_{1,2} = -\zeta\omega_n \pm \omega_n\sqrt{\zeta^2-1}$

针对不同的 ζ 值，特征根会出现下列三种情况：

1）$0 < \xi < 1$（欠阻尼），$S_{1,2} = -\zeta\omega_n \pm j\omega_n\sqrt{1-\zeta^2}$

此时，系统的单位阶跃响应呈振荡衰减形式，其曲线如图 4.3-2 所示。它的数学表达式为：

$$u_o(t) = 1 - \frac{1}{\sqrt{1-\zeta^2}}e^{-\zeta\omega_n}\sin(\omega_d t + \beta)$$

式中，$\omega_d = \omega_n\sqrt{1-\zeta^2}$，$\beta = \mathrm{tg}^{-1}\dfrac{\sqrt{1-\zeta^2}}{\zeta}$。

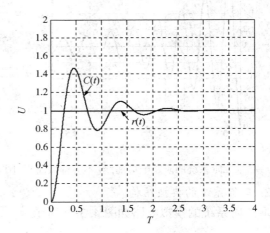

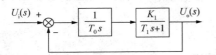

图 4.3-1　典型二阶系统动态结构方框图　　图 4.3-2　二阶系统的阶跃响应曲线（欠阻尼）

2）$\xi = 1$（临界阻尼），$S_{1,2} = -\omega$

此时，系统的单位阶跃响应是一条单调上升的指数曲线，如图 4.3-3 所示。

3）$\xi > 1$（过阻尼），$S_{1,2} = -\zeta\omega_n \pm \omega_n\sqrt{\zeta^2-1}$

此时，系统有两个相异实根，它的单位阶跃响应曲线如图4.3-4所示。

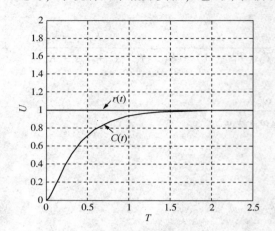 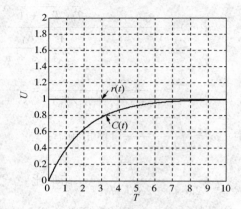

图4.3-3　二阶系统的阶跃响应曲线(临界阻尼)　　图4.3-4　二阶系统的阶跃响应曲线(过阻尼)

虽然当$\xi=1$或$\xi>1$时，系统的阶跃响应无超调产生，但这种响应的动态过程太缓慢，故控制工程上常采用欠阻尼的二阶系统，一般取$\zeta=0.6\sim0.7$，此时系统的动态响应过程不仅快速，而且超调量也小。

二阶系统的阶跃响应如上组图所示，分别对应二阶系统在欠阻尼$(0<\xi<1)$(图4.3-2)，临界阻尼$(\xi=1)$(图4.3-3)，过阻尼$(\xi>1)$(图4.3-4)，不等幅阻尼振荡(ξ接近于0)(图4.3-5)和零阻尼$(\xi=0)$(图4.3-6)几种状态下的阶跃响应曲线。

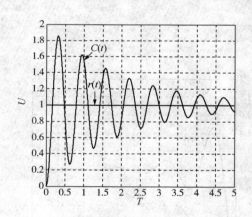 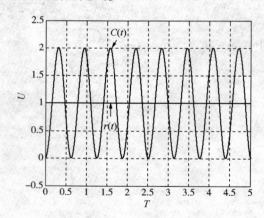

图4.3-5　二阶系统的阶跃响应曲线(不等幅振荡)　　图4.3-6　二阶系统的阶跃响应曲线(阻尼为零)

2. 二阶系统的典型结构

取二阶系统的模拟电路如图4.3-7所示。

该电路的开环传递函数为：$G(s)=1\cdot\dfrac{1}{R_0Cs}\cdot\dfrac{R_x/R_1}{R_xCs+1}=\dfrac{K}{s(T_1s+1)}$

其中，$K=\dfrac{K_1}{T_2}$，$K_1=\dfrac{R_x}{R_1}(T_1=R_xC,\ T_2=R_0C)$。

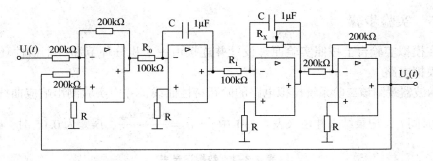

图 4.3-7 二阶系统的模拟电路图

其闭环传递函数为：$\Phi(s) = \dfrac{G(s)}{1+G(s)} = \dfrac{\dfrac{K}{s(T_1 s+1)}}{1+\dfrac{K}{s(T_1 s+1)}} = \dfrac{K/T_1}{s^2 + s/T_1 + K/T_1}$

当选取 $R_0 = R_1$ 时，可得：$\omega_n = \sqrt{\dfrac{K_1}{T_1 T_0}} = \dfrac{1}{R_1 C}$，$\zeta = \dfrac{1}{2\omega_n T_1} = \dfrac{1}{2}\sqrt{\dfrac{T_0}{K_1 T_1}} = \dfrac{R_1}{2R_x}$

3. 控制系统的时域性能指标

控制系统的单位阶跃响应曲线如图 4.3-8 所示。

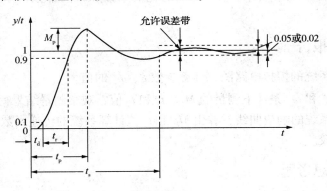

图 4.3-8 控制系统的单位阶跃响应曲线

超调量 M_P：是指在过程中，曲线超出稳态值的最大偏离量与稳态值之比。

上升时间 t_r：响应曲线从稳态值的 10%～90% 所需时间，或响应曲线从零开始至第一次到达稳态值所需的时间。

调节时间 t_s：响应曲线进入稳态值的 ±5% 或 ±2% 误差带所需的最短时间。

4.3.4 实验设备

（1）TAP-3 型控制理论实验装置；

（2）PC 机一台（含"HQFC-C1"软件）；

（3）USB 接口线、连接导线若干。

4.3.5　实验步骤

（1）在模拟实验台上按照实验原理设计并连接由一个积分环节和一个惯性环节组成的二阶系统模拟电路。

利用示波器观测该二阶系统模拟电路的阶跃特性曲线，并由实验测出响应曲线的超调量 M_P 和调节时间 t_s，记录结果并填入表 4.3-1 中。（$M_P = \dfrac{u_{o\text{max}} - u_{o\infty}}{u_{o\infty}}$，误差为 0.05 时，$t_s = \dfrac{3.5}{\zeta\omega_n}$）

表 4.3-1　数据记录表

	$R_x/\text{k}\Omega$	ζ	M_P	$t_s(\text{s})$
欠阻尼				
临界阻尼				
过阻尼				
不等幅振荡				

（2）调节可调电阻，重复以上步骤，观测系统在过阻尼，临界阻尼和欠阻尼等状态下的阶跃特性曲线，记录各状态下的响应曲线。将图 4.3-7 中的电阻 R_1 短接，使 $R_1 = 0$，同时再调节电阻 R_x，使系统中该环节获得适当的比例系数和时间常数，则系统进入稳定的等幅振荡状态。

4.3.6　实验报告

（1）画出二阶系统的模拟电路图，计算参数 ξ、ω_n 的值。

（2）求出不同 ξ 和 ω_n 条件下测量的 M_P、t_r 和 t_s 值，观察测量结果得出相应结论。

（3）画出二阶系统的响应曲线，并由 M_P 和 t_s 值计算系统的传递函数，并与模拟电路计算的传递函数相比较。

4.3.7　实验思考题

（1）如果阶跃输入信号的幅值过大，会在实验中产生什么后果？

（2）在实验线路中如何确保系统实现负反馈？如果反馈回路中有偶数个运算放大器，构成什么反馈？

（3）若模拟实验中 $u_o(t)$ 的稳定值不等于阶跃输入函数 $u_i(t)$ 的幅值，其主要原因可能是什么？

4.4　控制系统动态性能和稳定分析

4.4.1　实验目的

（1）观察系统的稳定性。

（2）研究系统开环增益和时间常数对闭环系统稳定性的影响。

4.4.2 实验内容

采用模拟实验和数字仿真两种方式来观测三阶系统的阶跃响应，研究系统开环增益和时间常数对闭环系统稳定性的影响。

4.4.3 实验原理

在典型输入信号作用下，任何控制系统的时间响应都由动态响应和稳态响应两部分构成。动态过程又称为过渡过程或瞬态过程，是指系统在典型输入信号作用下，系统输出量从初始状态到最终状态的响应过程。稳态响应又称为稳态过程，是指系统在典型输入信号作用下，当时间趋于无穷大时，系统的输出响应状态。

1. 控制系统的稳定性

控制系统能投入实际应用必须首先满足稳定的要求。线性系统稳定的充要条件是其特征方程式的根全部位于 s 平面的左侧。应用劳斯判据就可以判别闭环特征方程式的根在 s 平面上的具体分布，从而确定系统是否稳定。

本实验是研究一个三阶系统的稳定性与其参数 K 对系统性能的关系。三阶系统的方框图和模拟电路图如图 4.4-1 和图 4.4-2 所示。

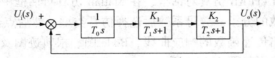

图 4.4-1 三阶系统方框图

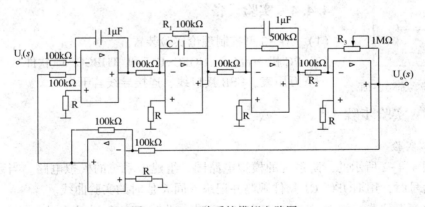

图 4.4-2 三阶系统模拟电路图

图中，系统开环传递函数为：

$$G(s) = G_1(s)G_2(s)G_3(s) = \frac{1}{T_0 s} \cdot \frac{1}{T_1 s + 1} \cdot \frac{1}{T_2 s + 1} \cdot K_1 = \frac{K}{s(R_1 Cs + 1)(0.5s + 1)}$$

式中，$T_0 = 0.1s$，$T_1 = R_1 C$，$T_2 = 0.5s$，$K_1 = \dfrac{R_3}{R_2}$，$K = \dfrac{K_1}{T_0} = \dfrac{10R_3}{R_2}$，改变 R_3 的阻值，可改变系统的放大系数。

取 $C = 1\mu F$，由开环传递函数得到系统的特征方程为：$s^3 + 12s^2 + 20s + 20K = 0$。

由劳斯判据得：

$0<K<12$ 系统稳定

$K=12$ 系统临界稳定

$K>12$ 系统不稳定

其三种状态的不同响应曲线如图 4.4-3 所示。

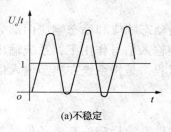 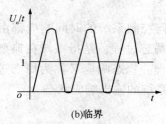 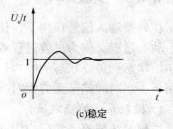

(a)不稳定   (b)临界   (c)稳定

图 4.4-3   三阶系统在不同放大系数的单位阶跃响应曲线

图 4.4-4   仿真系数界面

2. 仿真测试

利用"THBCC-1"软件进行传递函数的仿真。

打开"THBCC-1"软件，在菜单栏中选择"仿真"按钮，屏幕出现 MATLAB 仿真对话框，在 Matlab 仿真对话框中输入控制系统的传递函数的分子、分母系数后选择仿真类型，然后点击"执行"程序，即可绘出传递函数的响应曲线、Bode 图、根轨迹图及极坐标图。Matlab 仿真界面如图 4.4-4 所示。

4.4.4 实验设备

（1）TAP-3 型控制理论实验装置。

（2）PC 机一台（含"HQFC-C1"和"THBCC-1"软件）。

（3）万用表、USB 接口线、连接导线若干。

4.4.5 实验步骤

1. 模拟实验

根据图 4.4-2 所示的三阶系统的模拟电路图，组建该系统的模拟电路。当系统输入一单位阶跃信号时，用 HQFC-C1 软件观测并记录不同 K 值时的实验曲线。

（1）改变电位器，使 R_3 从 0→1MΩ 方向变化，此时相应 K_1 由大到小。观察输出波形，找到系统从增幅振荡向等幅振荡变化时对应的 R_3 值及 K_1 值；

（2）再把电位器阻值由大到小变化，即 R_3 从 1MΩ→0，找到系统输出从等幅振荡向减幅振荡变化的 R_3 值及 K_1 值。

2. 数字仿真

系统的开环传递函数为：

$$G(s)=\frac{K}{s(R_1Cs+1)(0.5s+1)}$$

利用计算机中"THBCC-1"软件画出系统处于稳定($0<K<12$)、临界稳定($K=12$)和不稳定($K>12$)的三种情况的响应曲线。

4.4.6 实验报告

（1）画出系统的模拟电路图。
（2）画出系统的增幅及减幅的响应曲线图。
（3）计算系统的临界放大系数，并与实验中测得的临界放大系数相比较。

4.5 线性系统的根轨迹分析

4.5.1 实验目的

（1）学习绘制控制系统根轨迹的方法和技能；
（2）掌握根据根轨迹法对控制系统进行性能分析的方法。

4.5.2 实验内容

根据对象的传递函数，绘制控制系统根轨迹图，掌握增加零点、极点对闭环系统的影响。

4.5.3 实验原理

根轨迹是开环系统某一参数从零变到无穷大时，闭环系统特性方程式的根在 s 平面上变化的轨迹。

根轨迹与稳定性：当系统开环增益从零变到无穷大时，若根轨迹不会越过虚轴进入 s 平面的右半平面，那么系统对所有的 K 值都是稳定的；若根轨迹越过虚轴进入 s 平面的右半平面，那么根轨迹与虚轴交点处的 K 值就是临界开环增益。应用根轨迹法，可以迅速确定系统在某一开环增益或某一参数下的闭环零、极点位置，从而得到相应的闭环传递函数。

给定控制系统的传递函数和方框图分别为：

$$G(s) = G_1(s)G_2(s)G_3(s) = \frac{1}{T_0 s} \cdot \frac{K_1}{T_1 s + 1} \cdot \frac{K_2}{T_2 s + 1}$$

此控制系统的模拟电路如图 4.5-1 所示。

图中，系统开环传递函数为：

$$G(s) = G_1(s)G_2(s)G_3(s) = \frac{1}{T_0 s} \cdot \frac{K_1}{T_1 s + 1} \cdot \frac{K_2}{T_2 s + 1} \cdot \frac{1}{s} \cdot \frac{1}{s + 1} \cdot \frac{500k/R}{0.5s + 1} = \frac{500k/R}{s(s + 1)(0.5s + 1)}$$

系统开环增益为 $K = 500/R$。

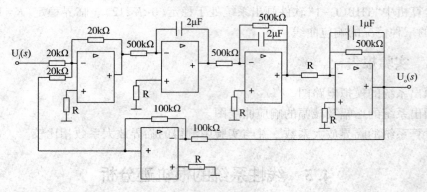

图 4.5-1 控制系统模拟电路图

当开环增益 K 由零变化到无穷大时，可以获得系统的下述性能：

当 $K=3$，即 $R=166\text{k}\Omega$ 时，闭环极点有一对在虚轴上的根，系统等幅振荡，临界稳定；

当 $K>3$，即 $R<166\text{k}\Omega$ 时，两条根轨迹进入 s 右半平面，系统不稳定；

当 $0<K<3$，即 $R>166\text{k}\Omega$ 时，两条根轨迹进入 s 左半平面，系统趋于稳定。

4.5.4 实验设备

PC 机一台(含"THBCC-1"软件)。

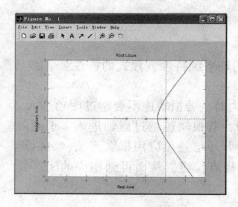

图 4.5-2 控制系统根轨迹图

4.5.5 实验步骤

1. 绘制根轨迹图

取模拟电路图中 $R=500k\Omega$ 时，系统开环传递函数为：

$$G(s) = G_1(s)G_2(s)G_3(s)$$
$$= \frac{1}{s(s+1)(0.5s+1)} = \frac{1}{0.5s^3 + 1.5s^2 + s}$$

用计算机中的"THBCC-1"软件绘制系统的根轨迹图，如图 4.5-2 所示。

填空：由开环传递函数分母多项式 $s(s+1)(0.5s+1)$ 中最高阶次 $n=$ _____，故根轨迹分支数为 _____。开环有三个极点：$p_1=$ _____，$p_2=$ _____，$p_3=$ _____。

实轴上的根轨迹：

(1) 起始于 0、-1、-2，其中-2 终止于无穷远处；

(2) 起始于 0 和-1 的两条根轨迹在实轴上相遇后分离，分离点为：

$$\frac{\mathrm{d}[s(s+1)(0.5s+1)]}{\mathrm{d}s} = 1.5s^2 + 3s + 1 = 0 \Rightarrow \begin{matrix} s_1 = \rule{2cm}{0.4pt} \\ s_2 = \rule{2cm}{0.4pt} \end{matrix}$$

其中，s_2 不在根轨迹上，故 s_1 为系统的分离点，将 $s_1=-0.422$ 代入特性方程 $s(s+1)(0.5s+1)+K$ 中，得：$K=$ _____。

（3）根轨迹与虚轴的交点，将 $s=j\omega$ 代入特征方程可得：

$$j(2\omega-\omega^3)+2K-3\omega^2=0 \qquad K=\underline{\hspace{2cm}} \qquad \omega=\underline{\hspace{2cm}}$$

2. 绘制系统零极点在 s 平面的分布图

本实验需要仿真的系统闭环传递函数如下所示，画出系统零极点在 s 平面的分布图。

（1）$G(s)=\dfrac{1}{(0.67s+1)}$

（2）$G(s)=\dfrac{1}{(0.01s^2+0.08s+1)}$

（3）$G(s)=\dfrac{1}{(0.01s+1)(0.01s^2+0.08s+1)}$

（4）$G(s)=\dfrac{0.009s+1}{(0.01s+1)(0.01s^2+0.08s+1)}$

4.5.6 实验报告

（1）画出系统的模拟电路图。
（2）画出系统的根轨迹图。
（3）闭环主导极点、偶极子定义？

4.6 典型环节（或系统）的频率特性测量

4.6.1 实验目的

（1）学习测量典型环节（或系统）频率特性曲线的方法和技能。
（2）掌握用李沙育图形法，测量各典型环节（或系统）的频率特性。
（3）学习根据实验所得频率特性曲线求取传递函数的方法。

4.6.2 实验内容

（1）惯性环节的频率特性测试。
（2）由实验测得的频率特性曲线，求取相应的传递函数。
（3）用软件仿真的方法，求取惯性环节频率特性。

4.6.3 实验原理

1. 系统（环节）的频率特性

对于稳定的线性定常态系统或典型环节，当其输入端加入一正弦信号 $X(t)=X_m\mathrm{Sin}\omega t$，它的稳态输出是一与输入信号同频率的正弦信号，但幅值和相位将随着频率 ω 的变化而变化。

即输出信号为 $Y(t)=Y_m\mathrm{Sin}(\omega t+\varphi)=X_m|G(j\omega)|\mathrm{Sin}(\omega t+\varphi)$

其中，幅值比： $|G(j\omega)|=\dfrac{Y_m}{X_m}$ （幅频特性）

相位差：$\varphi(j\omega) = \text{argtg}G(j\omega)$ （相频特性）

式中，$|G(j\omega)|$ 和 $\varphi(j\omega)$ 都是输入信号 ω 的函数。

2. 频率特性的测试方法

1）相频特性的测试

令系统（环节）的输入信号为：$\qquad X(t) = X_m\sin\omega t \qquad$ (4.6-1)

则其输出为：$\qquad Y(t) = Y_m\sin(\omega t + \varphi) \qquad$ (4.6-2)

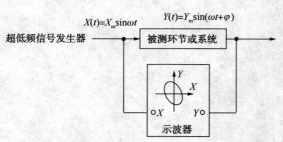

图 4.6-1 相频特性的测试图（李沙育图形法）

注：示波器同一时刻，只输入一个通道，
即系统（环节）的输入或输出。

对应的李沙育图形如图 4.6-1 所示。若以 t 为参变量，则 $X(t)$ 与 $Y(t)$ 所确定点的轨迹将在示波器的屏幕上形成一条封闭的曲线（通常为椭圆），当 $t=0$ 时，$X_0=0$，由式(4-2)可得：

$$Y_0 = Y_m\sin(\varphi)$$

于是有：$\varphi(\omega) = \sin^{-1}\dfrac{Y_0}{Y_m} = \dfrac{2Y_0}{2Y_m}$ （4-3）

同理有：$\varphi(\omega) = \sin^{-1}\dfrac{2X_0}{2X_m}$ （4-4）

式中，$2Y_0$ 为椭圆与 Y 轴相交点间的长度；$2X_0$ 为椭圆与 X 轴相交点间的长度。

式(4-3)、式(4-4)适用于椭圆的长轴在一、三象限；当椭圆的长轴在二、四象限时相位 φ 的计算公式变为：$\varphi(\omega) = 180° - \sin^{-1}\dfrac{2Y_0}{2Y_m}$ 或 $\varphi(\omega) = 180° - \sin^{-1}\dfrac{2X_0}{2X_m}$

表 4.6-1 列出了超前与滞后时相位的计算方式和光点的转向。

表 4.6-1 系统超前与滞后时相位的计算方式和光点的转向

相角 φ	超前		滞后	
	0°~90°	90°~180°	0°~90°	90°~180°
图形				
计算公式	$\varphi = \sin^{-1}\dfrac{2Y_0}{2Y_m}$ $= \sin^{-1}\dfrac{2X_0}{2X_m}$	$\varphi = 180°-\sin^{-1}\dfrac{2Y_0}{2Y_m}$ $= 180°-\sin^{-1}\dfrac{2X_0}{2X_m}$	$\varphi = \sin^{-1}\dfrac{2Y_0}{2Y_m}$ $= \sin^{-1}\dfrac{2X_0}{2X_m}$	$\varphi = 180°-\sin^{-1}\dfrac{2Y_0}{2Y_m}$ $= 180°-\sin^{-1}\dfrac{2X_0}{2X_m}$
光点转向	顺时针	顺时针	逆时针	逆时针

表 4.6-1 中 $2Y_0$ 为椭圆与 Y 轴交点之间的长度，$2X_0$ 为椭圆与 X 轴交点之间的长度。X_m 和 Y_m 分别为 $X(t)$ 和 $Y(t)$ 的最大幅值。

2）幅频特性的测试

由于 $|G(j\omega)| = \dfrac{Y_m}{X_m} = \dfrac{2Y_m}{2X_m}$，

改变输入信号的频率，即可测出相应的幅值比，并计算：

$$L(\omega) = 20\log A(\omega) = 20\log \frac{2Y_m}{2X_m} \text{ (dB)}$$

其测试框图如图 4.6-2 所示。

3. 惯性环节的频率特性的测试

本实验用一阶惯性环节传递函数为：$G(s) = \dfrac{u_o(s)}{u_i(s)} = \dfrac{K}{Ts+1} = \dfrac{R_2/R_1}{R_2 Cs+1}$

其幅频的近似图如图 4.6-3 所示。

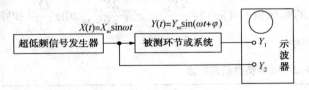

图 4.6-2　幅频特性的测试图　　　　　图 4.6-3　惯性环节的幅频特性

则系统的转折频率为：$f_T = \dfrac{1}{2\pi \times T}$

4.6.4　实验设备

（1）TAP-3 自动控制原理实验箱。

（2）PC 机一台（含"HQFC-C1"和"THBCC-1"软件）。

（3）万用表、USB 接口线、连接导线若干。

4.6.5　实验步骤

1. 模拟实验

1）相频特性测试

按图 4.6-4 在模拟实验台上连接电路，R_1、R_2 选择 1MΩ 的电位器。由虚拟信号源输出一个正弦信号（峰值为 4V、频率为 200Hz）。在虚拟示波器中勾选实验设置下方的频率特性和图形显示，采样速率选择 1000μs 以上。测试时根据示波器提示，将正弦信号及

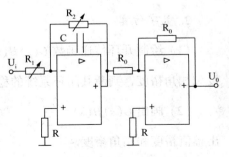

图 4.6-4　惯性环节模拟电路图

电路的输出信号分别连接到 IN 端口，则在示波器的屏幕上呈现一个李沙育图形——椭圆。记下 Y_0、Y_m 值，并计算 ω 及 φ 值，填入表 4.6-1 相频特性表中。

表 4.6-1 相频特性的测试表

$f=200\text{Hz}$	$R_1=\quad R_2=$	$R_1=\quad R_2=$	$R_1=\quad R_2=$
$\omega=2\pi f$			
Y_0			
Y_m			
φ			

2）幅频特性测试

示波器采样速率选择 40ms 以上，在示波器上分别读出输入和输出信号的双倍幅值，即 $2X_\mathrm{m}=2Y_{1\mathrm{m}}$，$2Y_\mathrm{m}=2Y_{2\mathrm{m}}$，就可求得对应的幅频值 $|G(j\omega)|=\dfrac{2Y_{2\mathrm{m}}}{2Y_{1\mathrm{m}}}$，记下 $\dfrac{2Y_{2\mathrm{m}}}{2Y_{1\mathrm{m}}}$，$20\lg\dfrac{2Y_{2\mathrm{m}}}{2Y_{1\mathrm{m}}}$ 和频率 ω 的值填入表 4.6-2 幅频特性的测试表中。

表 4.6-2 幅频特性的测试表

$f=200\text{Hz}$	$R_1=\quad R_2=$	$R_1=\quad R_2=$	$R_1=\quad R_2=$
$\omega=2\pi f$			
$2Y_{1\mathrm{m}}$			
$2Y_{2\mathrm{m}}$			
$20\lg\dfrac{2Y_{2\mathrm{m}}}{2Y_{1\mathrm{m}}}$			

2. 数字仿真

（1）绘制开环传递函数 $G(s)H(s)=\dfrac{2}{s(s+1)(2s+1)}$ 的 Nyquist 图和 Bode 图，求出幅值裕度和相角裕度，判断其闭环系统的稳定性。

（2）画出 $G(s)H(s)=\dfrac{0.5s+1}{2s+1}$、$G(s)H(s)=\dfrac{0.5s-1}{2s+1}$、$G(s)H(s)=\dfrac{0.5s+1}{2s-1}$ 的 Bode 图，求出幅值裕度和相角裕度。

4.6.6 实验报告

（1）画出被测系统的模拟电路图，计算其传递函数。

（2）测量系统的各相关参数，并画出该系统的幅频特性和相频特性图。

（3）分析比较所测结果与模拟电路图计算结果的差距。

4.6.7 实验思考题

（1）在测试相频特性时，若把信号源的正弦信号送示波器的 Y 轴，而把被测系统的输出送到示波器的 X 轴，试问这种情况下如何根据椭圆旋转的光点方向来确定相位的超前和滞后？

（2）若需要测量系统内部某个环节的频率特性，如何测量？

4.7 连续系统串联校正设计

4.7.1 实验目的

（1）学习使用 MATLAB 或 Simulink 仿真环境进行系统仿真，实现对控制系统进行分析。根据不同的系统性能指标要求设计校正装置的参数，分析校正对系统性能的影响。

（2）熟悉使用根轨迹法或频率特性法设计典型校正环节。

4.7.2 实验内容

（1）根据性能指标的要求，确定系统的控制规律，并设计控制器。

（2）记录输出曲线，写出实验体会并进行校正前后的比较。

4.7.3 实验原理

设计控制系统的目的，是将构成控制器的各元件与被控对象适当组合起来，使之满足表征控制精度、阻尼程度和响应速度的性能指标要求。如果通过调整放大器增益后仍然不能全面满足设计要求的性能指标，就需要在系统中增加一些参数及特性可按需要改变的校正装置，使系统性能全面满足设计要求。这就是控制系统设计中的校正问题。

按照校正装置在系统中的连接方式，控制系统校正方式可分为串联校正、反馈校正、前馈校正和复合校正。而按照控制装置在系统中的作用，又可采用比例、积分、微分等基本控制规律，以及这些控制规律的组合。

1. 超前校正

超前校正的目的是改善系统的动态性能，以实现在系统静态性能不受损的前提下，提高系统的动态性能。实现的方法是在系统的前向通道中增加一超前校正装置。可见，超前校正的使用范围主要是针对系统原有的静态性能基本满足要求，而动态性能不能满足设计要求的系统。例如，高通滤波器对频率在 $1/T \rightarrow 1/(2T)$ 之间的输入信号有明显的微分作用，在该频率范围内输出信号的相角比输入信号的相角超前。采用超前校正时，整个系统的开环增益要下降 a 倍（a 为分度系数），因此需要提高放大器增益加以补偿。

用频率法对系统进行超前校正的基本原理是，通过其相位超前特性来增大系统的相角裕度 γ，改变系统开环频率特性，并使校正装置最大的相位超前角 ϕ_m 出现在系统新的截止频率 ω_c 处，使校正后系统具有如下特点：低频段的增益满足稳态精度的要求；中频段对数幅频特性的斜率为$-20dB/dec$，并具有较宽的频带，使系统具有满意的动态性能；高频段要求幅值迅速衰减，以减少噪声的影响。

2. 滞后校正

滞后校正的目的与超前校正相反，如果一个控制系统具有良好的动态性能，但其静态性能指标较差(如静态误差较大)时，则一般可采用滞后校正装置，使系统的开环增益有较大幅度的增加，而同时又可使校正后的系统动态指标保持原系统的良好状态。特点包括：

(1)输出相位总滞后于输入相位，这是校正中必须要避免的；

(2)它是一个低通滤波器，具有高频衰减的任用；

(3)利用它的高频衰减作用(当$\omega>1/\tau$)，使校正后系统的开环截止频率ω_c前移，从而达到增大相角裕度γ的目的。

滞后校正的原理：利用滞后校正装置的低通滤波器特性，使它在基本不影响校正后系统低频特性的情况下，使校正后系统的开环频率特性中频段和高频段增益降低，从而使截止频率ω_c前移，达到增大相角裕度γ的目的。

3. 滞后、超前校正

滞后、超前校正的目的是对控制系统的静态性能和动态性能均有较高要求时，采用滞后、超前校正。

应用频率法设计滞后、超前校正装置，即利用校正装置的超前部分来增大系统的相角裕度γ，以改善其动态性能；利用它的滞后部分来改善系统的静态性能。采用这种组合校正方式，通过对校正装置参数的合理配置，可使滞后部分的低通特性克服超前部分引起的频带增宽、易受高频噪声的影响，同时利用超前部分来补偿因滞后部分产生的相位滞后对系统动态性能所产生的不良影响。

4.7.4 实验设备

PC机一台(含"MATLAB"软件)。

4.7.5 实验步骤

1. 实验项目

利用MATLAB辅助教学软件，对给定性能指标下，分析系统特性并设计校正装置，进一步验证相应的结论。

(1)单位反馈系统的开环传递函数为$G(s)=\dfrac{K}{s(s+1)}$，试确定串联校正装置的特性，使系统满足在斜坡函数作用下系统的稳态误差小于0.1，相角裕度$\gamma\geq45°$。

(2)设控制系统的开环传递函数为$G(s)H(s)=\dfrac{8}{s(0.5s+1)(0.25s+1)}$，试设计一个串联校正装置，使校正后系统的相角裕度不小于$40°$，幅值裕度不低于10dB，剪切频率大于1rad/s。

(3)设控制系统的开环传递函数为$G(s)=\dfrac{40K}{s(s+2)}$，试设计一个串联校正装置，使校正后系统的相角裕度不小于 50°，幅值裕度不低于 10dB，静态速度误差系数 $K_v = 20s^{-1}$。

（4）设控制系统的开环传递函数为 $G(s)H(s) = \dfrac{K}{s^2(0.2s+1)}$，试设计一个串联校正装置，使校正后系统的加速度误差系数 $K_a = 10s^{-2}$，相位裕量不小于 30°。

（5）设控制系统的开环传递函数为 $G(s)H(s) = \dfrac{10}{s(0.2s+1)(0.5s+1)}$，试设计一个串联校正装置，使校正后系统的相角裕度不小于 45°，幅值裕度不低于 6dB。

2. 实验过程

（1）未校正系统的分析：

① 未校正系统的时域性能分析，并依据性能指标对系统进行评价；

② 未校正闭环系统特征根随开环增益变化的情况及其对系统影响的分析，如稳定性、快速性等；

③ 分别使用奈奎斯特图和波特图对未校正系统进行频域分析，并依据性能指标对系统进行评价。

（2）利用时域或频域分析方法，根据题目要求设计校正方案（可以有多个方案），要求有理论分析和计算，并与基于仿真曲线设计的结果进行比较，如有偏差，给出偏差出现的原因。

（3）已校正系统进行时域、复域、频域分析，并依据性能指标对已校正系统进行评价。

（4）依据未校正系统和已校正系统的性能指标对比分析校正装置对系统性能的改善作用。

（5）绘制未校正系统和已校正系统的模拟电路图，并给出相关参数。

4.7.6 实验结果分析

（1）画出校正前和校正后的开环传递函数的 Bode 图。

（2）计算校正前和校正后的性能指标。

（3）分析比较校正前后计算结果的差距。

4.7.7 思考题

（1）串联超前校正和滞后校正分别具有什么特点，以及适用场合？

（2）什么情况下，串联校正可以既可用超前又可用滞后校正？

4.8 数字 PID 控制器设计

4.8.1 实验目的

（1）掌握 PID 控制器的参数对系统稳定性及过渡过程的影响。

（2）了解采样周期 T 对系统特性的影响。

（3）研究 I 型系统及系统的稳定误差。

4.8.2 实验内容

（1）根据性能指标的要求，确定系统的控制规律，并设计控制器。

（2）记录输出曲线，写出实验体会并进行校正前后的比较。

4.8.3 实验原理

按偏差的比例、积分和微分进行控制的调节器简称为 PID 调节器，也称为 PID 控制器。

（1）本实验采用的控制系统结构图如图 4.8-1 所示。

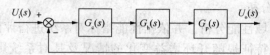

图 4.8-1　系统结构图

图中：$G_c(s) = K_P(1 + K_I/s + K_D s)$

$$G_h(s) = (1 - e^{-Ts})/s$$

$$G_{p1}(s) = \frac{5}{(0.5s + 1)(0.1s + 1)}$$

$$G_{p2}(s) = \frac{1}{s(0.1s + 1)}$$

（2）开环系统（被控对象）的模拟电路图如图 4.8-2 和图 4.8-3 所示，其中图 4.8-2 对应 $G_{p1}(s)$，图 4.8-3 对应 $G_{p2}(s)$。

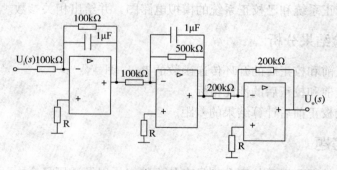

图 4.8-2　开环系统模拟电路图（1）

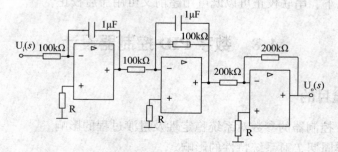

图 4.8-3　开环系统模拟电路图（2）

（3）被控对象 $G_{p1}(s)$ 为"O型"系统，采用 PI 控制或 PID 控制，可使系统变为"Ⅰ型"系统；被控对象 $G_{p2}(s)$ 为"Ⅰ型"系统，采用 PI 控制或 PID 控制，可使系统变为"Ⅱ型"系统。

（4）当 $u_i(t) = 1(t)$ 时（实际是方波），研究其过渡过程。

（5）PI 调节器及 PID 调节器的增益

$$G_c(s) = K_P(1 + K_I s) = K_P K_I \frac{\frac{1}{K_I}s + 1}{s} = K\frac{T_I s + 1}{s}$$

式中，$K = K_P K_I$，$T_I = 1/K_I$。

从而得到，PI 调节器的增益 $K = K_P K_I$，因此在改变 K_I 时，同时也改变了闭环增益 K，如果不想改变 K，则应相应改变 K_P。采用 PID 调节器相同。

（6）"Ⅱ型"系统需要注意稳定性。对于 $G_{p2}(s)$，若采用 PI 调节器控制，其开环传递函数为：

$$G(s) = G_c(s) \cdot G_{p2} = K\frac{T_I s + 1}{s} \cdot \frac{1}{s(0.1s + 1)}$$

为使开环系统稳定，应满足 $T_I > 0.1$，即 $K_I < 10$。

（7）PID 递推算法：

如果 PID 调节器输入信号为 $e(t)$，其输出信号为 $u(t)$，则离散的递推算法如下：$u(k) = u(k-1) + q_0 e(k) + q_1 e(k-1) + q_2 e(k-2)$

式中，$q_0 = K_P[1 + K_I T + (K_D/T)]$；

$\quad\quad\quad q_1 = -K_P[1 + (2K_D/T)]$；

$\quad\quad\quad q_2 = K_P(K_D/T)$；

$\quad\quad\quad T$ 为采样周期。

4.8.4 实验设备

（1）TAP-3 型控制理论实验箱。

（2）PC 机一台（含"HQFC-C1"软件和"THBCC-1"软件）。

（3）USB 接口线、连接导线若干。

4.8.5 实验步骤

（1）连接被测量典型环节的模拟电路（1）（图 4.8-2），输入端接阶跃信号，输出端接"IN"端口。

（2）在软件中选择 PID 控制，输入参数 K_P、K_I、K_D（参考值 $K_P = 1$，$K_I = 0.02$，$K_D = 1$）。

（3）参数设置完成点击确认后观察响应曲线。若不满意，改变 K_P，K_I，K_D 的数值与其相对应的性能指标 M_p、t_s 的数值。

（4）取满意的 K_P、K_I、K_D 值，观察有无稳态误差。

（5）连接被测量典型环节的模拟电路（2）（图 4.8-3），输入端接阶跃信号，输出端接"IN"端口。重复上述步骤，计算 K_P、K_I、K_D 取不同的数值时对应的 M_p、t_s 的数值，测量系统的阶跃响应曲线及时域性能指标，记入表 4.8-1 中。

表 4.8-1 数字 PID 控制测试

K_P	K_I	K_D	M_P	t_s	阶跃响应曲线

4.8.6 实验报告

(1) 画出所做实验的模拟电路图。

(2) 当被控对象为 $G_{p1}(s)$ 时,取过渡过程为最满意时的 K_P、K_I、K_D,画出校正后的波特图,查出相稳定裕量 $\gamma = 83°$ 和穿越频率 $\omega_c = 100\text{rad/s}$。

(3) 总结一种有效的选择 K_P、K_I、K_D 的方法,以最快的速度获得满意的参数。

第5章　单片机 C 语言基础训练

5.1　TEG-1_C51 单片机模块化多功能实验系统简介

5.1.1　实验目的

TEG-1_51 单片机核心板是以 MCS-51 系列改进的教学设备，目前，由于微处理器及周边芯片有了迅速的发展，并将 CPU 及外围芯片组合成功能强大的单片机应用系统。这是一款适应学校或工程训练教学实验的软硬件较为全面的实验设备，其特点及功能如下：

（1）采用开放式模块化的硬件结构，扩展性强，教师学生在实验设计时受限少；

（2）提供对单片机在系统编程的功能，学生可将自编的程序写入单片机中，做完一个实验内容，就可以掌握单片机开发的全过程；

（3）核心板带有一个 51 系列单片机最小系统，支持 Keil 的 IDE 集成开发环境，便于实验过程中程序的编辑、编译、查错和调试；

（4）硬件模块线路由学生完成搭建，学生在实际接线过程中加强对硬件线路结构的了解及对硬件的特性、外形的认识；

（5）采用分类模块设计，学生实验时效率高；

（6）设有扩展实验区，利于综合性的课程设计开发新的单片机实验；

（7）元件均使用集成电路固定，维修更换容易；

（8）可进行 MCS-51 系列单片机原理性实验、综合性实验、创新性实验；

5.1.2　实验系统框图

TEG-1_C51 单片机模块化多功能实验系统如图 5.1-1 所示。

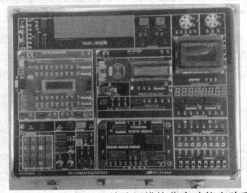

图 5.1-1　TEG-1_C51 单片机模块化多功能实验系统

图 5.1-2　Keil 安装程序

图 5.1-12)。

5.1.3　Keil 软件安装及注册

用 uVision 4 Keil 开发环境，可以获得更多 Keil 软件原厂技术支持，即将安装软件如图 5.1-2 所示，一个 Keil 安装程序(图 5.1-3 ~ 图 5.1-12)。

图 5.1-3　打开 C51V901.EXE 安装程序点击 Next

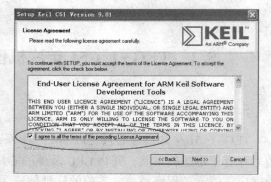

图 5.1-4　选中并点击 Next

设置安装目录，根据自己的情况选中安装目录，重新设置点击 Browse，这里默认 C 盘，设置好安装目录后点击 Next>>

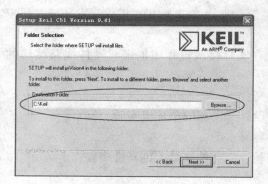

图 5.1-5　设置安装目录

图 5.1-6　输入相关信息

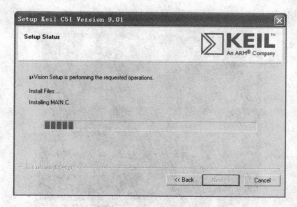

图 5.1-7　开始安装

安装完成，点击 Finish 即可。接下来进行软件注册，打开刚刚安装好的 Keil 软件

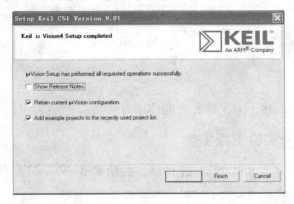

图 5.1-8　安装完成

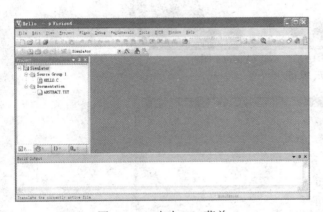

图 5.1-9　点击 File 菜单

图 5.1-10　选择
License Management

复制完注册码后，点击右侧的 [Add LIC]，即可完成注册。

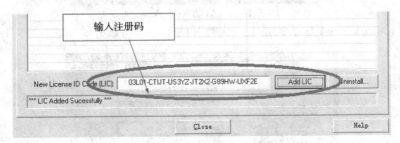

图 5.1-11　完成注册

提示如图 5.1-12 所示。

图 5.1-12　完成安装

以上软件安装完毕。接下来了解程序的使用方法。

5.1.4　建立一个实验工程步骤

（1）首先在桌面上双击 Keil uVision4 图标，启动 Keil uVision4 软件（图 5.1-13）。

图 5.1-13　Keil uVision4 图标

稍等片刻则会出现图 5.1-14 所示界面。

图 5.1-14　启动 Keil uVision4

启动后，Keil uVision4 显示的是上一次打开的工程，所以先关闭它（图 5.1-15）。

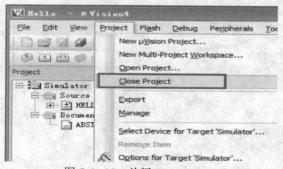

图 5.1-15　关闭 Close Project

（2）新建一个工程文件如图 5.1-16 所示。点击"Project->New Project…"出现一个对话框，要求给新建立的工程起一个文件名。

图 5.1-16 建立新的工程文件

输入 LED（不需要扩展名），点击保存出现下一个对话（图 5.1-17）。

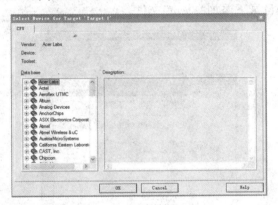

图 5.1-17 选择目标 CPU

该对话框要求选择目标 CPU，我们选择 STC 公司的 STC89C52RC 芯片，点击 STC 前面的"+"号展开，选定其中的 STC89C52RC 并确定，点击"是"，出现图 5.1-18 所示界面。

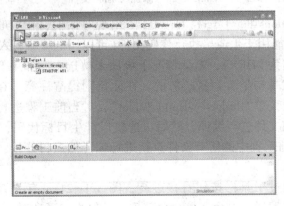

图 5.1-18 选择芯片

（3）源文件的建立：使用菜单"File->New"或者点击工具栏的新建文件即可在项目窗口的右侧打开一个新的文本编辑窗口，在该窗口中输入"加减法指令"汇编源程序，如图 5.1-19 所示。点击保存，输入文件名并以 asm 或 a51 为扩展名保存该文件。

图 5.1-19　建立源文件

添加源程序文件到项目中去。如图 5.1-20 所示，鼠标右键点击"Target1"窗口的"Source Group 1"，在弹出的菜单中，选择"Add Existing Files To Group'Source Group 1'"出现一个对话框，在工程目录下添加".asm"文件。

图 5.1-20　添加".asm"文件

点击"Project->Options For Target'Target 1'"出现对话框，在"Output"栏下选中"Create HEX Fi"复选框，其功能用于生成可执行代码文件(可以用汇编器写入单片机芯片的 HEX 格式文件，文件的扩展名为.HEX)，默认情况下该项未被选中，如果要写片做硬件实验，就必须选中该项，这一点是初学者容易疏忽的，在此特别提醒注意。在设置好工程后，即可进行编译、连接。选择菜单"Project->Build Target"，对当前工程进行连接，如果当前文件已修改，软件会先对该文件进行编译，然后再连接以产生目标代码；如果选择"Rebuild All Target Files"将会对当前工程中的所有文件重新进行编译然后再连接，确保最终产生的目标代码是最新的。

以上操作也可以通过工具栏按钮直接进行，图 5.1-21 是有关编译、设置的工具栏按钮，从左到右分别是：编译、编译连接、全部重建、停止编译和对工程进行设置。

图 5.1-21　工具栏按钮

编译过程中的信息将出现在输出窗口中的 Build 页中，如果源程序中有语法错误，会有错误报告出现，双击该行，可以定位到出错的位置，对源程序反复修改后，最终会得到如图所示的结果，提示获得了名为"test. HEX"的文件，该文件可用于 Keil 的仿真与调试，这时可以进入下一步的调试工作。

5.1.5　下载软件说明

下载软件又可分为 STC 官方软件。

（1）选择开发板上单片机型号，我们选 STC89C52RC；

（2）选择串口，可通过设备管理器查看；

（3）打开需要下载到单片机的程序；

（4）点击下载（图 5.1-22）。

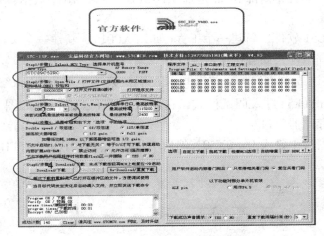

图 5.1-22　下载软件界面

点击下载按钮后会有图 5.1-23 所示的信息。

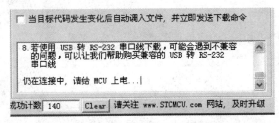

图 5.1-23　下载软件信息选择

这时需要手动点击电源开关键，关闭开关，打开电源开关这样一个过程，主要是给单片机冷启动。重新上电后，会出现开始下载程序，下载完成。图 5.1-24 表示下载成功。现在用官方软件下载几乎都要手动重新给单片机上电过程。

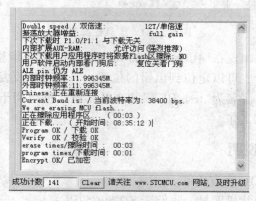

图 5.1-24　下载软件成功提示界面

5.1.6　演示实例

数据转移：编程实现将内部 ROM 地址 3H~3FH 之间的 16 个数据转移到 RAM 地址范围为 50H ~5FH 的区域。

（1）运行 Keil C51 软件，新建一个工程（如 REXP01），新建一个文件 REXP01. asm。将文件添加到工程中并编译，如有错，请更改直到编译成功。

（2）点击 ◎ 按钮或单击"Project"菜单，在下拉菜单中单击"Start/Stop Debug Session"（或者使用快捷键 Ctrl+F5）进入调试模式，在调试模式下，会出现如图 5.1-25 所示窗口，其中中间的窗口为存储器窗口。

（3）在存储器窗口中输入 D：0X50，然后单步执行，查看 50H~5FH 单元值的变化。

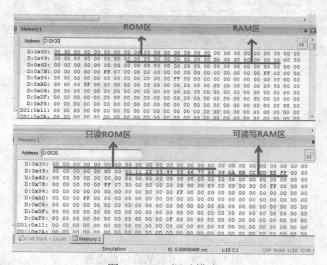

图 5.1-25　调试模式

5.2 LED灯闪烁控制

5.2.1 实验目的

（1）通过实验了解51系列单片机I/O口的基本输出功能的编程。
（2）学习循环指令的用法和软件延时的编程方法。
（3）掌握LED灯的基本原理。

5.2.2 实验内容

编写程序，利用51单片机的P1端口接LED灯，亮500ms，灭500ms，如此循环。使P1端口上发光二极管工作在不停地一亮一灭，形成闪烁效果。

5.2.3 实验原理

发光二极管外形如图5.2-1所示。它具有单向导电性，通过5mA左右电流即可发光，电流越大，其亮度越强，但若电流过大会烧毁二极管；设计电路时电流一般控制在3～20mA之间，那么就要给发光二极管串联一个电阻，其目的就是为了限制通过发光二极管的电流不要太大，这个电阻习惯被称为"限流电阻"。发光二极管的发光亮度与通过的工作电流成正比，限流电阻R可用下式计算：

$$R = (E - U_{\mathrm{d}}) / I_{\mathrm{d}}$$

式中 E 为电源电压；U_{d} 为LED的正向压降；I_{d} 为LED的一般工作电流。

 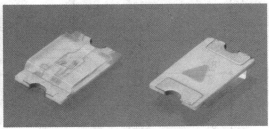

图5.2-1 发光二极管

普通发光二极管的正向饱和压降为1.4～2.1V，正向工作电流为5～20mA，如发光二极管正常导通时，两端电压约为1.5V，发光管的阴极为低电平（0V）；阳极串接一个电阻，电阻的另一端接 V_{cc}（+5V），计算出加在电阻两端的电压为5V-1.7V＝3.3V，穿越电阻的电流选择3.3mA，带入公式 $R = 3.3V/3.3mA$，得到 $R = 1k\Omega$ 电阻。

实际电路应用中发光二极管主要有三种颜色，如图5.2-2所示，然而三种发光二极管的压降都不相同，具体压降参考值如下：

红色发光二极管的压降为2.0～2.2V；

黄色发光二极管的压降为1.8～2.0V；

绿色发光二极管的压降为3.0～3.2V。

正常发光时的额定电流约为 20mA。

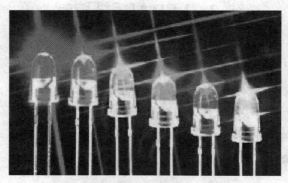

图 5.2-2　三种颜色的发光二极管

LED 灯闪烁控制实验原理如图 5.2-3 所示。

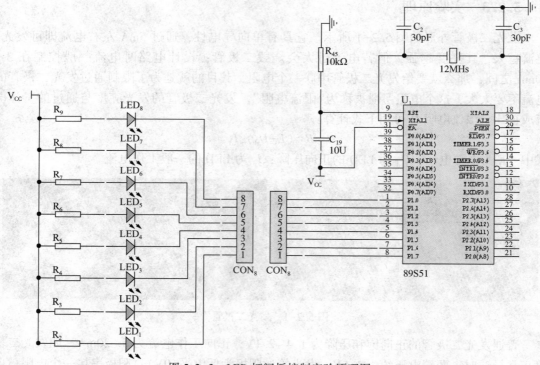

图 5.2-3　LED 灯闪烁控制实验原理图

5.2.4　实验步骤

（1）实验接线说明：接线对照如表 5.2-1 所示。

表 5.2-1　实验接线对照表

51 单片机模块		LED 显示区
P1.7------P1.0	接到	L7------L0

（2）运行 Keil C51 软件，新建一个工程，将光盘里 exp01 文件打开并编译，如有错，请更改直到编译成功。

（3）将生成的 HEX 文件烧写到单片机中。

（4）运行实验程序，观察发光二极管显示情况。

5.2.5　参考程序流程图

程序流程如图 5.2-4 所示。

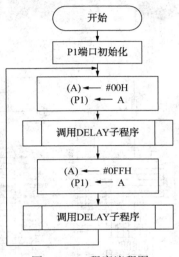

图 5.2-4　程序流程图

5.3　单开关控制 LED 灯号变换

5.3.1　实验目的

（1）通过实验学会使用 51 系列单片机 I/O 口的基本输入、输出功能。

（2）了解控制程序的流向用法。

5.3.2　实验内容

接于 P0.7 引脚上的逻辑电平开关拨至 0 位置时，P0.7 端口为低电平，接于 P1 口的 8 个 LED 不停地做霹雳灯的动作；逻辑电平开关拨至 1 位置时，P0.7 端口为高电平，接于 P1 口的 8 个 LED 不停地做奇偶位置交替亮灭。逻辑电平开关外形如图 5.3-1 所示。

5.3.3　实验原理

原理图如图 5.3-2 所示。MCS-51 的 4 个 I/O 端口中，P1、P2、P3 口各引脚内部均有上拉电阻，唯独 P0 口没有上拉电阻，因此在使用时，在 P0 口外部加上上拉电阻，而 P1、P2、P3 口每个引脚可以直接加开关接地。

图 5.3-1　逻辑电平开关

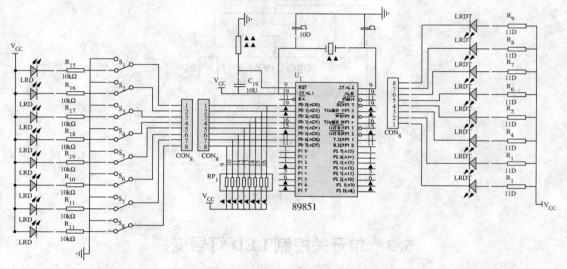

图 5.3-2　单开关控制 LED 灯号变换实验原理图

5.3.4　实验步骤

（1）实验接线说明：接线对照如表 5.3-1 所示。

表 5.3-1　实验接线对照表

51 单片机模块		LED 显示区
P1.7------P1.0	接到	L7------L0

51 单片机模块		逻辑电平开关区
P0.7	接到	K7

（2）运行 Keil C51 软件，新建一个工程，将光盘里 exp04 文件打开并编译，如有错，请更改直到编译成功。

（3）将生成的 HEX 文件烧写到单片机中。

（4）运行实验程序，拨动逻辑电平开关观察发光二极管显示情况。

5.3.5　参考程序流程图

程序流程图如图5.3-3所示。

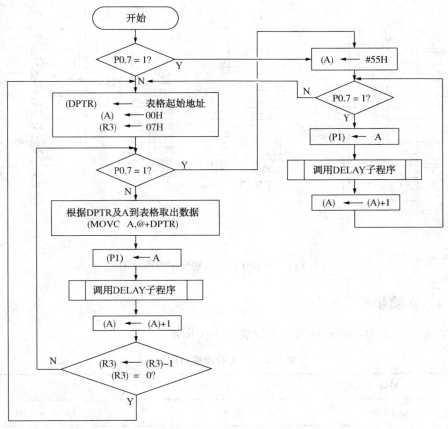

图5.3-3　程序流程图

5.4　单I/O口输入输出实验

5.4.1　实验目的

通过实验学会使用51系列单片机I/O口的基本输入输出功能。

5.4.2　实验内容

拨动逻辑开关向P0口送数据，单片机从P0口输入状态数据后，再从P1口将该数据输出至发光二极管显示。

5.4.3 实验原理图

实验原理图如图 5.4-1 所示。

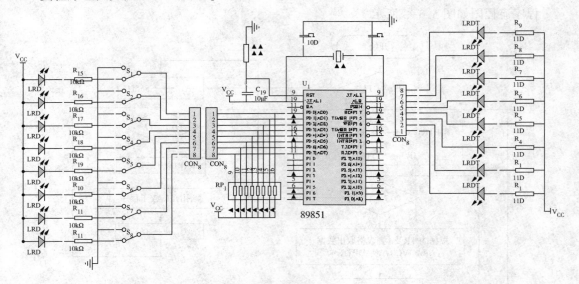

图 5.4-1 单 I/O 口输入输出实验原理图

5.4.4 实验步骤

（1）实验接线说明：实验接线对照如表 5.4-1 所示。

表 5.4-1 实验接线对照表

51 单片机模块		LED 显示区
P1. 7------P1. 0	接到	L7------L0

51 单片机模块		逻辑电平开关区
P0. 7------P0. 0	接到	K7------K0

（2）运行 Keil C51 软件，新建一个工程，将光盘里 exp05 文件打开并编译，如有错，请更改直到编译成功。

（3）将生成的 HEX 文件烧写到单片机中。

（4）运行实验程序，拨动逻辑电平开关观察发光二极管显示情况。

5.4.5 参考程序流程图

程序流程图如图 5.4-2 所示。

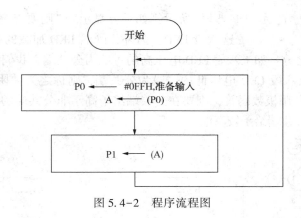

图 5.4-2 程序流程图

5.5 七段数码管动态显示

5.5.1 实验目的

通过实验掌握动态扫描显示的原理和编程方法。

5.5.2 实验内容

（1）动态接口采用各数码管循环轮流显示的方法，当循环显示频率较高时，利用人眼的暂留特性，看不出闪烁现象，这种显示需要一个接口完成字形码的输出（字形选择），另一接口完成各数码管的点亮（数位选择）。

（2）对于显示的字形码数据此实验采用查表的方法来完成。

（3）此实验现象是在八个数码管中显示 0、1、2、3、4、5、6、7。

5.5.3 实验原理

图 5.5-1 为各种型号的七段数码管。不管将几位数码管连在一起，数码管的显示原理是一样的，都是靠点亮内部的发光二极管来发光。数码管内部电路如图 5.5-2 所示，从图中可看出，一位数码管的引脚是 10 个，显示一个 8 字需要 7 个小段，另外还有一个小数点，所以其内部一共有 8 个小的发光二极管，最后还有一个公共端，生产商为了封装统一，

单位数码管都封装 10 个引脚，其中第 3 和第 8 引脚是连接在一起的。而它们的公共端又可分为共阳极和共阴极。

图 5.5-2 为共阴极和共阳极数码管的内部原理图，展出了常用的两种数码管的引脚排列和内部结构。众所周知，点亮发光二极管就是要给予它足够大的正向压降。所以点亮数码管其实也就是给它内部相应的发光二极管正向压降。如图 5.5-2（a）

图 5.5-1 七段数码管

(一共 a、b、c、d、e、f、g、DP 八段）所示，如果要显示"1"则要点亮 b、c 两段 LED；显示"A"则点亮 a、b、c、e、f、g 这六段 LED。另外，既然 LED 加载的是正向压降，它的两端电压必然会有高低之分：如果八段 LED 电压高的一端为公共端，我们称之为共阳极数码管 [图 5.5-2(b)]；如果八段 LED 电压低的一段为公共端，则称之为共阴极数码管 [图 5.5-2(c)]。所以，要点亮共阳极数码管，则要在公共端给予高于非公共端的电平；反之点亮共阴极数码管，则要在非公共端给予较高电平。

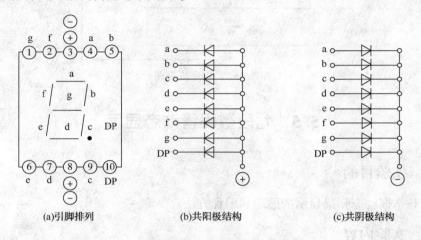

(a)引脚排列　　　　(b)共阳极结构　　　　(c)共阴极结构

图 5.5-2　七段数码管内部原理图

1. 共阴极数码管

其内部 8 个发光二极管的阴极在数码管内部全部连接在一起，所以称"共阴"，而它们的阳极是独立的，通常在设计电路时一般把阴极接地。当我们给数码管的任意一个阳极加一个高电平时，对应的这个发光二极管就点亮了。如果想要显示出一个 8 字，并且把右下角的小数点也点亮的话，可以给 8 个阳极全部送高电平，如果想让它显示出一个 0 字，那么我们可以除了给第"g、dp"这两位送低电平外，其余引脚全部都送高电平，这样它就显示出 0 字。想让它显示几，就给相对应的发光二极管送高电平，因此我们在显示数字的时候首先做的就是给 0~9 十个数字编码，在让它亮什么数字的时候直接把这个编码送到它的阳极就可以了。

2. 共阳极数码管

其内部 8 个发光二极管的所有阳极全部连接在一起，电路连接时，公共端接高电平，因此我们要点亮的那个发光管二极管就需要给阴极送低电平，此时显示数字的编码与共阳极编码是相反的关系，数码管内部发光二极管点亮时，也需要 5mA 以上的电流，而且电流不可过大，否则会烧毁发光二极管。由于单片机的 I/O 口送不出如此大的电流，所以数码管与单片机连接时需要加驱动电路，可以用上拉电阻的方法或使用专门的数码管驱动芯片。

3. 多位一体

它们内部的公共端是独立的，而负责显示什么数字的段线全部是连接在一起的，独立的公共端可以控制多位一体中的哪一位数码管点亮，而连接在一起的段线可以控制这个能点亮的数码管亮什么数字，通常我们把公共端叫作"位选线"，连接在一起的段线叫作"段选线"，有了这两个线后，通过单片机及外部驱动电路就可以控制任意的数码管显示任意的数字了。

4. 引脚标号

一般单位数码管有 10 个引脚，二位数码管也有 10 个引脚，四位数码管有 12 个引脚，关于具体的引脚及段、位标号大家可以查询相关资料，最简单的办法就是用数字万用表测量，若没有数字万用表也可用 5V 直流电源串接 1kΩ 电阻后测量，将测量结果记录，通过统计便可绘制出引脚标号。

5. 知识点

如何用万用表检测数码管的引脚排列？

对数字万用表来说，红色表笔连接表内部电池正极，黑色表笔连接表内部电池负极，当把数字万用表置于二极管挡时，其两表笔间开路电压约为 1.5V，把两表笔正确加在发光二极管两端时，可以点亮发光二极管。

如图 5.5-3 所示，将数字万用表置于二极管挡，红表笔接在①脚，然后用黑表笔去接触其他各引脚，假设只有当接触到⑨脚时，数码管的 a 段发光，而接触其余引脚时则不发光。由此可知，被测数码管为共阴极结构类型，⑨脚是公共阴极，①脚则是数码管的 a 段。接下来再检测各段引脚，仍使用数字万用表二极管挡，将黑表笔固定接在⑨脚，用红表笔依次接触②③④⑤⑥⑦⑧⑩引脚时，数码管的其他段先后分别发光，据此便可绘出该数码管的内部结构和引脚排列图。

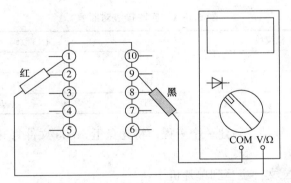

图 5.5-3 用万用表检测数码管的引脚排列

检测中，若被测数码管为共阳极类型，则需将红、黑表笔对调才能测出上述结果，在判别结构类型时，操作时要灵活掌握，反复试验，直到找出公共端为止，大家只要懂得了原理，检测出各个引脚便不再是问题了。

6. 数码管的用法

当多位数码管应用于某一系统时，它们的"位选"是可独立控制的，而"段选"是连接在一起的，我们可以通过位选信号控制哪几个数码管亮，而在同一时刻，位选选通的所有数码管上显示的数字始终都是一样的，因为它们的段选是连接在一起的，所以送入所有数码管的段选信号都是相同的，那么它们显示的数字必定一样，数码管的这种显示方法叫作静态显示。图 5.5-4 为八位数码管显示电路。

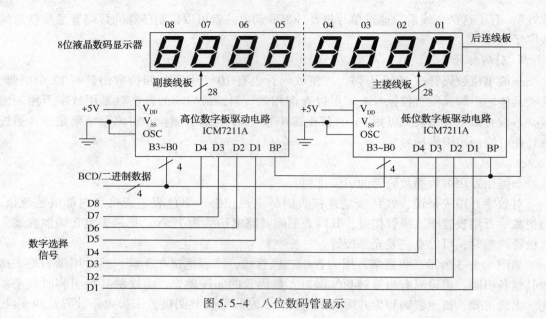

图 5.5-4　八位数码管显示

5.5.4　实验步骤

（1）实验接线说明：接线对照如表 5.5-1 所示。

表 5.5-1　实验接线对照表

51 单片机模块		七段数码管显示区
P0.7------P0.0	接到	DP------A
P2.7------P2.0	接到	S7------S0
+5V	接到	段锁存，位锁存

（2）运行 Keil C51 软件，新建一个工程，将光盘里 exp08 文件打开并编译，如有错，请更改直到编译成功。

（3）将生成的 HEX 文件烧写到单片机中。

（4）运行实验程序，观察七段数码管显示情况。

5.5.5　参考程序流程图

程序流程图如图 5.5-5 所示。

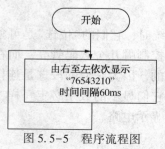

图 5.5-5　程序流程图

5.6 LCD1602 字符液晶显示

5.6.1 实验目的

通过本实验了解液晶显示的基本原理，掌握如何用单片机来控制液晶显示模块的内容。

5.6.2 实验内容

利用 LCD 显示TABLE1：DB"welcome！"

TABLE2：DB"www. qhkj. com"

5.6.3 实验原理

液晶显示器(Liquid Crystal Display，LCD)的主要原理是以电流刺激液晶分子产生点、线、面并配合背部灯管构成画面。为叙述简便，通常把各种液晶显示器都直接叫作液晶。各种型号的液晶通常是按照显示字符的行数或液晶点阵的行、列数来命名的。1602 的意思是每行显示 16 个字符，一共可以显示两行；类似的命名还有 0801，0802，1601 等，这类液晶通常都是字符型液晶，即只能显示 ASCII 码字符，如数字、大小写字母、各种符号等。液晶显示的使用非常广泛，市面上常见的 LCD1602，有两种颜色，蓝白屏和黄绿屏(图 5.6-1)，其实也就是背光和字体的颜色不一样，也许是人眼视觉有关系，蓝色背光的 1602 看上去显得更亮些。

(a)蓝白屏

(b)黄绿屏

图 5.6-1 两种颜色的液晶显示

LCD1602 各引脚功能如图 5.6-2 所示。1 引脚接电源负 V_{ss}；2 引脚接电源正+4.5—+5.5V；3 引脚用于对比度调节；4 引脚(RSLCD)用作端口号选择；5 引脚(RWLCD)为读写选择线；6 引脚(ENLCD)为写使能线；7~14 引脚(DB00~DB07)接 51 的 P0 口，为三态双向数据总线，做数据端口选择用；15 引脚为背光负；16 引脚为背光正。

（1）LCD1602 采用标准的 16 脚接口，其中：

第 1 脚：V_{ss}为地电源。

第 2 脚：V_{DD}接 5V 正电源。

第 3 脚：V0 为液晶显示器对比度调整端，接正电源时对比度最弱，接地电源时对比度最高，对比度过高时会产生"鬼影"，使用时可以通过一个 10kΩ 的电位器调整对比度。

第 4 脚：RS 为寄存器选择，高电平时选择数据寄存器，低电平时选择指令寄存器。

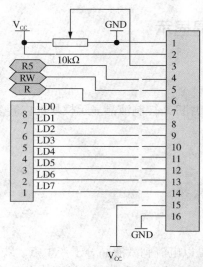

图 5.6-2　LCD1602 各引脚功能

第 5 脚：RW 为读写信号线，高电平时进行读操作，低电平时进行写操作。当 RS 和 RW 共同为低电平时可以写入指令或者显示地址，当 RS 为低电平而 RW 为高电平时可以读忙信号，当 RS 为高电平而 RW 为低电平时可以写入数据。

第 6 脚：E 端为使能端，当 E 端由高电平跳变成低电平时，液晶模块执行命令。

第 7~14 脚：D0~D7 为 8 位双向数据线。

另外引脚"A"和"K"为背光引脚，"A"接正，"K"接负便会点亮背光灯。

（2）LCD1602 液晶模块内部的控制器共有 11 条控制指令（表 5.6-1）。它的读写操作、屏幕和光标的操作都是通过指令编程来实现的（说明：1 为高电平、0 为低电平）。

表 5.6-1　指 令 编 程

指　　令	RS	R/W	D7	D6	D5	D4	D3	D2	D1	D0
清显示	0	0	0	0	0	0	0	0	0	0
光标返回	0	0	0	0	0	0	0	0	1	*
置输入模式	0	0	0	0	0	0	0	1	I/D	S
显示开关控制	0	0	0	0	0	0	1	D	C	B
光标字符移位	0	0	0	0	0	1	S/C	R/L	*	*
置功能	0	0	0	0	1	DL	N	F	*	*
置字符存储器地址	0	0	0	1	字符发生存储器地址					
置数据存储器地址	0	0	1	显示数据存储器发生地址						
读忙标志或地址	0	1	BF	计数器地址						
写数据到 CGRAM 或 DDRAM	1	0	要写的数据							
从 CGRAM 或 DDRAM 读数	1	1	读出的数据							

指令 1：清显示，指令码 01H，光标复位到地址 00H 位置。

指令 2：光标复位，光标返回到地址 00H。

指令 3：光标和显示模式设置 I/D：光标移动方向，高电平右移，低电平左移。S，屏幕上所有文字是否左移或者右移。高电平表示有效，低电平则无效。

指令 4：显示开关控制。D，控制整体显示的开与关，高电平表示开显示，低电平表示关显示；C，控制光标的开与关，高电平表示有光标，低电平表示无光标；B，控制光标是否闪烁，高电平闪烁，低电平不闪烁。

指令 5：光标或显示移位 S/C：高电平时移动显示的文字，低电平时移动光标。

指令 6：功能设置命令 DL，高电平时为 4 位总线，低电平时为 8 位总线；N，低电平时为单行显示，高电平时双行显示；F，低电平时显示 5×7 的点阵字符，高电平时显示 5×10 的点阵字符。

指令 7：字符发生器 RAM 地址设置。

指令 8：DDRAM 地址设置。

指令 9：读忙信号和光标地址。BF，为忙标志位，高电平表示忙，此时模块不能接收命令或者数据，如果为低电平表示不忙。

指令 10：写数据。

指令 11：读数据。

5.6.4 实验步骤

（1）实验接线说明：接线对照如表 5.6-2 所示。

表 5.6-2 实验接线对照表

51 单片机模块		LCD1602 显示区
P0.7------P0.0	接到	DB7------DB0
P1.7	接到	RS
P1.6	接到	RW
P1.5	接到	E

（2）运行 Keil C51 软件，新建一个工程，将光盘里 exp09 文件打开并编译，如有错，请更改直到编译成功。

（3）将生成的 HEX 文件烧写到单片机中。

（4）运行实验程序，观察 1602LCD 液晶显示情况。

5.6.5 参考程序流程图

程序流程图如图 5.6-3 所示。

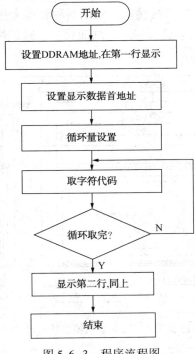

图 5.6-3 程序流程图

5.7 LCD12864 汉字图形液晶显示

5.7.1 实验目的

(1) 了解字符 LCD 模块的使用方法。
(2) 掌握 8051 单片机控制字符 LCD 模块显示程序的设计方法。

5.7.2 实验内容

利用 LCD 循环显示：
TAB1A： DB '51 单片机实验系统'，显示在第一行；
TAB1B： DB 'www. qhkj. com'，显示在第二行；
TAB1C： DB '模块化多功能'，显示在第三行；
TAB1D： DB 'QQ：625288221'，显示在第四行。

5.7.3 实验原理

字符图形 LCD 模块是一种专用显示字符、数字或符号的液晶显示模块。模块本身附有显示驱动控制电路，可以与单片机的 I/O 口线直接连接，使用方便。实验系统采用的 128×64 液晶为 ST7920 驱动控制器。

液晶显示模块概述：液晶显示模块是 128×64 点阵的汉字图形型液晶显示模块，可显示汉字及图形，内置 8192 个中文汉字(16×16 点阵)、128 个字符(8×16 点阵)及 64×256 点阵显示 RAM(GDRAM)。可与 CPU 直接接口，提供两种界面来连接微处理机：8-位并行及串行两种连接方式。具有多种功能：光标显示、画面移位、睡眠模式等。外形尺寸如图 5.7-1，各引脚说明如表 5.7-1 所示。

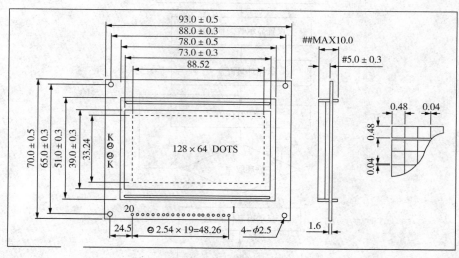

图 5.7-1 液晶显示模块外形尺寸

表 5.7-1 128×64 引脚说明

引脚	名称	方向	说明	引脚	名称	方向	说明
1	VSS	–	GND(OV)	11	DB4	I	数据4
2	VDD	–	Supply Voltage For Logic(+5v)	12	DB5	I	数据5
3	VO	–	Supply Voltage For LCD(悬空)	13	DB6	I	数据6
4	RS(CS)	0	H: Data L: Instruction Code	14	DB7	I	数据7
5	R/W(SID)	0	H: Read L: Write	15	PSB	0	H: Parallel Mode L: Serial Mode
6	E(SCLK)	0	Enable Signal	16	NC	–	空脚
7	DB0	I	数据0	17	/RST	0	Reset Signal 低电平有效
8	DB1	I	数据1	18	NC	–	空脚
9	DB2	I	数据2	19	LEDA	–	背光源正极(LDE+5V)
10	DB3	I	数据3	20	LEDK	–	背光源负极(LED-0V)

1. LCD12864 数据发送模式时序图

1) LCD12864 并行模式时序图

LCD12864 并行模式时序图如图 5.7-2 所示。

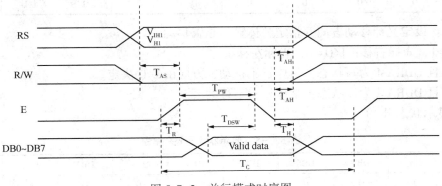

图 5.7-2 并行模式时序图

2) LCD12864 串行模式时序图

LCD12864 串行模式时序图如图 5.7-3 所示。

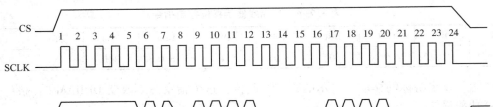

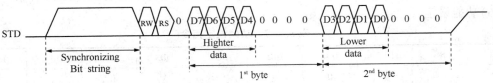

图 5.7-3 串行模式时序图

2. 指令集

各指令集如表 5.7-2~表 5.7-19 所示。

1）清除显示

表 5.7-2　清楚显示指令

RW	RS	DB7	DB6	DB5	DB4	DB3	DB2	DB1	DB0
0	0	0	0	0	0	0	0	0	1

功能：清除显示屏幕，把 DDRAM 位址计数器调整为"00H"。

2）位址归位

表 5.7-3　位址归位指令

RW	RS	DB7	DB6	DB5	DB4	DB3	DB2	DB1	DB0
0	0	0	0	0	0	0	0	1	X

功能：把 DDRAM 位址计数器调整为"00H"，游标回原点，该功能不影响显示 DDRAM。

3）点设定

表 5.7-4　点设定指令

RW	RS	DB7	DB6	DB5	DB4	DB3	DB2	DB1	DB0
0	0	0	0	0	0	0	1	I/D	S

功能：设定光标移动方向并指定整体显示是否移动。

I/D=1，光标右移；I/D=0，光标左移。

S=1 且 DDRAM 为写状态：整体显示移动，方向由 I/D 决定。

S=0 且 DDRAM 为读状态：整体显示不移动。

4）显示状态开/关

表 5.7-5　显示状态开/关指令

RW	RS	DB7	DB6	DB5	DB4	DB3	DB2	DB1	DB0
0	0	0	0	0	0	1	D	C	B

功能：D=1，整体显示 ON；C=1，游标 ON；B=1，游标位置 ON。

5）游标或显示移位控制

表 5.7-6　游标或显示移位控制指令

RW	RS	DB7	DB6	DB5	DB4	DB3	DB2	DB1	DB0
0	0	0	0	0	1	S/C	R/L	X	X

功能：设定游标的移动与显示的移位控制位，这个指令并不改变 DDRAM 的内容。

6）功能设定

表 5.7-7　功能设定指令

RW	RS	DB7	DB6	DB5	DB4	DB3	DB2	DB1	DB0
0	0	0	0	0	DL	X	RE	X	X

功能：DL=1（必须设为 1），RE=1，扩充指令集动作；RE=0，基本指令集动作。

7）设定 CGRAM 位址

表 5.7-8　设定 CGRAM 位址指令

RW	RS	DB7	DB6	DB5	DB4	DB3	DB2	DB1	DB0
0	0	0	1	AC5	AC4	AC3	AC2	AC1	AC0

功能：设定 CGRAM 位址到位址计数器（AC）。

8）设定 DDRAM 位址

表 5.7-9　设定 DDRAM 位址指令

RW	RS	DB7	DB6	DB5	DB4	DB3	DB2	DB1	DB0
0	0	1	AC6	AC5	AC4	AC3	AC2	AC1	AC0

功能：设定 DDRAM 位址到位址计数器（AC）。

9）读取忙碌状态（BF）和位址

表 5.7-10　读取忙碌状态（BF）和位址指令

RW	RS	DB7	DB6	DB5	DB4	DB3	DB2	DB1	DB0
0	1	BF	AC6	AC5	AC4	AC3	AC2	AC1	AC0

功能：读取忙碌状态（BF）可以确认内部动作是否完成，同时可以读出位址计数器（AC）的值。

10）写资料到 RAM

表 5.7-11　写资料到 RAM 指令

RW	RS	DB7	DB6	DB5	DB4	DB3	DB2	DB1	DB0
1	0	D7	D6	D5	D4	D3	D2	D1	D0

功能：写入数据到内部的 RAM（DDRAM/CGRAM/TRAM/GDRAM）。

11）读出 RAM 的值

表 5.7-12　读出 RAM 的值指令

RW	RS	DB7	DB6	DB5	DB4	DB3	DB2	DB1	DB0
1	1	D7	D6	D5	D4	D3	D2	D1	D0

功能：从内部 RAM（DDRAM/CGRAM/TRAM/GDRAM）读取数据。

12）待命模式（12H）

表 5.7-13　待命模式（12H）指令

RW	RS	DB7	DB6	DB5	DB4	DB3	DB2	DB1	DB0
0	0	0	0	0	0	0	0	0	1

功能：进入待命模式，执行其他命令都可终止待命模式。

13）卷动位址或 IRAM 位址选择（13H）

表 5.7-14　卷动位址或 IRAM 位址选择（13H）指令

RW	RS	DB7	DB6	DB5	DB4	DB3	DB2	DB1	DB0
0	0	0	0	0	0	0	0	1	SR

功能：SR=1，允许输入卷动位址；SR=0，允许输入 IRAM 位址。

14）反白选择（14H）

表 5.7-15　反白选择（14H）指令

RW	RS	DB7	DB6	DB5	DB4	DB3	DB2	DB1	DB0
0	0	0	0	0	0	0	H	R1	R0

功能：选择 4 行中的任一行（设置 R0，R1 的值）作反白显示，并可决定反白与否。

15）睡眠模式（015H）

表 5.7-16　睡眠模式（015H）指令

RW	RS	DB7	DB6	DB5	DB4	DB3	DB2	DB1	DB0
0	0	0	0	0	0	1	SL	X	X

功能：SL=1，脱离睡眠模式；SL=0，进入睡眠模式。

16）扩充功能设定（016H）

表 5.7-17　扩充功能设定（016H）指令

RW	RS	DB7	DB6	DB5	DB4	DB3	DB2	DB1	DB0
0	0	0	0	1	1	X	RE	G	0

功能：RE=1，扩充指令集动作；RE=0，基本指令集动作；G=1，绘图显示 ON；G=0，绘图显示 OFF。

17）设定 IRAM 位址或卷动位址（017H）

表 5.7-18　设定 IRAM 位址或卷动位址（017H）指令

RW	RS	DB7	DB6	DB5	DB4	DB3	DB2	DB1	DB0
0	0	0	1	AC5	AC4	AC3	AC2	AC1	AC0

功能：SR=1，AC5~AC0 为垂直卷动位址；SR=0，AC3~AC0 写 ICONRAM 位址。

18）设定绘图 RAM 位址（018H）

表 5.7-19　设定绘图 RAM 位址（018H）指令

RW	RS	DB7	DB6	DB5	DB4	DB3	DB2	DB1	DB0
0	0	1	AC6	AC5	AC4	AC3	AC2	AC1	AC0

功能：设定 GDRAM 位址到位址计数器（AC）。

3. 显示坐标关系

1）图形显示坐标

图形显示坐标如图 5.7-4 所示。

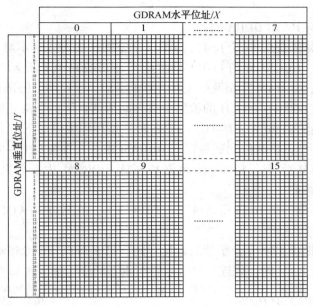

图 5.7-4 图形显示坐标

2）汉字显示坐标

汉字显示坐标如表 5.7-20 所示。

表 5.7-20 汉字显示坐标

	X 坐标							
Line1	80H	81H	82H	83H	84H	85H	86H	87H
Line2	90H	91H	92H	93H	94H	95H	96H	97H
Line3	88H	89H	8AH	8BH	8CH	8DH	8EH	8FH
Line4	98H	99H	9AH	9BH	9CH	9DH	9EH	9FH

3）字符表［代码(02H---7FH)］

字符表如表 5.7-21 所示。

表 5.7-21 字符表［代码(02H---7FH)］

4. 显示步骤

1）文本显示资料 RAM（DDRAM）

文本显示资料 RAM 提供 8（个）×4（行）的汉字空间，当写入文本显示资料 RAM 时，可以分别显示 CGROM、HCGROM 与 CGRAM 的字型；ST7920A 可以显示三种字型，分别是半宽的 HCGROM 字型、CGRAM 字型及中文 CGROM 字型，三种字型的选择，由在 DDRAM 中写入的编码选择，在 0000H~0006H 的编码中将自动地结合下一个位元组，组成两个位元组的编码达成中文字型的编码（A140—D75F），各种字型详细编码如下：

（1）显示半宽字型：将 8 位元资料写入 DDRAM 中，范围为 02H—7FH 的编码。

（2）显示 CGRAM 字型：将 16 位元资料写入 DDRAM 中，总共有 0000H、0002H、0004H、0006H 四种编码。

（3）显示中文字形：将 16 位元资料写入 DDRAMK，范围为 A1A1H—F7FEH 的编码。

2）绘图 RAM（GDRAM）

绘图显示 RAM 提供 128×8 个字节的记忆空间，最多可以控制 256×64 点的二维绘图缓冲空间，在更改绘图 RAM 时，先连续写入水平与垂直的坐标值，再写入两个 8 位元资料到绘图 RAM，而地址计数器（AC）会自动加一；在写入绘图 RAM 的期间，绘图显示必须关闭，整个写入绘图 RAM 的步骤如下：

（1）关闭绘图显示功能；

（2）先将水平的位元组坐标（X）写入绘图 RAM 地址；

（3）再将垂直的坐标（Y）写入绘图 RAM 地址；

（4）将 D15—D8 写入到 RAM 中；

（5）将 D7—D0 写入到 RAM 中；

（6）打开绘图显示功能，绘图显示的记忆体对应分布请参考表 5.7-21。

3）游标/闪烁控制

ST7920A 提供硬体游标及闪烁控制电路，如图 5.7-5 所示。由地址计数器（Address Counter）的值来指定 DDRAM 中的游标或闪烁位置。

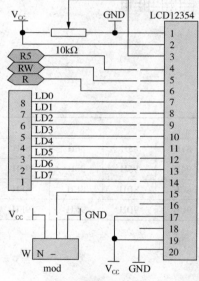

图 5.7-5　游标/闪烁控制电路

5.7.4　实验步骤

（1）实验接线说明：接线对照如表 5.7-22 所示。

（2）运行 Keil C51 软件，新建一个工程，将光盘里 exp10 文件打开并编译，如有错，请更改直到编译成功。

（3）将生成的 HEX 文件烧写到单片机中。

（4）运行实验程序，观察 LCD12864 液晶屏显示情况。

表 5.7-22 实验接线对照表

51 单片机模块		LCD12864 显示区
P0. 7------P0. 0	接到	LD7------LD0
P1. 7	接到	RS
P1. 6	接到	RW
P1. 5	接到	E
		模式开关：拨到"并行"

5.7.5 参考程序流程

程序流程图如图 5.7-6 所示。

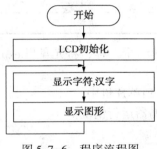

图 5.7-6 程序流程图

5.8 蜂鸣器控制

5.8.1 实验目的

（1）学习 I/O 端口的使用方法。
（2）掌握蜂鸣器控制的基本方法。

5.8.2 实验内容

用单片机的端口，输出电平控制蜂鸣器。

5.8.3 实验原理

蜂鸣器是一种一体化结构的电子讯响器，采用直流电压供电，广泛应用于计算机、打印机、复印机、报警器、电子玩具、汽车电子设备、电话机、定时器等电子产品中作发声器件。我们开发板上常用的蜂鸣器就是常常说的交流蜂鸣器或直流蜂鸣器（自激式蜂鸣器）。直流蜂鸣器是给一定的驱动直流电压就会响。而交流蜂鸣器是需要给蜂鸣器一个脉冲才会响。常见的有 PWM 波控制蜂鸣器的频率。脉冲就是高低电平的切换，图 5.8-1 是一个方波脉冲。

我们用单片机的 I/O 口实现一种这样高低电平的方波，驱动蜂鸣器发音。电路如图 5.8-2 所示。

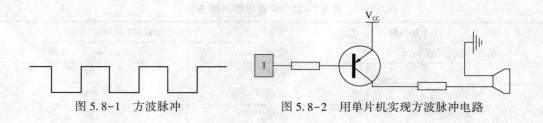

图 5.8-1　方波脉冲　　　　　图 5.8-2　用单片机实现方波脉冲电路

5.8.4　实验步骤

（1）实验接线说明：接线对照如表 5.8-1 所示。

表 5.8-1　实验接线对照表

51 单片机模块		蜂鸣器区
P1.5	接到	FMQ_IN

（2）运行 Keil C51 软件，新建一个工程，将光盘里 exp17 文件打开并编译，如有错，请更改直到编译成功。

（3）将生成的 HEX 文件烧写到单片机中。

（4）运行实验程序，观察蜂鸣器运行情况。

5.8.5　参考程序流程

程序流程图如图 5.8-3 所示。

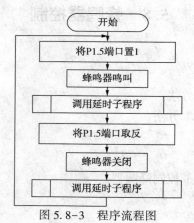

图 5.8-3　程序流程图

5.9　电子音响音乐播放

5.9.1　实验目的

（1）学习 I/O 端口的使用方法。

（2）掌握内部定时器的使用方法，学习电子音响——喇叭的应用电路及编程。

5.9.2 实验内容

用单片机的端口，播放一首音乐歌曲。

5.9.3 实验原理

乐音听起来有的高，有的低，这就叫音高，音高是由发音物体振动频率的高低决定的，频率高声音就高，频率低声音就低，不同音高的乐音是用 C、D、E、F、G、A、B 表示的，这 7 个字母就是乐音的音名，它们一般依次唱成 DO、RE、MI、FA、SO、LA、SI，这是唱曲时乐音的发音，所以叫唱名。音持续时间的长短即时值，一般用拍数表示，休止符表示暂停发音。一首音乐是由许多不同的音符组成的，而每个音符对应着不同的频率，这样就可以利用不同频率的组合，加以与拍数对应的延时，构成音乐。

1. 如何利用单片机实现音乐的节拍

除了音符以外，节拍也是音乐的关键组成部分。节拍实际上就是音持续时间的长短，在单片机系统中可以用延时来实现，如果 1/4 拍的延时是 0.4s，则 1 拍的延时是 1.6s，只要知道 1/4 拍的延时时间，其余的节拍延时时间就是它的倍数。如果单片机要自己播放音乐，那么必须在程序设计中考虑到节拍的设置，由于本例实现的音乐发生器是由用户通过键盘输入弹奏乐曲的，所以节拍由用户掌握，不由程序控制。对于不同的曲调我们也可以用单片机的另外一个定时/计数器来完成。音乐的音拍，一个节拍为单位(C 调)具体如表 5.9-1 所示。

表 5.9-1 音拍的延时时间

曲调值	DELAY	曲调值	DELAY
调 4/4	125ms	调 4/4	62ms
调 3/4	187ms	调 3/4	94ms
调 2/4	250ms	调 2/4	125ms

2. 如何利用单片机产生音频脉冲

了解音乐的一些基本知识后可知，产生不同频率的音频脉冲即能产生音乐，对于单片机而言，产生不同频率有脉冲非常方便，可以利用它的定时/计数器来产生这样的方波频率信号，因此，需要弄清楚音乐中的音符和对应的频率，以及单片机定时计数的关系。在本实验中，单片机工作于 12MHz 时钟频率，使用其定时/计数器 T0，工作模式为 1，改变计数值 TH0 和 TL0 可以产生不同频率的脉冲信号，

（1）音节由不同频率的方波产生。

（2）利用 AT89C51 的内部定时器使其工作计数器模式(MODE1)下，改变计数值 TH0 及 TL0 以产生不同频率的方法产生不同音阶，例如，频率为 523Hz，其周期 T = 1/523 = 1912μs，因此只要令计数器计时 956μs/1μs = 956，每计数 956 次时将 I/O 反相，就可得到中音 DO(523Hz)。

计数脉冲值与频率的关系式是：$N = f_i \div 2 \div f_r$

式中，N 是计数值；f_i 是机器频率(晶体振荡器为 12MHz 时，其频率为 1MHz)；f_r 是想

要产生的频率。其计数初值 T 的求法如下：

$$T = 65536 - N = 65536 - f_i \div 2 \div f_r$$

例如：设 $K = 65536$，$f_i = 1\text{MHz}$，求低音 DO（261Hz）、中音 DO（523Hz）、高音 DO（1046Hz）的计数值。

$$T = 65536 - N = 65536 - f_i \div 2 \div f_r$$
$$= 65536 - 1000000 \div 2 \div f_r$$
$$= 65536 - 500000 / f_r$$

低音 DO 的 $T = 65536 - 500000/262 = 63627$

中音 DO 的 $T = 65536 - 500000/523 = 64580$

高音 DO 的 $T = 65536 - 500000/1046 = 65059$

在此情况下，C 调的各音符频率与计数值 T 的对照如表 5.9-2 所示。

表 5.9-2 音符频率与计数值对照表

音符	频率/Hz	计数值（T 值）	音符	频率/Hz	计数值（T 值）
低 1DO	262	63628	#4FA#	740	64860
#1DO#	277	63737	中 5SO	784	64898
低 2RE	294	63835	#5SO#	831	94934
#2RE#	311	63928	中 6LA	880	64968
低 3MI	330	64021	#6LA#	932	64994
低 4FA	349	64103	中 7SI	968	65030
#4FA#	370	64185	低 1DO	1046	65058
低 SO	392	64260	#1DO#	1109	65085
#5SO#	415	64331	高 2RE	1175	65110
低 6LA	440	64400	#2RE#	1245	65134
#6LA#	466	64463	高 3MI	1318	65157
低 7SI	494	64524	高 4FA	1397	65178
中 1DO	523	64580	#4FA#	1490	65198
#1DO#	554	64633	高 5SO	1568	65217
中 2RE	587	64633	#5SO#	1661	65235
#2RE#	622	64884	高 6LA	1760	65252
中 3MI	659	64732	#6LA#	1865	65268
中 4FA	698	64820	高 7SI	1967	65283

T 的值决定了 T_{H0} 和 T_{L0} 的值，其关系为：$T_{H0} = T/256$，$T_{L0} = T/256$，音频脉冲电路如图 5.9-1 所示。

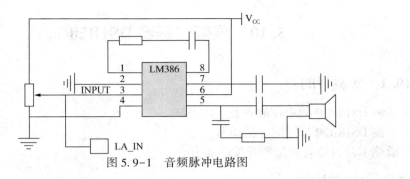

图 5.9-1 音频脉冲电路图

5.9.4 实验步骤

（1）实验接线说明：接线对照如表 5.9-3 所示。

表 5.9.3 实验接线对照表

51 单片机模块		喇叭区
P1.6	接到	LB_IN

（2）运行 Keil C51 软件，新建一个工程，将光盘里 exp18 文件打开并编译，如有错，请更改直到编译成功。

（3）将生成的 HEX 文件烧写到单片机中。

（4）运行实验程序，观察喇叭运行情况。

5.9.5 参考程序流程

程序流程图如图 5.9-2 所示。

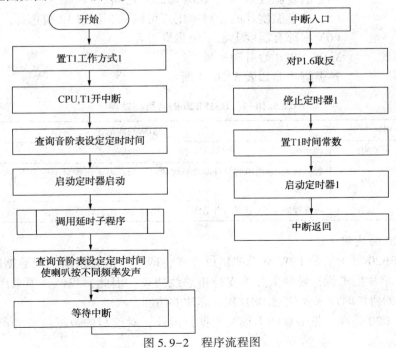

图 5.9-2 程序流程图

5. 10　温度传感器 DS1B20

5.10.1　实验目的

（1）了解 DS18B20 的工作原理及使用方法。
（2）掌握 DS18B20 读写时序的编程方法。
（3）锻炼单片机综合应用和开发的能力。

5.10.2　实验内容

显示当前温度：在数码管上显示当前 DS18B20 温度值。

5.10.3　实验原理

1. 硬件电路

原理图如图 5.10-1 所示。

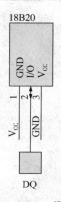

图 5.10-1　温度传感器电路图

DS18B20 数字温度计是 DALLAS 公司生产的 1-Wire，即单总线器件，具有线路简单、体积小的特点。因此用它来组成一个测温系统，线路简单，在一根通信线，可以挂很多这样的数字温度计，十分方便。

2. DS18B20 产品的特点

（1）只要求一个端口即可实现通信。
（2）在 DS18B20 中的每个器件上都有独一无二的序列号。
（3）实际应用中不需要外部任何元器件即可实现测温。
（4）测量温度范围在 $-55 \sim +125$℃之间。
（5）数字温度计的分辨率用户可以从 9 位到 12 位选择。
（6）内部有温度上、下限告警设置。

3. DS18B20 的引脚介绍

各引脚功能如表 5.10-1 所示。

表 5.10-1　DS18B20 的各引脚功能

序　　号	名　　称	引脚功能描述
1	GND	地信号
2	DQ	数据输入/输出引脚。开漏单总线接口引脚。当工作在寄生电源下，也可以向器件提供电源
3	VDD	可选择的 VDD 引脚。当工作于寄生电源时，此引脚必须接地

4. DS18B20 的使用方法

由于 DS18B20 采用的是 1-Wire 总线协议方式，即在一根数据线实现数据的双向传输，而对 AT89S51 单片机来说，硬件上并不支持单总线协议，因此，我们必须采用软件的方法来模拟单总线的协议时序来完成对 DS18B20 芯片的访问。

由于 DS18B20 是在一根 I/O 线上读写数据，因此，对读写的数据位有着严格的时序要求。DS18B20 有严格的通信协议来保证各位数据传输的正确性和完整性。该协议定义了几种信号的时序：初始化时序、读时序、写时序。所有时序都是将主机作为主设备，单总线器件作为从设备。而每一次命令和数据的传输都是从主机主动启动写时序开始，如果要求单总线器件回送数据，在进行写命令后，主机需启动读时序完成数据接收。数据和命令的传输都是低位在先。DS18B20 的复位时序如图 5.10-2 所示。

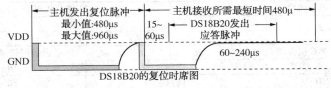

图 5.10-2　DS18B20 复位时序图

对于 DS18B20 的读时序分为读 0 时序和读 1 时序两个过程。

对于 DS18B20 的读时序是从主机把单总线拉低之后，在 15s 之内就得释放单总线，以让 DS18B20 把数据传输到单总线上。DS18B20 在完成一个读时序过程，至少需要 60μs 才能完成。DS18B20 的读时序如图 5.10-3 所示。

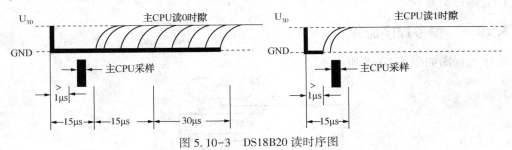

图 5.10-3　DS18B20 读时序图

对于 DS18B20 的写时序仍然分为写 0 时序和写 1 时序两个过程。

对于 DS18B20 写 0 时序和写 1 时序的要求不同，当要写 0 时序时，单总线要被拉低至少 60μs，保证 DS18B20 能够在 15~45μs 之间正确地采样 I/O 总线上的"0"电平，当要写 1 时序时，单总线被拉低之后，在 15μs 之内就得释放单总线。DS18B20 的写时序如图 5.10-4 所示。

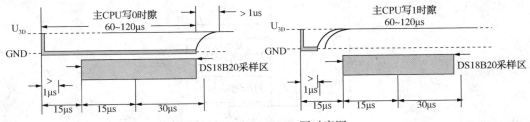

图 5.10-4　DS18B20 写时序图

5. 工作原理

本实验通过 DS18B20 采集环境温度，当单片机检测到 DS1820 的存在便可以发出 ROM 操作命令之一，Read ROM（读 ROM）、Match ROM（匹配 ROM）、Skip ROM（跳过 ROM）、Search ROM（搜索 ROM）、Alarm search（告警搜索），然后对存储器发操作命令，对 DS18B20 进行读写数据转换等操作。单片机使用时间隙（time slots）来读写 DS1820 的数据位和写命令字的位，然后将读到的数据转换 BCD 码在数码管显示出来。

5.10.4 实验步骤

（1）实验接线说明：接线对照如表 5.10-2 所示。

表 5.10-2　实验接线对照表

51 单片机模块		51 单片机模块—DS18B20
P3.5	接到	DQ

51 单片机模块		七段数码管区
P0.7------P0.0	接到	DP------A
P2.7------P2.0	接到	S0------S7
+5V	接到	段锁存，位锁存

（2）运行 Keil C51 软件，新建一个工程，将光盘里 exp20 文件打开并编译，如有错，请更改直到编译成功。

（3）将生成的 HEX 文件烧写到单片机中。

（4）运行实验程序，观察实验现象。

5.10.5 参考程序流程

程序流程图如图 5.10-5 所示。

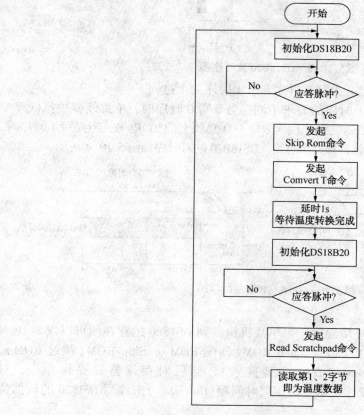

图 5.10-5　程序流程图

5.11　湿度传感器 DHT11

5.11.1　实验目的

（1）了解 DHT11 的工作原理及使用方法。

（2）掌握 DHT11 读写时序的编程方法。

（3）锻炼单片机综合应用和开发的能力。

5.11.2　实验内容

通过数码管显示 DHT11 温湿度传感器的数据。

5.11.3　实验原理

DHT11 数字温湿度传感器是一款含有已校准数字信号输出的温湿度复合传感器。它应用专用的数字模块采集技术和温湿度传感技术，确保产品具有极高的可靠性与卓越的长期稳定性。传感器包括一个电阻式感湿元件和一个 NTC 测温元件，并与一个高性能 8 位单片机相连接。因此该产品具有品质卓越、超快响应、抗干扰能力强、性价比极高等优点。每个 DHT11 传感器都在极为精确的湿度校验室中进行校准。校准系数以程序的形式储存在 OTP 内存中，传感器内部在检测信号的处理过程中要调用这些校准系数。单线制串行接口，使系统集成变得简易快捷。超小的体积、极低的功耗，信号传输距离可达 20m 以上，使其成为各类应用甚至最为苛刻的应用场合的最佳选择。产品为 4 针单排引脚封装，连接方便，特殊封装形式可根据用户需求而提供。

1. 传感器性能说明

传感器各性能如表 5.11-1 所示。

表 5.11-1　传感器各性能对照表

参　　数	条　　件	Min	Typ	Max	单位
湿度					
分辨率		1	1	1	%RH
			8		Bit
重复性			±1		%RH
精度	25℃		±4		%RH
	0~50℃			±5	%RH
互换性		可完全互换			
量程范围	0℃	30		90	%RH
	25℃	20		90	%RH
	50℃	20		80	%RH
响应时间	1/e(63%)25℃，1m/s 空气	6	10	15	s

续表

参 数	条 件	Min	Typ	Max	单位
迟滞			±1		%RH
长期稳定性	典型值		±1		%RH/yr
温度					
分辨率		1	1	1	℃
		8	8	8	Bit
重复性			±1		℃
精度		±1		±2	℃
量程范围		0		50	℃
响应时间	1/e(63%)	6		30	s

2. 接口说明

传感器典型应用电路如图 5.11-1 所示。建议连接线长度短于 20m 时用 5kΩ 上拉电阻，大于 20m 时根据实际情况使用合适的上拉电阻。

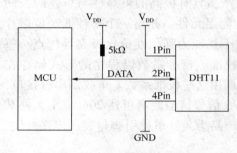

图 5.11-1 传感器典型应用电路

3. 电源引脚

DHT11 的供电电压为 3～5.5V。传感器上电后，要等待 1s，以越过不稳定状态，在此期间无需发送任何指令。电源引脚（V_{DD}，GND）之间可增加一个 100nF 的电容，用以去耦滤波。

4. 串行接口（单线双向）

DATA 用于微处理器与 DHT11 之间的通信和同步，采用单总线数据格式，一次通信时间 4ms 左右，数据分小数部分和整数部分，具体格式在下面说明，当前小数部分用于以后扩展，现读出为零。操作流程如下：

一次完整的数据传输为 40bit，高位先出。

数据格式：8bit 湿度整数数据+8bit 湿度小数数据+8bit 温度整数数据+8bit 温度小数数据+8bit 校验和

数据传送正确时校验和数据等于"8bit 湿度整数数据+8bit 湿度小数数据+8bit 温度整数数据+8bit 温度小数数据"所得结果的末 8 位。用户 MCU 发送一次开始信号后，DHT11 从低功耗模式转换到高速模式，等待主机开始信号结束后，DHT11 发送响应信号，送出 40bit 的数据，并触发一次信号采集，用户可选择读取部分数据。从模式下，DHT11 接收到开始信号触发一次温湿度采集，如果没有接收到主机发送开始信号，DHT11 不会主动进行温湿度采集，采集数据后转换到低速模式。通信过程如图 5.11-2 所示。

总线空闲状态为高电平，主机把总线拉低等待 DHT11 响应，主机把总线拉低必须大于 18ms，保证 DHT11 能检测到起始信号。DHT11 接收到主机的开始信号后，等待主机开始信号结束，然后发送 80μs 低电平响应信号。主机发送开始信号结束后，延时等待 20～40μs 后，读取 DHT11 的响应信号，主机发送开始信号后，可以切换到输入模式，或者输出高电平均可，总线由上拉电阻拉高。数据传送过程如图 5.11-3 所示。

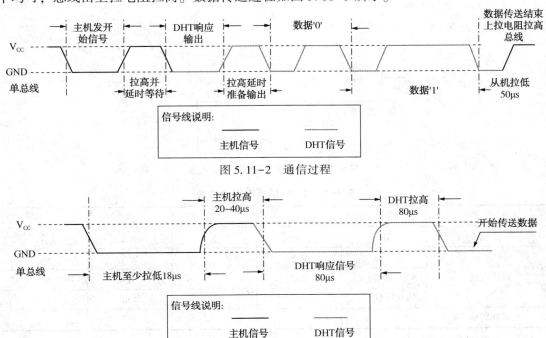

图 5.11-2 通信过程

图 5.11-3 数据传送过程

总线为低电平，说明 DHT11 发送响应信号，DHT11 发送响应信号后，再把总线拉高 80μs，准备发送数据，每一 bit 数据都以 50μs 低电平时隙开始，高电平的长短决定了数据位是 0 还是 1。如果读取响应信号为高电平，则 DHT11 没有响应，请检查线路是否连接正常．当最后一 bit 数据传送完毕后，DHT11 拉低总线 50μs，随后总线由上拉电阻拉高进入空闲状态。数字 0 信号表示方法如图 5.11-4 所示，数字 1 信号表示方法如图 5.11-5 所示。

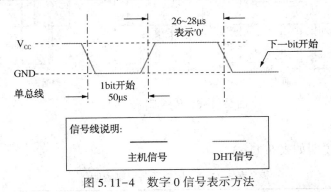

图 5.11-4 数字 0 信号表示方法

5. 测量分辨率

测量分辨率分别为 8bit（温度）、8bit（湿度）。

6. 电气特性

传感器电气特性如表 5.11-2 所示。

$V_{DD} = 5V$，$T = 25℃$，除非特殊标注。

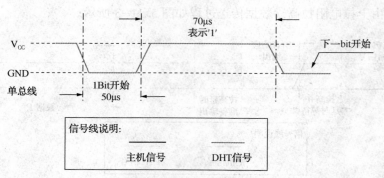

图 5.11-5　数字 1 信号表示方法

表 5.11-2　传感器电气特性表

参　　数	条件	min	Typ	max	单位
供电	DC	3	5	5.5	V
供电电流	测量	0.5		2.5	mA
	平均	0.2		1	mA
	待机	100		150	μA
采样周期	s	1			次

注：采样周期间隔不得低于 1s。

7. 封装信息

传感器的封装尺寸如图 5.11-6 所示。

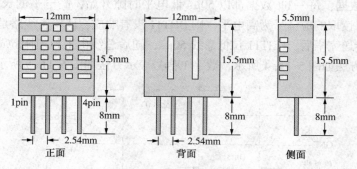

图 5.11-6　传感器的封装尺寸

8. DHT11 引脚说明

传感器各引脚说明如表 5.11-3 所示。

表 5.11.3　传感器各引脚说明

Pin	名　　称	注　　释	Pin	名　　称	注　　释
1	V_{DD}	供电 3~5.5VDC	3	NC	空脚，请悬空
2	DATA	串行数据，单总线	4	GND	接地，电源负极

5.11.4　实验步骤

（1）实验接线说明：实验接线对照如表5.11-4所示。

表 5.11-4　实验接线对照表

51 单片机模块		温湿度传感器 DHT11
P3.5	接到	DH-IN
51 单片机模块		数码管
P0.7------P0.0	接到	Dp------A
P2.7------P2.0	接到	S7------S0

（2）运行 Keil C51 软件，新建一个工程，将光盘里 exp21 文件打开并编译，如有错，请更改直到编译成功。

（3）将生成的 HEX 文件烧写到单片机中。

（4）数码管显示湿度，温度值。

5.12　直流电机控制

5.12.1　实验目的

了解直流电机控制的基本原理，掌握电机转动编程方法。

5.12.2　实验内容

编程实现直流电机的控制。

5.12.3　实验原理

在电压允许范围内，直流电机的转速随着电压的升高而加快，若加上的电压为负电压，则电机会反向旋转，如图5.12-1所示。

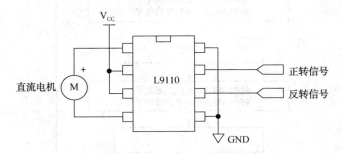

图 5.12-1　直流电机控制原理图

5.12.4 实验步骤

（1）实验接线说明：实验接线对照如表 5.12-1 所示。

表 5.12-1 实验接线对照表

51 单片机模块		直流电机区
P1.4	接到	MD+
P1.5	接到	MD-

（2）运行 Keil C51 软件，新建一个工程，将光盘里 exp26 文件打开并编译，如有错，请更改直到编译成功。

（3）将生成的 HEX 文件烧写到单片机中。

（4）运行实验程序，观察实验现象。

5.12.5 参考程序流程

程序流程图如图 5.12-2 所示。

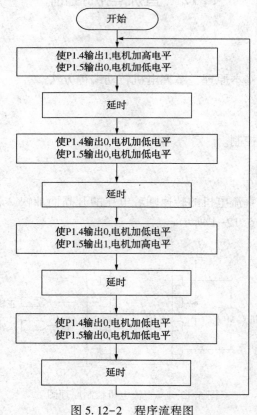

图 5.12-2 程序流程图

5.13 步进电机控制

5.13.1 实验目的

了解步进电机控制的基本原理，掌握步进电机转动编程方法。

5.13.2 实验内容

编程实现步进电机的控制。

5.13.3 实验原理

步进电机驱动原理图如图5.13-1所示。其原理是通过对每相线圈中的电流的顺序切换来使电机做步进式旋转。切换是通过单片机输出脉冲信号来实现的。所以调节脉冲信号的频率便可以改变步进电机的转速，改变各相脉冲的先后顺序，可以改变电机的旋转方向。步进电机的转速应由慢到快逐步加速。电机驱动方式可以采用双四拍(AB→BC→CD→DA→AB)方式，各种工作方式的时序图如图5.13-2所示。图5.13-2中示意的脉冲信号是高电平有效，但实际控制时公共端是接在 V_{CC} 上的，所以实际控制脉冲是低电平有效。单片机 P1 口输出的脉冲信号经(ULN2003A)倒相驱动后，向步进电机输出脉冲信号序列来控制步进电机的运转。

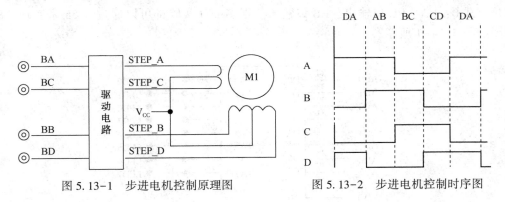

图5.13-1　步进电机控制原理图　　　　图5.13-2　步进电机控制时序图

5.13.4 实验步骤

(1) 实验接线说明：实验接线对照如表5.13-1所示。

表5.13-1　实验接线对照表

51单片机模块		步进电机区
P1.0	接到	BA
P1.1	接到	BB
P1.2	接到	BC
P1.3	接到	BD

(2) 运行 Keil C51 软件，新建一个工程，将光盘里 exp27 文件打开并编译，如有错，请

更改直到编译成功。

（3）将生成的 HEX 文件烧写到单片机中。

（4）运行实验程序，观察实验现象。

5.14　8255 输入、输出

5.14.1　实验目的

（1）掌握 MCS-51 单片机系统 I/O 口扩展方法。

（2）掌握并行接口芯片 8255 的性能以及编程使用方法。

（3）了解软件、硬件调试技术。

5.14.2　实验要求

利用 8255 可编程并行口芯片，实现输入/输出实验，实验中用 8255PA 口作输出，PB 口作输入。

5.14.3　实验原理

可编程通用接口芯片 8255A 有三个八位的并行 I/O 口，它有三种工作方式。本实验采用的是方式 0：PA、PC 口输出，PB 口输入。很多 I/O 实验都可以通过 8255 来实现，8255 引脚图如图 5.14-1 所示。

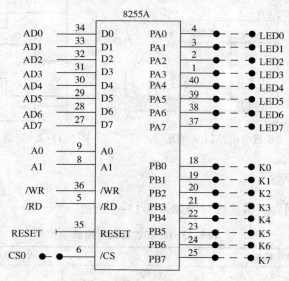

图 5.14-1　8255 引脚图

5.14.4 实验步骤

（1）实验接线说明：接线对照如表 5.14-1 所示。

表 5.14-1 实验接线对照表

51 单片机模块		扩展总线实验区
P0.7------P0.0	接到	D7------D0
P2.7------P2.0	接到	A15------A8
ALE	接到	ALE
P3.6	接到	/WR
P3.7	接到	/RD
RESET	接到	RESET

扩展总线实验 8255 模块		LED 显示区
PA7------PA0	接到	L7------L0

扩展总线实验 8255 模块		逻辑电平开关区
PB7------PB0	接到	K7------K0

（2）运行 Keil C51 软件，新建一个工程，将光盘里 exp29 文件打开并编译，如有错，请更改直到编译成功。

（3）将生成的 HEX 文件烧写到单片机中。

（4）运行实验程序，观察实验现象。

5.15 DAC0832 数模转换

5.15.1 实验目的

（1）了解 D/A 转换与单片机的接口方法。

（2）了解 D/A 转换芯片 0832 的性能及编程方法。

（3）了解单片机系统中扩展 D/A 转换芯片的基本方法。

5.15.2 实验内容

利用 0832 输出一个正弦波。

5.15.3 实验原理

DAC0832 工作原理图如图 5.15-1 所示。

（1）D/A 转换是把数字量转换成模拟量的变换，实验台上 D/A 电路输出的是模拟电压信号。要实现实验要求，比较简单的方法是产生三个波形的表格，然后通过查表来实现波形显示。

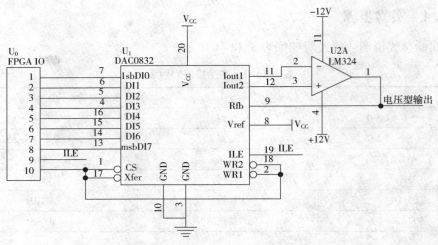

图 5.15-1 DAC0832 工作原理图

（2）产生锯齿波和三角波的表格只需由数字量的增减来控制，同时要注意三角波要分段来产生。要产生正弦波，较简单的方法是造一张正弦数字量表。即查函数表得到的值转换成十六进制数填表。D/A 转换取值范围为一个周期，采样点越多，精度越高些。

（3）8 位 D/A 转换器的输入数据与输出电压的关系为：

$$U(0\smallsmile-5V) = U_{ref}/256×N(\text{这里 } U_{ref} \text{ 为}+5V)$$

5.15.4 实验步骤

（1）实验接线说明：实验接线对照如表 5.15-1 所示。

表 5.15-1 实验接线对照表

51 单片机模块		扩展总线实验区
P0.7------P0.0	接到	D7------D0
P2.7------P2.0	接到	A15------A8
ALE	接到	ALE
P3.6	接到	/WR
P3.7	接到	/RD
RESET	接到	RESET

扩展总线实验 0832 模块		示波器
0832-OUT	接到	CH1

（2）运行 Keil C51 软件，新建一个工程，将光盘里 exp30 文件打开并编译，如有错，请更改直到编译成功。

（3）将生成的 HEX 文件烧写到单片机中。

（4）运行实验程序，观察实验现象。

第6章 EDA 的基础知识与训练

6.1 EDA 技术概述

电子产品的设计产生，从选题、方案论证、性能指标确定、安装调试电路、修改定型参数直到批量生产，是一个复杂而又费时的过程，而电子设计自动化 EDA(Electronic Design Automation)则包含了电子产品设计的全过程。

6.1.1 EDA 技术

1. EDA 技术的概念

EDA 即电子设计自动化，是在 20 世纪 60 年代中期从计算机辅助设计 CAD(Computer Aided Design)、计算机辅助制造 CAM(Computer Aided Manufacturing)、计算机辅助测试 CAT(Computer Aided Testing)和计算机辅助工程 CAE(Computer Aided Engineering)的概念发展而来的。

EDA 技术是以计算机为工具，设计者在 EDA 软件平台上，用硬件描述语言 VHDL(Very-High-Speed Integrated Circuit Hardware Description Language)完成设计文件，然后由计算机自动地完成逻辑编译、化简、分割、综合、优化、布局、布线和仿真，直至对于特定目标芯片的适配编译、逻辑映射和编程下载等工作。EDA 技术的出现，极大地提高了电路设计的效率和可操作性，减轻了设计者的劳动强度。

2. EDA 的作用

1) 验证电路方案设计的正确性

采用系统仿真的方法验证系统方案的可行性，进而对构成系统的各电路结构进行模拟分析，以判断电路结构设计的正确性和性能指标的可实现性。这种精确的量化分析方法，对于提高设计水平和产品质量，具有重要的指导意义。

2) 辅助电路特性的优化设计

EDA 技术中的温度分析和统计分析功能，既可以分析各种恶劣温度条件下的电路特性，也可以对器件容差的影响进行全面的计算分析。容差是从经济角度，考虑允许质量特性值的波动范围。容差设计通过研究容差范围与质量成本之间的关系，对质量和成本进行综合平衡。容差设计在完成系统设计和由参数设计确定了可控因素的最佳水平组合后进行，此时各元件参数的质量等级较低，参数波动范围较宽。容差设计的目的是在参数设计阶段确定的最佳条件的基础上，确定各个参数合适的容差。

参数设计与容差设计是相辅相成的。按照参数设计的原理，每一层次的产品，如系统、子系统、设备、部件、零件等，尤其最终产品都应尽可能减少质量波动，缩小容差，以提高产品质量，提高顾客满意度。但另一方面，每一层次产品均应具有很强的承受各种干扰影响的能力，即应容许其下属零部件有较大的容差范围。

3）实现电路特性的模拟测试

EDA 技术可以实现某些受测试手段和仪器精确度限制的项目，而无器件、电路损坏之虞，较之传统的设计方法要经济得多。具有如下的功能：

（1）超高频电路中的弱信号测量和噪声测量；

（2）功率输出中具有破坏性质的器件极限参数测量，如高温、高压、大电流等。

3. EDA 的应用

在电子技术设计领域，可编程逻辑器件如 CPLD（Complex Programmable Logic Device）、现场可编程门阵列 FPGA（Field-Programmable Gate Array）的应用，已得到广泛的普及，这些器件为数字系统的设计带来了极大的灵活性。这些器件可以通过软件编程而对其硬件结构和工作方式进行重构，从而使得硬件的设计可以如同软件设计那样方便快捷。这一切极大地改变了传统的数字系统设计方法、设计过程和设计观念，促进了 EDA 技术的迅速发展。

目前，EDA 技术已在各大公司、企事业单位和科研教学部门广泛使用。本章中所指的 EDA 技术，主要针对电子电路设计、通信系统设计和集成电路(IC, Integrated Circuit)设计。EDA 设计可分为系统级、电路级和物理实现级。现在对 EDA 的概念或范畴用得很宽，包括在机械、电子、通信、航空航天、化工、矿产、生物、医学、军事等各个领域，都有 EDA 的应用。

6.1.2　EDA 技术及其发展状况

1. 传统设计方法

EDA 出现之前，集成电路的复杂程度远不及现在，设计人员必须手工完成集成电路的设计、布线等工作，工业界开始使用几何学方法来制造用于电路光绘的胶带。到了 20 世纪 70 年代中期，开发人员尝试将整个设计过程自动化，而不仅仅满足于自动完成掩膜草图。

2. 通过编程语言来进行芯片设计

随着计算机仿真技术的发展，用来进行集成电路逻辑仿真、功能验证的工具的性能得到相当的改善。设计项目可以在构建实际硬件电路之前进行仿真，芯片布线、布局对人工设计的要求降低，而且软件错误率不断降低，芯片设计的复杂程度得到显著提升。

3. 电子设计自动化逐渐商业化

1986 年推出了一种硬件描述语言 Verilog，是当时最流行的高级抽象设计语言。1987 年，在美国国防部的资助下，另一种硬件描述语言 VHDL 被创造出来。现代的电子设计自动化工具可以识别、读取不同类型的硬件描述。根据这些语言规范产生的各种仿真系统迅速被推出，使得设计人员可对设计的芯片进行直接仿真。

4. 数字系统设计模块化、集成化

利用特定的集成电路制造工艺来实现硬件电路，信息单元就会实施预定义的逻辑或其他电子功能。半导体硬件厂商大多会为它们制造的元件提供"元件库"，并提供相应的标准化仿真模型。相比数字的电子设计自动化工具，模拟系统的电子设计自动化工具大多并非模块化的，这是因为模拟电路的功能更加复杂，而且不同电路的相互影响较强，电子元件尚未达到高度理想化。

5. 现场可编程逻辑门阵列 PLD(Programable Logic Device)

随着集成电路规模的扩大、半导体技术的发展，电子设计自动化的重要性急剧增加。这些工具的使用者(包括半导体器件制造中心的硬件技术人员)，他们的工作是操作半导体器件制造设备并管理整个工作车间。一些以设计为主要业务的公司，也会使用电子设计自动化软件来评估制造部门是否能够适应新的设计任务。电子设计自动化工具还被用来将设计的功能导入到类似现场可编程逻辑门阵列的半定制可编程逻辑器件中，或者生产全定制的专用集成电路。

6.1.3 EDA 技术的基本特征

电子设计自动化(EDA)的最终目的是设计出电路。电路大致分为两种：一种是基于印刷电路板(PCB)的电路，另一种是集成电路(IC)。实现 IC 和 PCB 电路的思想、方法和过程就构成了 EDA 的全部内容。

1. EDA 技术的特点

EDA 技术具有如下的特点：

(1) 用软件的方式设计硬件；

(2) 系统的转换由开发软件自动完成；

(3) 用软件进行各种仿真；

(4) 系统可现场编程；

(5) 系统集成在一个芯片上。

2. EDA 的设计方法

EDA 的设计采用自顶向下的方法。自顶向下法是一种概念驱动的设计方法，在整个设计过程中尽量运用概念去描述和分析设计对象，而不要过早地考虑设计的电路、元器件和工艺，以便抓住主要矛盾，避免纠缠在具体细节上，这样才能控制设计的复杂性。设计从顶层到底层应当逐步展开，由粗略到精细。只有当整个设计在概念上得到验证与优化后，才能考虑采用什么电路、元器件和工艺去实现该设计。在进行自顶向下设计时，首先从系统级设计入手，在顶层进行功能方框图的划分和结构设计，在方框图一级进行仿真、纠错，并用硬件描述语言对高层次的系统行为进行描述，在功能一级进行验证，然后用逻辑综合优化工具生成具体的门级逻辑电路的网表，其对应的物理实现级可以是印刷电路板或专用集成电路。自顶向下设计方法有利于在早期发现结构设计中的错误，提高设计的一次成功率，因而在现代 EDA 系统中被广泛采用。

以大规模可编程逻辑器件为设计载体，以硬件描述语言为系统逻辑描述的主要表达方式，以计算机和 PLD 实验开发系统为设计工具，通过相关的开发软件，自动完成电子系统设计，最终形成集成电子系统或专用集成芯片。

3. 目前较为流行的 EDA 开发工具

EDA 工具软件可大致分为芯片设计辅助软件、可编程芯片辅助设计软件、系统设计辅助软件等三类。目前进入我国并具有广泛影响的电子电路设计与仿真工具包括：Protel、

SystemView、Multisim（原 EWB 的最新版本）、Matlab（及其中的 Simulink）、SPICE/PSPICE 等。这些工具都有较强的功能，可以进行电路设计与仿真，同时还可以进行 PCB 自动布局布线，可输出多种网表文件与第三方软件接口。

1）SPICE

SPICE 可以进行各种电路仿真、激励建立、温度与噪声分析、模拟控制、波形输出、数据输出，并在同一窗口内同时显示模拟与数字的仿真结果。该软件对器件及电路进行仿真，都可以得到精确的仿真结果，并可以自行建立元器件及元器件库。

2）Multisim

Multisim 具有更加形象直观的人机交互界面，它对模数电路几乎能够百分之百地仿真出真实电路的结果。它的仪器仪表库中提供了万用表、信号发生器、瓦特表、双踪示波器、四踪示波器、波特仪、字信号发生器、逻辑分析仪、逻辑转换仪、失真度分析仪、频谱分析仪、网络分析仪、万用表等仪器仪表。Multisim 还具有 I-V 分析仪（相当于真实环境中的晶体管特性图示仪）和安捷伦（Agilent）信号发生器、Agilent 万用表、Agilent 示波器和动态逻辑笔等。其仪器仪表库中的各仪器仪表与操作都与真实实验中的实际仪器仪表完全相同。同时它还能进行 VHDL 仿真和 Verilog HDL 仿真。

Multisim 还提供了各种建模精确的元器件，比如电阻、电容、电感、三极管、二极管、继电器、可控硅、数码管等。模拟集成电路方面有各种运算放大器和其他常用的集成电路。数字电路方面有 74 系列集成电路、4000 系列集成电路等，还支持自制元器件。

3）Matlab 产品族

Matlab 产品族含有众多的面向具体应用的工具箱和仿真模块，包含了完整的函数集用来对图像信号处理、控制系统设计、神经网络等特殊应用进行分析和设计。

Matlab 产品族功能包括：数据分析、数值和符号计算、工程与科学绘图、控制系统设计、数字图像信号处理、财务工程、建模、仿真、原型开发、应用开发、图形用户界面设计等。Matlab 产品族被广泛应用于信号与图像处理、控制系统设计、通信系统仿真等诸多领域。它具有数据采集、报告生成和 Matlab 语言编程产生独立 C/C++代码等功能。开放式的结构使 Matlab 产品族很容易针对特定的需求进行扩充，从而在不断深化对问题认识的同时，提高自身的竞争力。

6.1.4　EDA 技术的实现目标和设计流程

1. EDA 技术的实现目标

利用 EDA 技术进行电子系统设计，主要有四个领域的应用，即印刷电路板（PCB）设计、集成电路（IC）设计、可编程逻辑器件（FPGA/CPLD）设计及混合电路设计。

1）印刷电路板设计

印刷电路板设计是 EDA 技术最初的实现目标。电子系统大多采用印刷电路板的结构，在系统实现过程中，印刷电路板设计、装配和测试占据了很大的工作量。印刷电路板设计是一个电子系统进行技术实现的重要环节，也是一个很具有工艺性、技巧性的工作。利用 EDA 工具来进行印制电路板的布局布线设计和验证分析是早期 EDA 技术最基本的应用。

2）集成电路设计

（1）集成电路是指通过一系列特定的加工工艺，将晶体管、二极管等有源器件和电阻、电容等无源器件，按照一定的电路互连，集成在一块半导体单晶薄片上，经过封装而形成的具有特定功能的完整电路。

（2）集成电路设计包括逻辑功能设计、电路设计、版图设计和工艺设计。随着大规模和超大规模集成电路的出现，传统的手工设计方法遇到的困难越来越多，为了保证设计的正确性和可靠性，必须采用先进的 EDA 软件工具进行集成电路的逻辑功能设计、电路设计、版图设计。集成电路设计是 EDA 技术的最终实现目标，也是推动 EDA 技术推广和发展的一个重要源泉。

3）可编程逻辑器件

可编程逻辑器件是一种由用户根据需要而自行构造逻辑功能的数字集成电路，其特点是直接面向用户，具有极大的灵活性和通用性，使用方便，开发成本低，上市时间短，工作性能好。借助于 EDA 软件，用原理图、状态机、布尔表达式、硬件描述语言等方法，生成相应的目标文件，最后用编程器或下载电缆，由目标器实现。

4）混合设计

随着集成电路复杂程度的不断提高，各种不同学科技术、不同模式、不同层次的混合设计方法已被认为是 EDA 技术所必须支持的方法。目前在各应用领域，都需要采用各种混合设计方法。不同学科的混合设计方法主要指电子技术与非电学科技术的混合设计方法；不同模式的混合设计主要是指模拟电路与数字电路的混合、模拟电路与 DSP 技术的混合、电路级与器件级的混合方法等；不同层次的混合方法主要指逻辑设计中行为级、寄存器级、门级以及开关级的混合设计方法。

2. EDA 设计的主要流程

利用 EDA 技术进行电路设计的主要工作是在 EDA 软件平台上进行的。典型的 EDA 设计流程主要包括：

设计准备、设计输入、设计处理、设计验证和器件编程等五个基本步骤。

1）设计输入

设计输入有多种方式，包括硬件描述语言（如 AHDL、VHDL 和 Verilog HDL 等）进行设计的文本输入方式、图形输入方式和波形输入方式，或者采用文本、图形两者混合的设计输入方式。也可以采用"自顶向下"的层次结构设计方法，将多个输入文件合并成一个设计文件等。

2）设计处理

设计处理是 EDA 设计中的核心环节。在设计处理阶段，编译软件将对设计输入文件进行逻辑化简、综合和优化，并适当地用一片或多片器件自动进行适配，最后产生编程用的编程文件。设计处理主要包括编译和检查、逻辑优化和综合、适配和分割、布局和布线、生成编程数据文件等过程。

3）设计验证

设计验证过程包括功能仿真和时序仿真，这两项工作是在设计处理过程中同时进行的。功能仿真是在设计输入完成以后，选择具体器件进行编译之前进行的逻辑功能验证，因此又称为前仿真。若发现错误，则返回设计输入方式，修改逻辑设计。在选择了具体器件并完成布局、布线之后进行的时序关系仿真，又称为后仿真或延时仿真。设计验证也可以在 EDA 硬件开发平台上进行。

6.1.5　EDA 技术的发展趋势

1. 高性能的 EDA 工具将得到进一步的发展

超大规模集成电路技术水平不断提高，在一个芯片上完成系统级的集成电路已经成为可能。由于工艺线宽的不断减小，在半导体材料上的许多寄生效应已经不能简单地被忽略，这就对 EDA 工具提出了更高的要求。市场对电子产品提出了更高的要求，设计效率也成为一个产品能否取得成功的关键因素，这都促使 EDA 工具的应用更为广泛。高性能的 EDA 工具将得到长足的发展，其自动化和智能化程度将不断提高，从而为嵌入式系统设计提供了功能强大的开发环境。

2. EDA 技术将促进 ASIC 和 FPGA 逐步走向融合

随着系统开发对 EDA 技术的目标器件各种性能指标要求的提高，ASIC(专用集成电路)和 FPGA(现场可编程门阵列)将更大程度地相互融合。ASIC 芯片尺寸小、功能强大、耗电省、设计复杂，且有批量生产需求。FPGA 开发费用低廉，能在现场进行编程，但体积大，功能有限，而且功耗较大。因此，两者之间将互相融合，取长补短，以满足成本和上市速度的要求。

3. EDA 技术的应用领域将越来越广

从目前的 EDA 技术来看，我国的 EDA 市场已渐趋成熟，不过大部分设计工程师面向的是 PCB 制板和小型 ASIC 领域，仅有小部分(约 11%)的设计人员开发复杂的片上系统器件。为了与国外的设计工程师形成更有力的竞争，我国的设计队伍有必要引进和学习一些最新的 EDA 技术。

在 EDA 软件开发方面，目前主要集中在美国。但各国也正在努力开发相应的工具。日本、韩国都有 ASIC 设计工具，但不对外开放。中国华大集成电路设计中心，也提供 IC 设计软件，相信在不久的将来会有更多、更好的设计工具在各地开花结果。据最新统计显示，中国和印度正在成为电子设计自动化领域发展最快的两个市场，年复合增长率分别达到了 50% 和 30%。

EDA 技术发展迅猛，完全可以用日新月异来描述。EDA 技术现在已经应用于各行各业。EDA 水平不断提高，设计工具日趋成熟，但我国的研发水平有限，需迎头赶上。

6.2　EWB 应用基础

目前美国 NI(National Instruments)公司的 EWB 包含电路仿真设计模块 Multisim、PCB 设计软件模块 Ultiboard、布线引擎模块 Ultiroute 及通信电路分析与设计模块 Commsim 等四个部分，能完成从电路的仿真设计到电路版图生成的全过程。Multisim、Ultiboard、Ultiroute 及 Commsim 四个部分相互独立，可以分别使用。NI Multisim 10 仿真软件是电子电路计算机仿真设计与分析的基础，本节将介绍 Multisim 的基本界面与操作方法，电路创建的基础，仪器仪表的使用，电路的分析方法等。Multisim用软件的方法虚拟电子与电工元器件，虚拟电子与电工仪器和仪表，实现了软件即元器件、软件即仪器。Multisim的元器件库提供数千种电路元器件供实验选用，同时也可以新建或扩充已有的元器件库，而且建库所需的元器件参数可以从生产厂商的产品使用手册中查到，因此可以很方便地在工程设计中使用。

1. Multisim 的仪器仪表

Multisim的虚拟测试仪器仪表种类齐全，有实验用的通用仪器，如万用表、函数信号发生器、双踪示波器、直流电源等。还有一般实验室少有或没有的仪器，如波特图仪、字信号发生器、逻辑分析仪、逻辑转换器、失真仪、频谱分析仪和网络分析仪等。

2. Multisim 的分析方法

Multisim具有较为详细的电路分析功能，可以完成电路的瞬态分析和稳态分析、时域和频域分析、器件的线性和非线性分析、电路的噪声分析和失真分析、离散傅里叶分析、电路零极点分析、交直流灵敏度分析等电路分析，以帮助设计人员分析电路的性能。

3. Multisim 的功能

（1）设计、测试和演示各种电子电路。

（2）对被仿真的电路中的元器件设置各种故障。

（3）可以存储测试点的所有数据。

（4）有丰富的帮助（Help）功能。

（5）提供了与印刷电路板设计间的文件接口。

（6）能把电路图送往文字处理系统中进行编辑排版。

（7）支持 VHDL 和 Verilog HDL 语言的电路仿真与设计。

4. Multisim 的特点

Multisim易学易用，便于电子信息、通信工程、自动化、电气控制类专业学生自学，便于开展综合性的设计和实验，有利于培养综合分析能力、开发和创新能力。

（1）设计与实验同步进行；

（2）仪器仪表齐全；

（3）方便测试和分析；

（4）可直接打印；

（5）不消耗实际的元器件；

（6）设计电路可以直接在产品中使用。

6.2.1　EWB 的界面菜单

Multisim的主窗口如同一个实际的电子实验台。屏幕中央区域最大的窗口就是电路工作区，在电路工作区上可将各种电子元器件和测试仪器仪表连接成实验电路。电路工作窗口上方是菜单栏、工具栏。电路工作窗口两边是元器件栏和仪器仪表栏。按下电路工作窗口上方的"启动/停止"开关或"暂停/恢复"按钮可以方便地控制实验的进程。

Multisim 10 有 12 个主菜单，菜单中提供了该软件几乎所有的功能命令。

1. File（文件）菜单

File 菜单提供 19 个文件操作命令，如打开、保存和打印等。

2. Edit(编辑)菜单

Edit 菜单在电路绘制过程中，提供对电路和元件进行剪切、粘贴、旋转等操作命令，共 21 个命令。

3. View(窗口显示)菜单

View 菜单提供 19 个用于控制仿真界面上显示的内容的操作命令。

4. Place(放置)菜单

Place 菜单提供在电路工作窗口内放置元件、连接点、总线和文字等 17 个命令。

5. MCU(微控制器)菜单

MCU 菜单提供 10 个在电路工作窗口内 MCU 的调试操作命令。

6. Simulate(仿真)菜单

Simulate 菜单提供 18 个电路仿真设置与操作命令。

7. Transfer(文件输出)菜单

Transfer 菜单提供 8 个传输命令，如将电路图传送给 Ultiboard 10，将电路图传送给 Ultiboard 9 或者其他早期版本，输出 PCB 设计图，创建 Ultiboard 10 注释文件，创建 Ultiboard 9 或者其他早期版本注释文件，修改 Ultiboard 注释文件，亮所选择的 Ultiboard 和输出网表等功能。

8. Tools(工具)菜单

Tools 菜单提供 17 个元件和电路编辑或管理命令。

9. Reports(报告)菜单

Reports 菜单提供材料清单等 6 个报告命令，如：材料清单、元件详细报告、网络表报告、参照表报告、统计报告和剩余门电路报告等功能。

10. Option(选项)菜单

Option 菜单提供 5 个电路界面和电路某些功能的设定命令，如全部参数设置、工作台界面设置、用户界面设置等功能。

11. Windows(窗口)菜单

Windows 菜单提供 9 个窗口操作命令。

12. Help(帮助)菜单

Help 菜单为用户提供在线技术帮助和使用指导，如主题目录、元件索引、版本注释、更新校验、文件信息、专利权、有关 Multisim 的说明等信息。

6.2.3　EWB 的元器件库和虚拟仪器

multisim 10 提供了丰富的元器件库，用鼠标左键单击元器件库栏的某一个图标即可打开该元件库。

1. 电源/信号源库

电源/信号源库包含接地端、直流电压源(电池)、正弦交流电压源、方波(时钟)电压源、压控方波电压源等多种电源与信号源。

2. 基本器件库

基本器件库包含电阻、电容等多种元件。基本器件库中虚拟元器件的参数是可以任意设置的，非虚拟元器件的参数是固定的，但却是可以选择的。

3. 二极管库

二极管库包含二极管、可控硅等多种器件。二极管库中虚拟元器件的参数是可以任意设置的，非虚拟元器件的参数是固定的，但却是可以选择的。

4. 晶体管库

晶体管库包含晶体管、场效应管（FET）等多种器件。晶体管库中虚拟元器件的参数是可以任意设置的，非虚拟元器件的参数是固定的，但却是可以选择的。

5. 模拟集成电路库

模拟集成电路库包含多种运算放大器。模拟集成电路库中虚拟元器件的参数是可以任意设置的，非虚拟元器件的参数是固定的，但却是可以选择的。

6. TTL 数字集成电路库

TTL 数字集成电路库包含有 74×× 系列和 74LS×× 系列等 74 系列数字电路器件。

7. CMOS 数字集成电路库

CMOS 数字集成电路库包含有 40×× 系列和 74HC×× 系列多种 CMOS 数字集成电路系列器件。

8. 数字器件库

数字器件库包含数字信号处理（DSP）、现场可编程门阵列（FPGA）、复杂可编程逻辑器件（CPLD）、硬件描述语言（VHDL）等多种器件。

9. 数模混合集成电路库

数模混合集成电路库包含模数转换/数模转换（ADC/DAC）、555 定时器等多种数模混合集成电路器件。

10. 指示器件库

指示器件库包含电压表、电流表、七段数码管等多种器件。

6.2.4　EWB 的分析方法和仿真的基本过程

1. 直流工作点分析（DC Operating Point Analysis）

直流分析用于分析电路的静态工作点。在进行直流工作点分析时，电路中的交流信号源将被置零，电容开路，电感短路。

2. 交流分析（AC Analysis）

交流分析用于分析电路的频率特性（幅频特性和相频特性）。需先选定被分析的电路节点，在分析时，电路中的直流源将自动置零，交流信号源、电容、电感等均处在交流模式，输入信号也设定为正弦波形式。若把函数信号发生器的其他信号作为输入激励信号，在进行交流频率分析时，会自动把它作为正弦信号输入，因此输出响应也是该电路交流频率的函数。

3. 瞬态分析（Transient Analysis）

瞬态分析是指对所选定的电路节点的时域响应，即观察该节点在整个显示周期中每一时刻的电压波形。在进行瞬态分析时，直流电源保持常数，交流信号源随着时间而改变，电容和电感都是储能元件。

4. 傅里叶分析(Fourier Analysis)

傅里叶分析方法用于分析一个时域信号的直流分量、基频分量和谐波分量，即把被测节点处的时域变化信号作离散傅里叶变换，求出它的频域变化规律。在进行傅里叶分析时，必须首先选择被分析的节点，一般将电路中的交流激励源的频率设定为基频，若在电路中有几个交流源时，可以将基频设定在这些频率的最小公因数上。例如有一个 10.5kHz 和一个 7kHz 的交流激励源信号，则基频可取 0.5kHz。

5. 噪声分析(Noise Analysis)

噪声分析用于检测电子线路输出信号的噪声功率幅度，用于计算、分析电阻或晶体管的噪声对电路的影响。在分析时，假定电路中各噪声源是互不相关的，因此它们的数值可以分开各自计算。总的噪声是各噪声在该节点的和，用有效值表示。

6. 噪声系数分析(Noise Figure Analysis)

噪声系数分析主要用于研究元件模型中的噪声参数对电路的影响。在 Multisim 中的噪声系数定义中，N_o 是输出噪声功率，N_s 是信号源电阻的热噪声，G 是电路的 AC 增益，即二端口网络的输出信号与输入信号的比。噪声系数的单位是 dB，即 10log10(F)。

7. 失真分析(Distortion Analysis)

失真分析用于分析电子电路中的谐波失真和内部调制失真(互调失真)，通常非线性失真会导致谐波失真，而相位偏移会导致互调失真。若电路中有一个交流信号源，该分析能确定电路中每一个节点的二次谐波和三次谐波的幅值。若电路有两个交流信号源，该分析能确定电路变量在三个不同频率处的幅值，两个频率之和的值、两个频率之差的值以及二倍频与另一个频率的差值。

8. 直流扫描分析(DC Sweep Analysis)

直流扫描分析是利用一个或两个直流电源分析电路中某一节点上的直流工作点的数值变化的情况。如果电路中有数字器件，可将其当作一个大的接地电阻处理。

9. 灵敏度分析(Sensitivity Analysis)

灵敏度分析是分析电路特性对电路中元器件参数的敏感程度。灵敏度分析包括直流灵敏度分析和交流灵敏度分析。直流灵敏度分析的仿真结果以数值的形式显示，交流灵敏度分析仿真的结果以曲线的形式显示。

10. 参数扫描分析(Parameter Sweep Analysis)

采用参数扫描方法分析电路，可以较快地获得某个元件的参数在一定范围内变化时对电路的影响。相当于该元件每次取不同的值，进行多次仿真。对于数字器件，在进行参数扫描分析时将被视为高阻接地。

11. 温度扫描分析(Temperature Sweep Analysis)

采用温度扫描分析，可以同时观察到在不同温度条件下的电路特性，相当于该元件每次取不同的温度值进行多次仿真。可以通过"温度扫描分析"对话框，选择被分析元件温度的起始值、终值和增量值。在进行其他分析的时候，电路的仿真温度默认值设定在 27℃。

12. 零-极点分析(Pole Zero Analysis)

零-极点分析方法是一种对电路的稳定性分析的工具。该分析方法可以用于交流小信号电路传递函数中零点和极点的分析。通常先进行直流工作点分析，对非线性器件求得线性化的小信号模型。在此基础上再分析传输函数的零点、极点。零–极点分析主要用于模拟小信号电路的分析，对数字器件将被视为高阻接地。

13. 传递函数分析(Transfer Function Analysis)

传递函数分析可以分析一个源与两个节点的输出电压，或一个源与一个电流输出变量之间的直流小信号传递函数。也可以用于计算输入和输出阻抗。需先对模拟电路或非线性器件进行直流工作点分析，求得线性化的模型，然后再进行小信号分析。输出变量可以是电路中的节点电压，输入必须是独立源。

14. 最坏情况分析(Worst Case Analysis)

最坏情况分析是一种统计分析方法。利用该分析方法可以观察到在元件参数变化时，电路特性变化的最坏可能性，适合于对模拟电路直流和交流小信号电路的分析。所谓最坏情况是指电路中的元件参数在其容差域边界点上取某种组合时所引起的电路性能的最大偏差，而最坏情况分析是在给定电路元件参数容差的情况下，估算出电路性能相对于标称值时的最大偏差。

用鼠标点击 Simulate→Analysis→Worst Case，将弹出 Worst Case Analysis 对话框，进入最坏情况分析状态。Worst Case Analyses 对话框有 Model to Lerance List、Analysis Parameters、Analysis Options 和 Summary 四个选项，其中 Analysis Options 和 Summary 与直流工作点分析的设置一样。

15. 蒙特卡罗分析(Monte Carlo Analysis)

蒙特卡罗是采用统计分析方法来观察给定电路中的元件参数，按选定的误差分布类型在一定的范围内变化时，对电路特性的影响。用这些分析的结果，可以预测电路在批量生产时的成品率和生产成本。

16. 导线宽度分析(Trace Width Analysis)

导线宽度分析主要用于计算电路中电流流过时所需的最小导线宽度。

17. 批处理分析(Batched Analysis)

在实际电路分析中，通常需要对同一个电路进行多种分析。如对一个放大电路，为了确定静态工作点，需要进行直流工作点分析；为了了解其频率特性，需要进行交流分析；为了观察输出波形，需要进行瞬态分析。批处理分析可以将不同的分析功能放在一起依序执行。

18. 用户自定义分析(User Defined Analysis)

用户自定义分析可以使用户扩充仿真分析功能。用鼠标点击 Simulate→Analysis→User Defined，将弹出 User Defined Analysis 对话框，进入用户自定义分析状态。用户可在输入框中输入可执行的 Spice 命令，点击 Simulate 按钮即可执行此项分析。对话框中 Analysis Options 和 Summary 与直流工作点分析的设置一样。

NI Multisim 是电子电路计算机仿真设计与分析的基础。本节介绍了 Multisim 的基本操作、Multisim 的文件操作、Multisim 的电路创建、Multisim 的仪器仪表的使用和 Multisim 的电路分析方法。

软件学习最重要的是实践，需要在实际的电路设计与仿真分析中，通过学习电子电路设计实践的过程，熟练地掌握和使用 Multisim 仿真软件。

6.3　电子电路设计实践

6.3.1　音频信号发生器的设计

音频信号发生器是指能够产生音频范围的正弦信号的电子仪器。音频信号发生器是模拟电子线路实验中不可缺少的设备之一，在实践和科技领域有着广泛的应用，如电子系统、自动控制和科学实验等领域。自行设计和制作一个能产生音频信号的电子系统，不仅能运用所学知识，学会设计简单电子系统的技能，而且对实际工作中有着很大的实用价值。

1. 设计内容

设计一个音频信号发生器，能够产生音频范围的正弦信号。

2. 设计要求

设计指标及要求如下：

（1）频率范围：200Hz~20kHz；

（2）频率特性：200Hz~20kHz；

（3）电压输出：<±3dB；

（4）输出电压 V_o：>2V（连续可调）；

（5）非线性失真 γ：<0.5%。

3. 设计原理

一般要产生几十千赫兹以下的正弦信号，多采用正弦波振荡电路。所谓振荡电路是一种能将直流能量转换成具有一定频率和幅度以及一定波形的交流能量输出的电路。振荡电路按振荡原理分为反馈振荡器、负阻振荡器；按振荡频率分为低频振荡器、高频振荡器；振荡电路按振荡波形分为正弦波振荡电路和非正弦波振荡电路；按选频网络所用器件分为LC振荡电路、RC振荡电路和石英晶体振荡电路。

正弦波振荡电路是电子技术中的一种基本电路，它在测量、通信、无线电技术、自动控制和热加工等许多领域有着广泛的应用。本设计采用反馈的概念来分析正弦振荡电路的特性，即将正弦波振荡电路分成放大电路、形成正反馈并满足相位平衡条件的反馈网络、具有频率选择特性的选频网络以及能够稳定输出波形的稳幅环节等几个部分。然后再分析电路的起振条件，即振荡电路中必须引入正反馈，且要有外加的选频网络。这种分析方法由于具有简便性，被证明是工程中非常实用的分析方法。

音频信号发生器包括放大电路、选频网络、稳幅网络和反馈网络四大模块。振荡器发出正弦信号，经过选频网络选择出设计目标所要求的频率范围，再经过稳幅网络，得到理想的、符合要求的正弦信号，即音频信号。

1）振荡电路的选择

常用的正弦振荡器有LC振荡器，RC振荡器，石英晶体振荡器。LC振荡器的工作频率在1MHz以上，RC振荡器的工作频率在几Hz~1MHz之间，石英晶体振荡器的工作频率在几十MHz以上。由于音频信号是频率在200Hz~20kHz的正弦信号，因此选择RC正弦振荡器。文氏电桥振荡器又是RC正弦振荡器中电性能良好、频率范围最为合适的电路，所以选用文氏电桥振荡器，用有恒流源负载的射极输出器。正弦波振荡电路的方框图如图6.3-1所示。

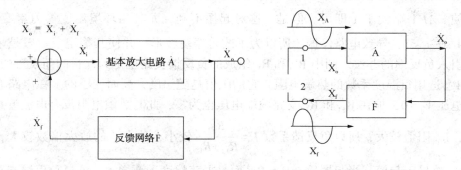

图6.3-1　正弦波振荡电路的方框图

图6.3-2为RC文氏电桥振荡电路的原理线路图。如果先不考虑 R_{F1} 和 R_{F2} 负反馈支路的作用，可以看到输出电压 V_o 是由RC串并联网络分压后送到同相输入端，等效电路可简化为图6.3-3。

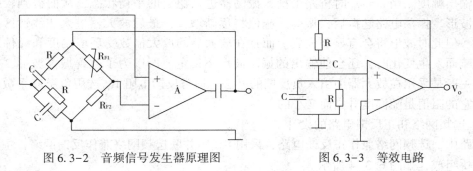

图6.3-2　音频信号发生器原理图　　　图6.3-3　等效电路

2）放大环节的设计

放大环节是振荡电路的核心电路，它的放大倍数和频率响应直接影响着起振条件和振荡器的稳定性。为了保证具有较高的开环增益，较好的频率响应，本设计中选用了集成运算放大器LM324AJ作为放大环节。但是，文氏桥振荡器所能产生的最高频率，与所用运放的频率特性直接相关。这是由于集成运放是由多级放大器组成，工作频率提高时，会产生附加相移，所以运算放大器在闭环工作时的负反馈，有可能变成正反馈，使电路工作不稳定，甚至产生寄生振荡。

另外，集成运放由于内部寄生电容的存在，将使其对大幅度信号变化的适应能力降低，所以只有在变化斜率绝对值小于运放的转换速率SR时，输出才能同输入信号按线性变化规律变化。可见集成运放的转换速率SR，限制了运放输出端所能提供的最大不失真幅度，因而也限制了文氏振荡器的最高振荡频率 f_{omax}。

3）稳幅网络的设计

当 $\dot{A} > 3$ 时，振荡电路产生振荡，若 $|\dot{A}|$ 选得过大，使 $\dot{A}\dot{F} \geq 1$，振荡的幅值将逐渐增大，最后放大器进入非线性区，导致 $|\dot{A}|$ 又随之减小，直到 $|\dot{A}\dot{F}| = 1$ 时，振荡才稳定，形成等幅振荡。但此时波形将会有显著失真，而且在放大器的放大倍数受环境温度和元件

老化等因素影响而发生变化时，还会使输出的振荡波形不稳定。要减小失真，可以选 $|\dot{A}|$ 小一些，使 $|\dot{A}\dot{F}|$ 略大于 1 即可。但是，这对起振不利，尤其当环境温度等因素变化时，很可能使 $|\dot{A}\dot{F}|<1$，导致电路停振。所以为了改善振荡波形，并使其稳定，一般是采用在放大器中引入负反馈的办法。图中 R_{F1} 和 R_{F2} 组成的负反馈支路就是为此目的而设置的。

通常 R_{F1} 选用负温度系数的热敏电阻。它的阻值是随温度升高而变小的。在电路起振之前，输出电压 $V_o=0$，加在 R_{F1} 和 R_{F2} 支路两端电压也为零，此时热敏电阻没有电流流过，不消耗功率，R_{F1} 阻值较大，所以负反馈系数 $F=\dfrac{R_{F2}}{R_{F1}+R_{F2}}$ 较小，放大器的放大倍数较大，保证 $|\dot{A}\dot{F}|>1$，故易于起振。当起振后，$V_o\neq0$，而且振荡幅度逐渐增大，流过负反馈支路的电流逐步加大，R_{F1} 的温度将升高，阻值也就逐渐减小，从而使负反馈加强，$|\dot{A}|$ 减小，直到 $|\dot{A}\dot{F}|=1$，电路则进入稳幅振荡状态。可见，由热敏电阻组成的负反馈支路，可以自动调节放大器的放大倍数，既能保证振荡器可靠地振荡，又可使放大器不进入非线性区而自动稳定输出幅度。当 $\omega=\omega_0$ 时桥路平衡，振荡器进入稳定的平衡状态，从而得到较好的正弦振荡波形。振荡电路起振后，振荡的幅值将逐渐增大，最后放大器进入非线性区，振荡才稳定，但此时波形将会有显著失真。而且在放大器的放大倍数受环境温度和元件老化等因素影响而发生变化时，还会使输出的振荡波形不稳定。所以为了改善振荡波形，并使其稳定，一般是采用在放大器中引入负反馈的办法。通常反馈电阻 R_{F1} 选用负温度系数的热敏电阻，它的阻值是随温度升高而变小的。

4）选频网络和正反馈电路的设计

电路中，选频网络兼作正反馈电路，采用 RC 串并联选频网络兼作反馈网络，主要是由文氏电桥组成，如图 6.3-4 所示。

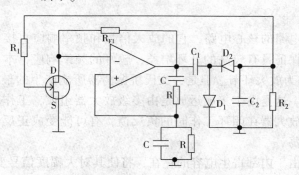

图 6.3-4　场效应管组成的稳幅网络

4. 安装与调试

为得到连续可调、波形又好的正弦振荡，选用文氏电桥振荡电路。负反馈支路用结型场效应管作压敏电阻，为了使场效应管得到合适的栅源控制电压 V_{GS}，倍压检波电路的输出直流电压 V，用 R_2 和 R_3 分压后再同管子栅极相连。此外，为了提高电路的负载能力，并使负载同振荡电路更好地隔离，在输出端接了射极输出器，起到隔离的作用。电路中采用了恒流源作射极负载的射随器电路，输出电压由电位器 R_2 滑动端取出，幅度连续可调。音频信号发生器整机电路如图6.3-5所示。

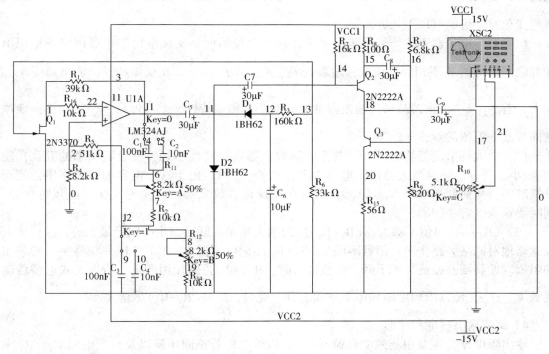

图 6.3-5　音频信号发生器整机电路

1) 粗调振荡器电路和射级输出器

为了便于检查电路工作情况，先将 C_3 断开，分别检查振荡电路和射随器电器。振荡电路如果设计和安装无误，接通电源即应起振。C_3 输出端可以得到正弦信号，若无振荡波形，一般有两个原因：一是无正反馈，二是闭环放大倍数小。首先检查正反馈支路是否接通，元件是否连接正确。然后则可放大 R_1，提高闭环增益。若仍不起振，则应检查运算放大器性能是否正常。如果增大 R_1 后起振了，说明负反馈太大，可适当加大 R_1 使振荡波形稳定。正常情况下，改变 R_1 能控制输出幅度，调节双连电位器能改变频率，并且波形无明显失真。

振荡电路基本上正常工作后，测试射极输出器静态工作点是否与设计值相符。T_2、T_3 均应处在导通状态，$V_{CQ_3} \approx 8V$，若有偏离可适当调节 R_6。静态调好后，连通 C_3，输出端应有完好的正弦波形。若出现波形失真，说明射极输出器静态工作不适合，需要重调。

2) 调节振荡器的频率范围

振荡器的频率主要由 R、C 的值决定的。当确定 C 后，改变 R 值从最小到最大，应满足 200Hz~2kHz 或 2~20kHz 的频率范围。若低频端达不到要求，说明 (R_4+R_5) 对 R_{max} 的旁路作用大，应适当加大 (R_4+R_5) 的阻值。若高频率达不到要求，则可适当减小串联电阻 680Ω 的阻值。

3) 调节幅频特性

一个性能良好的振荡器一定要有好的幅频特性。就是它在调节振荡频率时，输出电压的幅度保持不变。从电路工作原理可以知道，为了稳定输出幅度，应当提高稳幅电路的控制能力，即挑选 $\dfrac{\Delta R_{DS}}{\Delta V_{GS}}$ 大的场效应管。但是，这样做后，随着振荡频率的改变，输出幅度仍有些变化时，可能有以下几方面原因：

（1）双连电位器不能严格同步。如果在调节电位器时，文氏电桥中串联网络中电阻 R 和并联网络中的 R 不相等，使其传输系数 $F_{max} \neq \dfrac{1}{3}$ 若 $F_{max} > \dfrac{1}{3}$，正反馈加强，输出幅度 V_{OPP} 加大；若 $F_{max} < \dfrac{1}{3}$，正馈减弱，输出幅度 V_{OPP} 减小，幅频特性变差。可见，一定要选择能严格同步改变阻值的双连电位器。

（2）放大环节高频特性不好。首先运算放大器高频特性不好，就会随频率的升高，使 V_{om} 减小。另外，运算放大器输入电容太大，当 $f = f_{max}$ 时，由于这一电容的旁路作用，使正反馈减弱，从而使高频时 V_{OPP} 降低，所以在选择运算放大器时，一定要保证高频特性好，同时要输入电容小的器件。

（3）$(R_4 + R_5)$ 阻值不够大。$(R_4 + R_5)$ 应当选大于串并联网路中的阻值最大值，这样才可以忽略他对网络旁路作用。但若不满足 $(R_4 + R_5) \gg R$，则 $(R_4 + R_5)$ 与 R 并联将明显影响 R 的阻值。尤其随着振荡频率下降，R 值较大时，R_4、R_5 旁路作用严重。所以文式电桥传输系数 $F_{max} < \dfrac{1}{3}$，使输出幅度随频率下降而上升。此时，应使 $(R_4 + R_5)$ 尽量大一些。

4）调节输出幅度和波形

输出幅度 V_{OPP} 主要由场效应管偏压 V_{GS} 和检波二极管正向压降以及分压电阻 R_2、R_3 来决定。$(V_{opp} - 2V_D)\dfrac{R_3}{R_2 + R_3} = |V_{GS}|$，当 V_D、$|V_{GS}|$ 确定后，提高输出幅度可适当减小 $\dfrac{R_3}{R_2 + R_3}$ 分压比。若 R_2、R_3 以及 V_D 确定了，适当选取零漂移点偏压较大的场效应管。

波形非线性失真的大小，通常与倍压检波输出的纹波大小和场效应管 $I_{DS}-V_{DS}$ 曲线是否与原点对称等因素有关。为降低振荡波形的失真度，应适当加大检波器的时间常数，选择 $I_{DS}-V_{DS}$ 比较理想的场效应管。同时还要注意选择转换速率 SK 较高、高频响应较好的运算放大器，以便减小高频时信号的非线性失真。如果输出幅度 V_{OPP} 太大，还会因运算放大器或射极输出的动态范围不够而产生切波失真。此时，应注意减轻负载或减小输出幅度。调试后的仿真波形如图 6.3-6 和图 6.3-7 所示，图 6.3-6 为起振波形，图 6.3-7 为稳幅振荡波形。

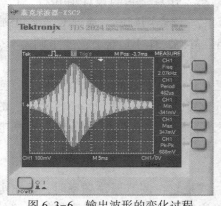

图 6.3-6　输出波形的变化过程

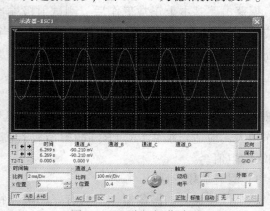

图 6.3-7　稳幅振荡波形

5. 仪器设备和元器件

音频信号发生器用到的元器件型号、数量等参数如表 6.3-1 所示。

表 6.3-1 元器件清单

名 称	型 号	数 量	大 小
放大器	LM324AJ	1	
双联电位器		1	
滑动变阻器	R_{11}	1	5.1kΩ
滑动变阻器	R_{12}、R_{14}	2	8.2kΩ
电解电容	C_1、C_3、C_4、C_5、	4	30μF
电解电容	C_2	1	10μF
电容	C_6、C_8	2	0.1μF
电容	C_7、C_9	2	0.01μF
场效应管	2N3370	1	
二极管	1BH62	2	
三极管	2N1711	2	
电源		2	+15V、−15V

6.3.2 音调控制电路的设计

音调控制电路是利用电子线路的频率特性原理，人为地改变信号的高、中、低频成分的比重，来改变信号原有的频率特性，适时调整音色，改善音响的放音音质，补偿扬声器系统及放音场所的音响不足，使音乐更符合听众的听觉及爱好。

1. 设计内容

设计一个音调控制电路，要有足够的高、低音调节范围，但又同时要求高、低音从最强到最弱的整个过程里，中音信号(通常指1kHz)不发生明显的幅度变化，以保证音量大致不变。

2. 设计要求

(1) 灵敏度：输出电压 V_o>500mV 时，输入电压 V_i<50mV。

(2) 通频带：通频带 f_{bw} 为 20Hz～20kHz。

(3) 音调控制范围：低音 100Hz±12dB，高音 10Hz±12dB。

(4) 输入阻抗：输入阻抗 r_i>500kΩ。

(5) 失真度：失真度 γ<1%。

(6) 三极管：电路中的三极管均为结型场效应管。

3. 总体设计方案

常见的音调控制电路主要有两种，分别是衰减型 RC 音调控制电路和反馈型音调控制电路。

1) 衰减式 RC 音调控制电路

衰减式音调控制电路调节范围较宽，但因中音电平要做很大衰减，且在调整过程中整个电路的阻抗随之而改变，虽然噪声和失真比较大，但早期音响采用比较多。衰减式音调控制电路如图 6.3-8 所示。

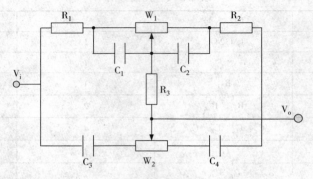

图 6.3-8 衰减式音调控制电路

本电路由 RC 网络构成高、低音音调控制电路。其中，电容 C_1、C_2 的容量要高于 C_3、C_4，W_1 和 W_2 的阻值远大于 R_1、R_2，满足这些条件，衰减式音调控制电路才有足够的调节范围，并且 W_1、W_2 分别只对高音、低音起调节作用，调节时中音的增益基本不变，其值约等于 R_2/R_1。

W_1 为低音调节电位器，W_2 为高音调节电位器。当低音电位器 W_1 滑动臂向左端移动时，C_1 视为短路，低音获得提升，当 W_1 的动臂滑向右端时，受到 W_1 的衰减，使低音输出相对地被衰减，高音信号因 C_2 对高音而言近似旁路，故不受 W_1 调节的影响。

当高音电位器 W_2 的动臂滑向左端时，因 C_3 容量较小，故而对高音的阻抗较小，而对低、中音仍有较大阻抗，所以低、中音基本不通过高音电路，从而使高音获得较大的输出，实现对高音的提升。当高音电位器 W_2 的动臂滑向右端时，高音输出降低（C_3、C_4 对高音而言，可视为短路）。

这种衰减式音调控制电路的调节范围可以做得较宽，由 R_1、R_2 的比值决定，R_1 与 R_2 的比值越大，高、低音的调节范围就越宽，但此时中音的衰减也越大。因中音电平要作很大衰减，并且在调节过程中整个电路的阻抗也在变，所以噪声和失真大一些。由此采用噪声和失真较小的负反馈音调控制电路。

2）负反馈音调控制电路

负反馈音调控制电路由于有反馈作用，噪声和失真较小，但调节范围受最大负反馈量的限制，一般用于较常见的低档音响上，较衰减式音调控制电路更容易满足一般大众的听音要求。因此，负反馈式音调控制电路更具有实用性和普及性。负反馈音调控制电路如图 6.3-9 所示。

该电路调试方便，反馈的存在使得信噪比较高。低音调节时，当 W_1 滑臂到左端时，C_1 视为短路，低音信号经过 R_1、R_3 直接送入运放；而低音输出则经过 R_2、W_1、R_3 负反馈送入运放，负反馈网络阻抗愈大，负反馈量愈小，放大倍数愈大，因而低音提升量随 W_1 动臂从中心点向左滑动而逐渐增至最大；当 W_1 滑臂到右端时，则刚好与上述情形相反，因而低音衰减最大。不论 W_1 的滑臂怎样滑动，因为 C_1、C_2 对高音信号可视为是短路的，所以此

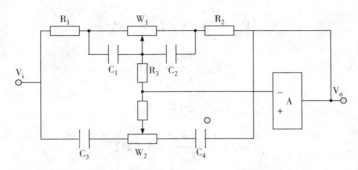

图 6.3-9　负反馈式高低音调节的音调控制电路

时对高音信号无任何影响。高音调节时，当 W_2 滑臂到左端时，高音信号经过 C_3、C_4 直接送入运放；而高音输出则经过 C_4、W_2、R_4 负反馈送入运放，负反馈量最小，因而高音提升量最大；当 W_2 滑臂到右端时，则刚好相反，因而高音衰减最大。不论 W_2 的滑臂怎样滑动，因为 C_3 对中低音信号可视为开路，所以此时对中低音信号无任何影响。普及型功放一般都使用这种音调处理电路。负反馈式音调控制电路的噪声和失真较小，但调节范围受最大负反馈量的限制，调节范围不大，故而设计衰减负反馈混合式电路，使实用性进一步提高。

通过以上两种音调控制电路工作原理的分析，衰减式 RC 音调控制电路结构简单、工作稳定、调节范围也大，但是该电路无放大作用，能量损耗大，要提高信噪比需加放大器。另外调节 W_1 和 W_2 时，网络输入阻抗变化较大，容易引起信号失真。负反馈音调控制电路由于有反馈作用，噪声和失真较小，但调节范围受最大负反馈量的限制，一般在较常见的低档音响上使用，较衰减式音调控制电路更容易满足一般大众的听音要求，因此，负反馈式音调控制电路更具有实用性和普及性。本设计选用衰减反馈式电路，它调节范围虽小，但失真小，信号无衰减。为了提高整机电路的输入阻抗和信噪比，在音调调节网络之前，加入了场效应管前置级放大器和源极跟随器。源极跟随器输入阻抗很小，可以把前置放大器同音调控制网络很好地隔离，保证音调控制电路具有更理想的幅频特性。

4. 音调控制电路参数的计算

1）确定转折频率

因为通频带 f_{bw} 为 20Hz～20kHz，所以 $f_{L_1} = 20$Hz，$f_{H_2} = 20$kHz；又知 $f_{L_x} = 100$Hz 时，提升、衰减量为±12dB，$f_{H_x} = 10^4$Hz 时，提升、衰减量为±12dB。可求得：

$$f_{L_2} = f_{L_x} \times 2^{\frac{12}{6}} = 400\text{Hz}$$

$$f_{H_1} = f_{H_x} / 2^{\frac{12}{6}} = 2.5\text{kHz}$$

2）确定放大单元和 W_1、W_2 的参数

因为要求放大单元具有较高的开环增益和输出阻抗，一般选取集成运放或场效应管放大器较为合适。根据本题指标规定，这里选用场效应管 3DJ6，并要求管子参数 $V_p > 1$V，$I_{DSS} > 1$mA，$g_m > 0.5$mA/V。

选定电源电压 $E_D = 12$V，经测试管子参数为 $I_{DSS} = 2.5$mA，$V_p = 2$V，$g_m = 1$mA/V。

为了使管子动态范围较大，静态工作点尽量靠近中点，取：

$$V_{GS} = \frac{V_p}{2} = 1V, \quad I_{DQ} = 1mA$$

所以
$$R_{14} = \frac{V_{GS}}{I_{DQ}} = 1k\Omega$$

通常要求
$$V_{DS} \approx \frac{1}{2}(E_D - V_S)$$

所以
$$R_{13} = \frac{(E_D - V_S)}{2I_{DQ}} = 5.5k\Omega$$

选取 R_{12} 尽量大一些，确保放大单元输入阻抗较高，不影响控制电路正常工作，所以取 $R_{12} = 1M\Omega$，则

$$C_9 \geq \frac{1 + g_m R_{14}}{2\pi f_L R_{14}} = \frac{1 + 1}{2\pi \times 20 \times 10^3} = 15.9\mu F, \quad 取 C_9 为 50\mu F。$$

为了调节输出电压的幅度，接 47k 电位器 W_3 作负载，由滑动端输出，要求：

$$C_8 > (3 \sim 10)\frac{1}{2\pi f_{L_1} W_3}, \quad 取 C_8 为 10\mu F$$

反馈支路电容 C_{10} 应不影响反馈信号的传送，要求它在最低信号频率的容抗远小于 R_{10} 的阻抗。即：

$$C_{10} > \frac{1}{2\pi f_L R_{10}}, \quad 取 C_{10} 为 0.2\mu F。$$

因为场效应管输入阻抗足够大，同时还要满足低频提升和衰减量的要求，所以选取 W_1 和 W_2 为 $510k\Omega$ 的线性电位器。

3）估算音调控制网络的元件参数

$$C_6 = \frac{1}{2\pi W_2 f_{L_1}} = \frac{1}{2\pi \times 510 \times 10^3 \times 20} = 0.015\mu F, \quad 取 C_6、C_5 为 0.015\mu F。$$

$$R_{10} = \frac{W_2}{\dfrac{f_{L_2}}{f_{L_1}} - 1} = 26.8k\Omega, \quad 取 R_8 = R_9 = R_{10} 为 33k\Omega。$$

$$R_{11} = \frac{R_a}{\dfrac{f_{H_2}}{f_{H_1}} - 1} = 14.1k\Omega, \quad 取 R_{11} 为 12k\Omega。$$

$$C_7 = \frac{1}{2\pi f_{H_2} R_{11}} = \frac{1}{2\pi \times 20 \times 10^3 \times 12 \times 10^3} \approx 664pF, \quad 取 C_7 为 680pF。$$

4）前置级电路的计算

（1）前置放大器的计算

从整机电路来看，主要电压增益靠前置级来完成，前置级由前置放大器和源极跟随器构成，若它们的电压放大倍数分别为 A_{vm1} 和 A_{vm2}，则应满足：

$$A_{vm1} \cdot A_{vm2} \geq \frac{V_0}{V_i} \geq 10, \quad 考虑到源极跟随器 A_{vm2} < 1，取：A_{vm1} = 12。$$

选取 3DJ6，经测试求得参数为：$I_{\text{DSS}} = 1.6\text{mA}$，$V_{\text{p}} = 0.7\text{V}$，$g_{\text{m}} = 1.3\text{mA/V}$。

为了降低噪声系数，前置放大器静态工作点一般选取低一些，但又要保证足够的动态范围，使最大输入信号不致产生失真。

取 $V_{\text{GS}} = -0.5\text{V}$

$$I_{\text{DQ}} = I_{\text{DSS}}\left(1 - \frac{V_{\text{GS}}}{V_{\text{p}}}\right)^2 = 0.13\text{mA}$$

$$R_{\text{S}} = R_3 + R_4 = \frac{V_{\text{S}}}{I_{\text{DQ}}} = 3.85\text{k}\Omega$$

取

$$V_{\text{DS}} = \frac{E_{\text{D}} - V_{\text{S}}}{2} \approx 6\text{V}$$

$$R_2 = \frac{E_{\text{D}} - V_{\text{DS}} - V_{\text{S}}}{I_{\text{DQ}}} \approx 42\text{k}\Omega,\ \text{取}\ R_2\ \text{为}\ 39\text{k}\Omega$$

因为 $R_3 \approx \dfrac{R_2}{A_{\text{vm}}} = 3.25\text{k}\Omega$，所以 $R_4 = 3.85 - 3.3 = 0.55\text{k}\Omega$，取 $R_4 = 560\Omega$。

为了保证输入电阻较高，取 $R_1 = 1\text{M}\Omega$。

设计要求 $C_1 > (3 \sim 10)\dfrac{1}{2\pi f_2 R_1}$，所以 $C_1 = 0.08\mu\text{F}$，取 C_1 为 $10\mu\text{F}$。

$$C_2 \geqslant \frac{1 + g_{\text{m}}R_4}{2\pi f_{\text{L}}R_4} \approx 25\mu\text{F},\ \text{取}\ C_2\ \text{为}\ 50\mu\text{F},\ C_3\ \text{为}\ 10\mu\text{F}。$$

（2）源极跟随器的估算

选择 3DJ6，参数为 $I_{\text{DSS}} = 4.7\text{mA}$，$V_{\text{p}} = 1.4\text{V}$，$g_{\text{m}} = 1.1\text{mA/V}$。为使动态范围较大，选取静态工作点在转移特性的中间位置。

取 $V_{\text{GS}} = -0.7\text{V}$

$$I_{\text{DQ}} = I_{\text{DSS}}\left(1 - \frac{V_{\text{GS}}}{V_{\text{p}}}\right)^2 \approx 1.2\text{mA}$$

$$V_{\text{S}} \approx \frac{E_{\text{D}}}{2} = 6\text{V}$$

$$R_7 = \frac{V_{\text{S}}}{I_{\text{DQ}}} = 5\text{k}\Omega,\ \text{取}\ R_7\ \text{为}\ 5.1\text{k}\Omega。$$

为了保证输入阻抗 $> 500\text{k}\Omega$，并保证 V_{GS} 的静态偏置，取 R_5、R_6 为 $1.5\text{M}\Omega$，取 C_4 为 $10\mu\text{F}$。

5）音调控制网络设计校核

（1）转折频率：

$$f_{\text{L}_1} = \frac{1}{2\pi W_2 C_6} = 20.8\text{Hz}$$

$$f_{\text{L}_2} = \frac{W_2 + R_0}{2\pi W_2 R_{10} C_6} = 342\text{Hz}$$

$$f_{H_1} = \frac{1}{2\pi C_7 (R_{11} + 3R_{10})} = 2.1\text{kHz}$$

$$f_{H_2} = \frac{1}{2\pi C_7 R_{11}} = 19.5\text{kHz}$$

（2）提升量：

$$A_{VB} = \frac{R_{10} + W_2}{R_8} = 16,\ \text{即 } 24\text{dB}$$

$$A_{VC} = \frac{R_8}{R_{10} + W_2} = 0.06,\ \text{即} -24\text{dB}$$

$$A_{VT} = \frac{R_{11} + 3R_8}{R_{11}} = 9.25,\ \text{即 } 19\text{dB}$$

$$A_{VTC} = \frac{R_{11}}{R_{11} + 3R_8} = 0.108,\ \text{即} -19\text{dB}$$

本设计因为取 W_1 和 W_2 值较大，所以理论分析低音提升和衰减均超出 $\pm20\text{dB}$。其他数值均接近设计要求。

5. 电路的调试

1）检查 T_1、T_2、T_3 静态工作点是否正确

测量静态工作点时，因为场效应管输入电阻较高，在万用表内阻较小时，不能用万用表直流电压挡测量场效应管栅极电位，一般用万用表量测源极电位 V_S 较方便，然后推算 V_{GS} 值。

如果测得 V_{GS} 值与设计值偏离时，应调整 R_4、R_7 和 R_{14}，改变 T_1、T_2 和 T_3 的静态工作点，直至符合设计值为止。

2）加入输入信号 V_i，测得中频信号工作情况

首先调节 W_1、W_2 滑动端至中点，W_3 置最大位置。加入输入信号 V_i，频率 $f = 1\text{kHz}$，看示波器波形是否正常。

如果出现切顶或切底失真，说明静态工作点不合适。可由后级至前级逐级查线，确定产生失真的部位。并根据失真情况，重新调整自给偏压电阻，以便改变该级工作点，直到波形不失真为止。但在调整 T_1 管放大电路时，有可能因为 R_2 太大，改变 R_4 阻值对工作点影响很小，此时需要减小 R_2 和 R_3，再调整 R_4。这时不仅要注意工作点合适，同时还应使放大倍数符合指标要求。

如果波形正常，只是当 $V_i = 50\text{mV}$ 时，$V_o < 500\text{mV}$。说明整机放大倍数偏低，可适当加大 R_2。

6. 指标测试

1）测试灵敏度

接线及 W_1、W_2 和 W_3 的位置同上，在 $V_i = 50\text{mV}$ 不变的条件下，改变信号频率从 20Hz～50kHz。测出对应 V_o 数值。下限频率 f_l 应小于 20Hz，上限频率 f_h 应大于 20kHz。

2）测试高低音提升和衰减曲线

W_3 至最大位置，输入信号 V_i 的幅值不变，选择 V_i 大小时应注意在高低频最大提升时，输出不应出现切波失真。改变信号频率 f，从 20Hz 到 50kHz，按下述 W_1 和 W_2 的位置

进行测试：

（1）W_2 和 W_1 滑动端置于左端（A、C 端），测出低音和高音的提升特性；

（2）W_2 和 W_1 滑动端置于右端（B、D 端），测出低音和高音的衰减特性。

3）测试失真度

在 $V_0 = 500\text{mV}$ 时，测出 $f = 100\text{Hz}$、1kHz、10kHz 时的失真度，所测数值应小于 1%。

6.3.3 函数信号发生器的设计

函数信号发生器一般是指能自动产生正弦波、三角波、方波、锯齿波及阶梯波等电压波形的电路或仪器。根据用途不同，有产生三种或多种波形的函数发生器，使用的器件可以是分立器件，也可以采用集成电路。为了进一步掌握电路的基本理论及实验调试技术，本课题设计由集成运算放大器与晶体管差分放大器组成的方波-三角波-正弦波函数发生器。

1. 设计内容

设计一个能输出正弦波、方波、三角波等波形的函数信号发生器。

2. 设计要求

函数信号发生器的主要技术指标：

（1）输出波形；正弦波、方波、三角波等。

（2）频率范围：$1 \sim 10\text{Hz}$，$10 \sim 100\text{Hz}$。

（3）输出电压：方波 $U_{\text{p-p}} = 24\text{V}$，三角波 $U_{\text{p-p}} = 6\text{V}$，正弦波 $U > 1\text{V}$。

（4）波形特征：方波 $t_r < 10\text{s}$（1kHz，最大输出时），三角波失真系数 $THD < 2\%$，正弦波失真系数 $THD < 5\%$。

3. 总体设计方案

1）方波-三角波电路

图 6.3-10 所示为产生方波-三角波电路。工作原理如下：若 a 点短开，运算放大器 A_1 与 R_1、R_2 及 R_3、RP_1 组成电压比较器，C_1 为加速电容，可加速比较器的翻转。

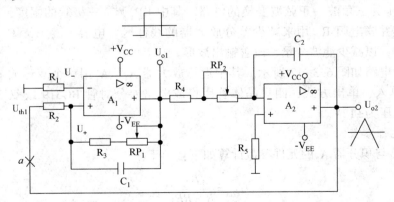

图 6.3-10 方波-三角波产生电路

由分析可知比较器有两个门限电压：

$$U_{\text{th1}} = \frac{-R_2}{R_3 + RP_1} V_{\text{CC}}, \quad U_{\text{th2}} = \frac{R_2}{R_3 + RP_1} V_{\text{CC}}$$

运放 A_2 与 R_4、RP_2、C_2 及 R_5 组成反相积分器，其输入信号为方波 U_{o1} 时，则输出积分器的电压为：

$$U_{o2} = \frac{-1}{(R_4 + RP_1)C_2}\int U_{o1}\mathrm{d}t$$

当 $U_{o1=+}V_{CC}$ 时，$U_{o2} = \frac{-V_{CC}}{(R_4+RP_1)C_2}t$

当 $U_{o1=-}V_{EE}$ 时，$U_{o2} = \frac{V_{EE}}{(R_4+RP_1)C_2}t$

可见积分器输入方波时，输出是一个上升速率与下降速率相等的三角波。a 点闭合，即比较器与积分器首尾相连，形成闭环电路，则自动产生方波-三角波。

三角波的幅度为：$U_{o2m} = \frac{R_2}{R_3+RP_1}V_{CC}$

方波-三角波的频率为：$f = \frac{R_3+RP_1}{4R_2(R_4+RP_1)C_2}$

由上分析可知：

电位器 RP_2 在调整方波-三角波的输出频率时，不会影响输出波形的幅度。方波的输出幅度应等于电源电压，三角波的输出幅度应不超过电源电压。电位器 RP_1 可实现幅度上微调，但会影响波形的频率。

2）三角波-正弦波的变换

三角波-正弦波的变换主要用差分放大器来完成。差分放大器具有工作点稳定，输入阻抗高、抗干扰能力强等优点。特别是作直流放大器时，可以有效地抑制零点漂移，因此可将频率很低的三角波变换成正弦波。波形变换的原理是利用差分放大器传输特性的非线性。传输特性曲线越对称，线性区越窄越好，三角波的幅度 U_m 应正好使晶体管接近饱和区或截止区。

图 6.3-11 为三角波→正弦波变换的电路。其中 RP_1 调节三极管的幅度，RP_2 调整电路的对称性，其并联电阻 R_{E2} 用来减少差分放大器的线性区。电容 C_1、C_2、C_3 为隔直电容，C_4 为滤波电容，以减少滤波分量，改善输出波形。

整个设计电路如图 6.3-12 所示。其中运算放大器 A_1、A_2 用一个双运放 μA747，差分放大器采用单入、单出方式，四只晶体管用集成电路差分对管 BG319 或双三极管 S3DG6 等。取电源电压为 ±12V。

4. 计算元件参数

比较器 A_1 与积分器 A_2 的元件参数计算如下：由于

$$U_{o2m} = \frac{R_2}{R_3+RP_1}V_{CC}$$

因此，

$$\frac{R_2}{R_3+RP_1} = \frac{U_{o2m}}{V_{CC}} = \frac{4}{12} = \frac{1}{3}$$

取 $R_3 = 10\mathrm{k}\Omega$，则 $R_3+RP_1 = 30\mathrm{k}\Omega$，取 $R_3 = 20\mathrm{k}\Omega$，RP_1 为 47 $\mathrm{k}\Omega$ 的电位器。取平衡电阻 R_1

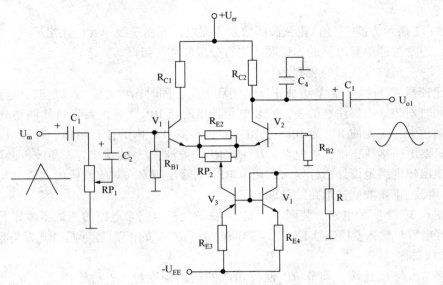

图 6.3-11　三角波→正弦波变换电路

$= R_2 // (R_3 + RP_1) \approx 10\text{k}\Omega$。因为

$$f = \frac{R_3 + RP_1}{4R_2(R_4 + RP_1)C_2}$$

当 $1\text{Hz} \leq f \leq 10\text{Hz}$ 时，取 $C_2 = 10\mu\text{F}$，则 $R_4 + RP_2 = (75 \sim 7.5)\text{k}\Omega$，取 5.1kΩ，$RP_2$ 为 100kΩ 的电位器。当 $19\text{Hz} \leq f \leq 100\text{Hz}$，取 $C_2 = 1\mu\text{F}$ 以实现频率波段的转换，R_4、RP_2 的值不变。取平衡电阻 $R_5 = 10\text{k}\Omega$。

三角波-正弦波变换电路的参数选择原则是：隔直电容 C_3、C_4、C_5 要取得大，因为输出频率较低，取 $C_3 = C_4 = C_5 = 470\mu\text{F}$，滤波电容 C_6 一般为几十皮法至 $0.1\mu\text{F}$。$R_{E2} = 100\Omega$ 与 $RP_4 = 100\Omega$，相并联，以减少差分放大器的线性区。差分放大器的静态工作点可通过观测传输特性曲线，调整 RP_4 及电阻 R^* 确定。

5. 方波-三角-正弦波函数发生器电路图

根据以上设计，可画出方波-三角-正弦波函数发生器电路图如图 6.3-12 所示。

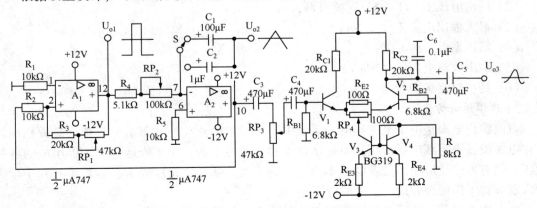

图 6.3-12　方波-三角-正弦波函数发生器电路图

6. 安装与调试

图 6.3-12 所示方波-三角-正弦波函数发生器电路是由三级单元电路组成的，在装调多级电路时，通常按照单元电路的先后顺序进行分级装调与级联。

1）方波-三角波发生器的装调

由于比较器 A_1 与积分器 A_2 组成正反馈闭环电路，同时输出方波与三角波，这两个单元电路可以同时安装。需要注意的是，安装电位器 RP_1 与 RP_2 之前，要先将其调整到设计值，如设计举例题中，应先使 RP_1 为 $10k\Omega$，RP_2 取 $(2.5\sim70)\Omega$ 内的任一阻值，否则电路可能会不起振。只要电路接线正确，上电后，U_{o1} 的输出为方波，U_{o2} 的输出为三角波，微调 RP_1，使三角波的输出幅度满足设计指标要求，调节 RP_2 则输出频率在对应波段内连续可变。

2）三角波-正弦波变换电路的装调

按照图 6.3-12 所示电路，装调三角波-正弦波变换电路。电路的调试步骤如下：

（1）经电容 C_4 输入差模信号电压 $u_{id} = 500mV$，$f_i = 100Hz$ 的正弦波。调节 RP_4 及电阻 R^*，使传输特性曲线对称。

（2）将 RP_3 与 C_4 连接，调节 RP_3 使三角波的输出幅度经 RP_3 后输出等于 u_{idm} 值，这时 U_{o3} 的输出波形应接近正弦波，调整 C_6 大小可以改善输出波形。

3）性能指标测量与误差分析

（1）方波输出电压 $U_{P-P} \leq 2V_{CC}$ 是因为运放输出级由 NPN 型与 PNP 型两种晶体管组成互补对称电路，输出方波时，两管轮流截止与饱和导通，由于导通时输出电阻的影响，使方波输出度小于电源电压值。

（2）方波的上升时间 t_r 主要受运算放大器转换速率的限制。如果输出频率较高，可接入加速电容 C_1，一般取 C_1 为几十皮法。用示波器或脉冲示波器测量 t_r。

6.3.4 可调直流稳压电源设计

1. 设计内容

设计并制作一个输出电压为连续可调、具有输出保护功能的直流稳压电源。

2. 设计要求

（1）输入电压 U_I：220V±10%；

（2）输出电压 U_o：1～15V 连续可调；

（3）最大输出电流 I_{om}：0.5A；

（4）稳压系数：≤0.05；

（5）输出纹波电压：≤10mV；

（6）具有过流保护功能。

3. 总体设计方案

直流稳压电源是电子电路和电子系统中不可或缺的重要组成部分。目前，集成稳压器已在电源设备中得到广泛使用。但是从成本和实用性来看，用集成运算放大器组成的各种稳压器仍有着广泛应用。二者的基本原理差别不大，从教学角度来看，后者更有利于学生深入掌握其工作原理和培养学生的设计能力。

按工作方式分，稳压电源通常有连续调整式和开关调整式两大类，开关调整式稳压电源因其具有高效率、输出低压及大电流的优点，其应用越来越广泛。

按照输出容量可分为高电压、大电流、低电压和小电流等。在大多数稳压电源中，高电压/小电流和低电压/大电流常是同时成对出现的。采用集成运算放大器组成的稳压电源，在该方面具有特别灵活多变、适应性广的优点。

由稳压电路所要求的输入直流电压和直流电流来选择合适的变压器，确定整流滤波电路的形式，选择满足要求的整流桥和滤波元件，由输出电压和输出电流确定稳压电路的形式，计算各项极限参数来选择稳压电路器件，然后组装电路，进行总体电路的调试。

串联反馈型连续调整式稳压电路是目前使用较普遍的一种稳压器，三端式集成稳压电路大都属于这种类型，其原理框图如图6.3-13所示。

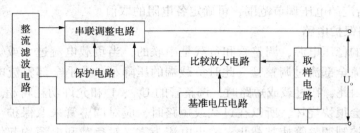

图6.3-13 直流稳压电源电路框图

这种稳压电路各环节的设计原则简述如下：

1）调整环节

调整电路的核心是调整管，输出电压的稳定是通过调整管的调节作用来实现的。调整管的基极受比较放大器的输出电压控制，通过调整管集电极与发射极之间的压降变化来抵消输出电压的变化。因此，设计时必须保证调整管工作在放大区，以实现其调整作用。同时，因调整管与负载是串联的，流过的电流较大，所以设计电路选择调整管时应满足集电极最大允许电流、最大反向击穿电压和功耗的要求，以保证调整管在最不利的情况下，仍能正常工作。

2）比较放大环节

比较放大环节的作用是把输出电压较小的变化量进行放大后去控制调整管，以达到稳定输出电压的目的。将取样电压和基准电压相比较，由基准电压减去取样电压，得到反映U_o变化程度的差值电压，此差值电压加到调整管的基极，调节调整管的基极电流I_B，使调整管的U_{CE}作相应的变化。为了提高调节灵敏度，往往把比较后的差值电压加以放大，比较放大电路的电压放大倍数越大，系统的负反馈作用越强，对调整管的控制作用越灵敏，输出电压越稳定，电路的稳压系数和输出电阻就越小。因此，要提高U_o的稳定性，关键在于提高比较放大器的增益。同时，还要考虑提高电路的温度稳定性，所以常选用差动放大电路或集成运算放大器作为比较放大环节。

3）基准环节

为了检测出取样电路取得的U_o值究竟是升高了还是降低了，升高了多少或是降低了多少，这就需要把U_o值与一恒定的电压值比较，此恒定电压的作用是作为一种基准，也称基准电压。基准电压一般由稳压管提供一个稳定的直流电压，作为比较放大器的基准，故应当尽量稳定。为保证基准电压恒定，稳压管必须工作在稳压区，因此要选择合适的限流电阻 R，保证稳压管工作电流最大时，小于其允许电流 I_{Zmax}；工作电流最小时，大于其最小稳定工作电流 I_{Zmin}。为了减小温度变化的影响，尽量选用具有零温度系数的稳压管，或具有温度补偿的稳压管。

4）取样环节

取样电路是检测输出电压 U_o 的变化，把 U_o 的全部或部分取出来，和基准电压比较并放大后来控制调整管的调整作用，使输出电压稳定。该环节是由取样电阻串接而成的电阻分压器。取样电阻应选用材料相同、温度系数较小的金属膜电阻。取样值应根据基准电压 V_{REF} 考虑，保证比较放大器工作在放大区。为了使输出电压可调，在分压电阻之间串接电位器 RP。根据给定的电压调节范围，可确定各电阻的取值。

5）过载短路保护电路

串联调整型的稳压电源，调整管和负载是串联的，当负载电流过大或短路时，大的负载电流或短路电流全部流过调整管，此时负载端的压降小，几乎全部整流电压加在调整管的 c 和 e 极间，因此，在过载或短路时，调整管的 U_{CE}、I_B 和允许功耗将超过正常值，调整管在这种情况下会很快烧坏，所以在过载或短路时，应对调整管采取保护。设计保护电路时，应保证电路控制调整管使其截止，输出电流为零，对负载和电源均起保护作用。参考电路如图 6.3-14 所示。

此外，还需设计相应的过压和过热保护电路，保证电路正常工作而不被损坏。保护电路类型很多，可参阅有关文献。

串联反馈型连续调整式稳压电路参考电路如图 6.3-15 所示，图中 U_o 为滤波电路的输出。

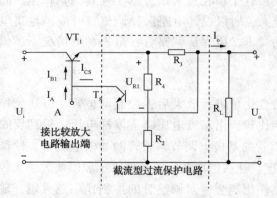

图 6.3-14 截流型过流保护电路参考图

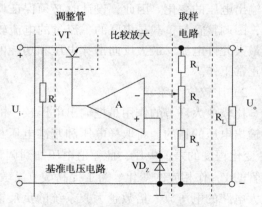

图 6.3-15 串联型直流稳压电源电路

6）采用三端集成稳压器设计

三端集成稳压电路只有输入端、输出端和公共端三个引端。当外加适当大小的散热片，且整流器能提供足够的输入电流时，稳压器能提供稳定的输出电流。三端集成稳压器按功能可分为固定式稳压电路（如 78XX 系列和 79XX 系列）和可调式稳压电路（如 117/217/317）。它们因性能稳定、价格低廉、交流噪声小、温度稳定性好、调整简便等特点而得到广泛的应用。采用三端集成稳压器 LM317 直流稳压电源电路如图 6.3-16 所示。

在图 6.3-16 中，电阻 R_1 和 R_2 构成取样电路，可变电阻 R_2 用于调整改变输出电压的大小，输出电压为：$U_o = (1+R_2/R_1) \times 1.25V$。为了减小 R_2 上的纹波电压，在其两端并接了一个电容 C，当其容量为 $10\mu F$ 时，纹波抑制比可提高 20dB。但是当输出端发生短路，C 将通过调整端向稳压器放电而损坏稳压器。为了防止这种情况发生，在 R_1 两端并接了一只二极管 VD_1，提供一个放电回路。电容 C_1 用于抵消集成稳压器离滤波电容较远时输入线产生的电感效应，以防电路产生自激振荡。电容 C_2 用于消除输出电压中的高频噪声，还可以改善电源的瞬态响应。但若 C_2 容量较大，集成稳压器的输入端一旦发生短路，将从稳压器的输出端向稳压器放电，其放电电流可能损坏稳压器，故在稳压器的输入端与输出端之间跨接了一只二极管 VD_2，起保护作用。

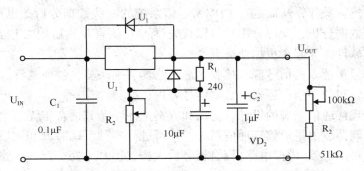

图 6.3-16　三端集成稳压器 LM317 直流稳压电源电路

4. 设计、调试要点

设计高性能、大电流稳压器时，必须注意以下两点：

(1) 选用足够稳定的基准电压源和取样分压电阻、电位器。基准电压源和取样分压电阻、电位器阻值的不稳定常成为输出电压不稳定的主要原因。分压电位器尽量串入电阻，必要时采用多圈线绕电位器，使调节更加平滑。

(2) 安排好流过大电流导线的路径和各器件的位置。导线无论多短、多粗也总有一定电阻，这种小电阻上通过大电流时，其压降会达到数毫伏甚至更大，当这个电压叠加在稳压电源的基准电压上时，就会破坏整个稳压器的性能。同时，各种接头、插头、插座和接线柱等也存在阻值，尽管这些阻值在讨论电路原理时没有考虑，但是通过大电流时不可忽视。实际设计电路结构和组装时，一定要使基准源和相应放大电路部分形成独立环路，不能有大电流通过该回路的导线。

此外，在对电路进行调试时，若发现纹波较大，则可能是滤波电容容量小或损坏，应进行调换。如果输出电压高而且不可调，需检查调整电路是否开路或调整管是否被击穿。当输出电流是设计的最大值时，检测此时的功率是否小于调整管的最大功耗，当输出短路超负载 20% 时，保护电路是否动作等。

6.4　SystemView 应用基础

SystemView 是美国 ELANIX 公司推出的，基于 Windows 环境下运行的用于系统仿真分析的可视化软件工具，它使用功能模块(Token)去描述程序，无需与复杂的程序语言打交道，不用写一句代码即可完成各种系统的设计与仿真，快速地建立和修改系统，访问与调整参数，方便地加入注释。

利用 SystemView 软件，可以构造各种复杂的模拟、数字、数模混合系统，各种多速率系统，因此，它可用于各种线性或非线性控制系统的设计和仿真。用户在进行系统设计时，只需从 SystemView 配置的图标库中调出有关图标并进行参数设置，完成图标间的连线，然后运行仿真操作，最终以时域波形、眼图、功率谱等形式给出系统的仿真分析结果。

1. SystemView 库资源

SystemView 软件，有着许多的图符资源，这些图符资源都可以运用仿真操作，非常方便。SystemView 还可以通过自定义图符库的形式，为用户提供 IS95 这样的图符库，便于用户选择各种图符进行操作，从而进行 CDMA 通信系统的一些数据分析，也可以在数字通信上做一些相关的数据分析，少部分用户可以首先学习 C 语言，然后用 C 语言编辑自定义数据图符库，让该软件操作起来更加便捷。

(1) 基本库　包括多种信号源、接收器、加法器、乘法器、各种函数运算器等。

(2) 专业库　包括通信、逻辑、数字信号处理、射频/模拟等。

特别适合于现代通信系统的设计、仿真和方案论证，尤其适合于无线电话、无绳电话、寻呼机、调制解调器、卫星通信等通信系统；并可进行各种系统时域和频域分析、谱分析，及对各种逻辑电路、射频/模拟电路(混合器、放大器、RLC 电路、运放电路等)进行理论分析和失真分析。

2. 特点

(1) 能自动执行系统连接检查　给出连接错误信息或尚悬空的待连接端信息，会以弹框的形式将错误报告给用户并指出错误之处，通知用户连接出错并通过显示指出出错的图标。以便于用户去修改错误，这个特点对用户系统的诊断是十分有效的。

(2) 可以设计多种滤波器并可自动完成滤波器各指标　在设计同时可以完成指标。幅频特性(波特图)、传递函数、根轨迹图等之间可以进行随意的互相转换，都是这个软件的灵活之处。

(3) 具有分析窗口　用以检查、分析系统波形。在窗口内，可以通过鼠标方便地控制内部数据的图形放大、缩小、滚动等。另外，分析窗中还带有一个功能强大的"接收计算器"，可以完成对仿真运行结果的各种运算、谱分析、滤波，可以用来检查和分析各种系统的波形。在仿真界面的可视化窗口中，可以轻松便捷地操作所有数据的各种变化。

(4) 具有外部文件接口　SystemView 还有一个接口，可以与外部文件进行连接，从这个外部连接的接口中可以得到不一样的数据，如输入的数据可以进行处理，输出的数据也可以进行处理。该软件还兼具着硬件设计的接口，这种接口可以实现各种器件的连接，与一家名为 Xilinx 的公司开发的软件 Core Generator 相匹配，还能够将软件系统中一部分器件下载下来产生 FPGA 芯片可以设计的接口，最后在 DSP 图符库中可以选择一些器件，进行操作，同时也可以运用编程语言进行制造，采用编程的 C 语言代码采用 DSP 芯片。

6.4.1　SystemView 的界面菜单

SystemView 的用户环境包括两个常用的界面：设计窗口和分析窗口。

1. 设计窗口

所有系统的设计、搭建等基本操作，都是在设计窗口内完成的。进入 SystemView 后，屏幕上首先出现设计窗口，如图 6.4-1 所示。

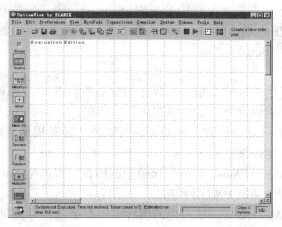

图 6.4-1　SystemView 设计窗口

设计窗口中间的大片区域就是设计区域，也就是供用户搭建各种系统的地方。设计窗口的最上端一行是下拉式命令菜单行，通过调用这些菜单可以执行 SystemView 的各项功能。设计窗口中菜单行的下面，紧邻设计区域上端一行是工具栏，它包含了在系统设计、仿真中可能用到的各种操作按钮。工具栏的最右端是提示信息，当鼠标置于某一工具按钮上时，在该处会显示对该按钮的说明和提示信息。

紧邻设计区域左端是各种器件图标库。设计区域的底部有一个消息显示区，用来显示系统仿真状态信息。在设计窗口内，只需点击鼠标及进行必要的参数输入，就可以通过设置图标、连接图标等操作完成一个完整系统的基本搭建工作，创建各种连续域或离散域的系统，并可极其方便地给系统加入要求的注释。设计窗口工具条主要包括以下按钮：

（1）库选择按钮　该按钮用于基本库和专业库之间的切换。

（2）清除当前系统　选择该按钮清空设计区，准备创建新系统，如果用户没有保存当前系统，会弹出一个询问是否保存当前系统的对话框。

（3）删除一个或一组图标　选中一个或一组图标，然后单击该按钮。

（4）断开图标间连线　单击该按钮，然后单击连线起始图标，再单击目标图标。则将两图标间连线断开。

（5）连线按钮　单击该按钮，然后单击连线起始图标，再单击目标图标。若选中该按钮后按住 Ctrl 键，则可同时连接多条连线。

（6）复制图标　选中一个或一组图标后，单击该按钮。

（7）反向按钮　该按钮使一个图标的输入/输出反转，连线也会随之改变。

（8）创建子系统　该按钮将选定的一组图标创建为一个子系统。

6.4.2　SystemView 的图标库

图标是 SystemView 进行仿真的基本单元，SystemView 的图标库可分为三种，即基本库

（Main Libraries）、专业库（Optional Libraries）以及扩展库。基本库与专业库之间由"库选择"按钮进行切换，而扩展库则要由自定义库通过动态链接库（.dll）加载进来。

1. 基本库

基本库（Main Libraries）共八个：信号源库（Source）、子系统库（Meta System）、加法器（Adder）、子系统输入输出端口（Meta I/O）、算子库（Operator）、函数库（Function）、乘法器（Multiplier）和分析窗库（Sink）。

1）信号源图标

信号源图标用于产生系统输入信号。库中包括各种产生用户系统输入信号图标，是每个系统中都必不可少的组成部分。信号源图标分为四组：

（1）周期性信号（Periodic）　该组中的图标可以产生各种周期性的信号源，如周期性的正弦信号、矩形脉冲、锯齿波信号等。

（2）噪声及伪随机信号（Noise/PN）　该组中的图标可以产生各种噪声或伪随机信号源，如高斯噪声、热噪声、伪随机 PN 序列等。

（3）非周期信号（Aperiodic）　该组中的图标可以产生各种非周期的信号，如脉冲信号、阶跃信号等，并允许用户自定义某些特性的信号源。

（4）加载外部信号（Import）　通过该组中的图标可以加载存放在外部数据文件中的数据作为系统的信号源。

2）子系统图标

子系统图标代表了一组图标，可能是一个很大的图标组，其中还可能包含下级子系统。这些图标在用户仿真中作为一个完整的子系统、函数以及过程使用。用户可以把某些完成特定功能的图标组成一个子系统并保存起来，在另外的系统里可以直接对其调用。子系统可以嵌套调用。

3）加法器图标

加法器图标完成几个输入信号的加法运算，最多可有 20 个输入。

4）子系统 I/O 输入输出图标

子系统 I/O 输入输出图标库中包含两个图标，用于设置子系统与系统其他部分连接时的输入输出端口。

5）算子库图标

算子库中的每一个图标都相当于一个算子，把输入的数据作为运算自变量进行某种运算或变换，分为六组。

（1）滤波器/系统（Filter/System）　该组中的图标相当于一个线性/非线性系统，其中最重要的图标就是线性系统/滤波器（Linear System/Filter）图标。

（2）采样/保持器（Sample/Hold）　该组中的图标实现对信号的各种采样及相对应的恢复保持器。

（3）逻辑运算（Logic）　该组中的图标完成常用的逻辑运算。

（4）积分/微分（Integral/Diff）　该组中的图标完成近似的微积分运算。

（5）延迟器（Delay）　该组中的图标将输入信号按要求进行延迟。

（6）增益（Gain/Scale）　该组中的图标对输入信号进行放大、取整/小数等运算。

6）函数库图标

函数库图标的每一个图标都对应一种函数运算，将输入的信号作为自变量，分为六组。

（1）非线性函数（Non Linear）　该组中的图标进行各种非线性函数运算，如限幅、量化、整流等相应运算。

（2）函数（Functions）　该组中的图标进行各种函数运算，如三角函数、对数函数等。

（3）复数运算函数（Complex）　该组中的图标进行各种复数运算，如复数相加、相乘等，以及复数极坐标与非极坐标之间的转换运算。

（4）代数函数（Algebraic）　该组中的图标进行各种代数运算，如幂函数、指数函数、多项式函数运算等。

（5）相位/频率（Phase/Freq）　该组中包括两个图标，完成对输入信号相位或频率的调制。

（6）合成/提取（Compound/Multiplex）　该组中包括两个图标，分别完成对输入信号的合成或提取运算。

7）乘法器图标

乘法器图标完成几个输入信号的乘法运算，最多可有 20 个输入。

8）分析窗图标

分析窗库中包括各种信号接收器图标。用来实现信号收集、（实时）显示、分析、数据处理以及输出（包括把信号输出到文件）等功能，它是用户观察系统运行结果的窗口，也是每个系统中不可缺少的一部分。

9）自定义图标

自定义图标允许用户自己通过 C/C++语言编写源代码定义图标完成所需功能。

2．专业库

专业库共六个：通信库（Communication）、字信号处理库（DSP）、逻辑库（Logic）、射频/模拟库（RF/Analog）、用户自定义库（Custom）和调用、访问 Matlab 的函数的 M-Link 库。

1）通信库图标

SystemView 的通信库中包括了在设计和仿真现代通信系统中可能用到的各种模块。它使在一台个人的 PC 机上仿真一个完整的通信系统成为可能。该库中包括各种纠错码编码/解码器、基带信号脉冲成型器、调制器/解调器、各种信道模型以及数据恢复等模块。利用通信库中的图标，与基本库及其他专业库中的图标相配合使用，就可以构成现代通信中各种完整的通信系统模型。通信库中的图标共分为六组。

（1）编码/解码器（Encode/Decode）　该组中的图标可以完成一般的信源/信道编码以及对应的解码，如分组码、卷积码、格雷码等。

（2）滤波器/数据（Filter/Data）　该组中的图标可以完成通信系统中常用的对信号的滤波，并可产生规定格式的伪码。

（3）处理器（Processors）　该组中的图标可以完成通信系统中常用的对信号的处理，如误码率计算、波形成型、位同步、交织等。

（4）调制器（Modulators）　该组中的图标可以完成各种常用的调制，如双边带调制、正交调制、脉冲调制等。

（5）解调器（Demodulators）　该组中的图标可以完成各种解调，如脉冲解调、正交解调、载波提取环等。

（6）信道模型（Channel Models）　该组中的图标可以仿真各种实际的信道，如多径信道、衰减信道等。

2）数字信号处理库图标

SystemView 的数字信号处理库（DSP 库）中包括了在设计和仿真现代数字信号处理 DSP 系统中可能用到的各种模块。该库中的图标支持通常的 DSP 芯片所支持的 C4x 标准或是 IEEE 标准等多种信号格式，还可以在浮点操作下指定指数和尾数的长度。用 DSP 库中的图标，与基本库及其他专业库中的各图标相配合使用，即可构成现代数字信号处理系统中的各种处理模型。

3）逻辑库图标

SystemView 的逻辑库中包括了在设计和仿真数字电路系统中可能用到的各种模块。用逻辑库中的图标，与基本库及其他专业库中的各图标相配合使用，即可构成数字电路系统中的各种处理模型。逻辑库中的图标共分为 6 组：门电路与缓存（Gates/Buffers）、锁存器（FF/Latch/Reg）、计数器（Counters）、译码器（Mux/DeMux）、混合信号处理器（Mixed Siganl）和其他电路（Devices/Parts）。

4）射频/模拟库图标

SystemView 的射频/模拟库中包括了在设计和仿真高频或模拟电路系统中可能用到的各种模块。用射频/模拟库中的图标，与基本库及其他专业库中的图标相配合使用，即可构成高频/模拟电路系统中的各种处理模型。该库中的图标共分为 6 组。

（1）放大器与混合器（Amps/Mixers）　该组中包括了一些模拟电路中常用的放大器电路，如固定增益放大器、可变增益放大器等。

（2）RC 电路（RC Circuits）　该组中包括了常用的 RC 电路，如各种 RC 滤波器、RC 微分器等。

（3）LC 电路（LC Circuits）　该组中包括了常用的 LC 电路，如各种 LC 滤波器等。

（4）运算放大器电路（Op Amp Circuits）　该组中包括了各种常用的运算放大器电路，如运放锁相环、运放求和、运放反相器等。

（5）二极管电路（Diode Circuits）　该组中包括了几种常用的二极管电路，如阳极接入二极管、阴极接入二极管、齐纳二极管等。

（6）功率分配/合成电路（Splite/Combine）　该组中的图标完成对输入信号的按比例分配为几路信号或将几路输入信号合成为一路信号。

6.4.3　SystemView 的基本操作

1. 选择设置信号源（Source）

要创建一个系统，首先要按照系统设计方案从图标库中调用图标。

2. 选择设置分析窗（Sink）

当需要对系统中各测试点或某一图标输出进行观察时，则应放置一个分析窗（Sink）图标，一般将其设置为"Analysis"属性。"Analysis"图标相当于示波器或频谱仪等仪器的作用，它是最常使用的分析型图标之一。分析窗是观察用户运行结果数据的基本载体。利用它可以观察某一系统运行的结果及对该结果进行的各种分析。当系统运行后，在系统设计窗口中单击分析窗口按钮，即可访问分析窗口。在分析窗口中单击系统按钮，即可返回系统设计窗口。

与设计窗相似，在分析窗的最顶端是下拉式命令菜单和工具栏。分析窗下端有这样一个显示表示当前窗口中的图形颜色。在将几个图形置于同一坐标窗口时，通过这一显示，可很容易地区分出各种颜色的图形分别代表哪一个窗口。

3. 系统定时(System Time)

SystemView系统是一个离散时间系统。在每次系统运行之前，首先需要设定一个系统频率。各种仿真系统运行时，先对信号以系统频率进行采样，然后按照系统对信号的处理计算各个采样点的值，最后在输出时，在分析窗内，按要求画出各个点的值或拟合曲线。所以，系统定时是系统运行之前一个必不可少的步骤。如果这类参数设置不合理，仿真运行后的结果往往不能令人满意，甚至根本得不到预期的结果。

6.5　通信系统设计实践

6.5.1　正弦波信号发生器

1. 设计要求

设计一个能产生正弦信号，并对其进行平方运算的系统。

2. 设计方法

单击工具条中的系统定时按钮，在打开的System Time Specification对话框中单击OK，接受系统默认值。弹出信号源图标并在设计区窗口双击该图标(或单击鼠标右键选择Library)，打开信号源库，选中Periodic组按钮，再选中正弦信号图标"Sinusoid"。单击Parameters按钮，在频率框中输入"4"，单击OK。这样就定义了一个幅度为1、频率为4Hz的正弦波信号。现在弹出函数图标，并双击该图标显示出函数库窗口，选择"Algebraic"组中的"X^a"，单击参数按钮Parameters，在指数框内输入"2"。这个图标被用于对输入的正弦波进行平方运算。单击工具条中的按钮，可建立一个文本框，调整其大小、位置后，在其中输入$Y(t)=X(t)^2$，以说明图标实现的功能。弹出接收器图标，双击该图标打开接收器对话框，选择Graphic组的SystemView。把信号源图标连接到函数图标，并将函数图标和接收器图标相连。弹出另一个接收器图标，同样选择为SystemView类型，并将信号源图标连接到该接收器图标。单击按钮运行系统，这时可看到接收器窗口中出现了正弦信号波形，将鼠标箭头放在图形中，箭头将变为十字，这时按住鼠标左键可调整图形的位置，单击图形，可调整图形大小，如图6.5-1所示。

单击分析窗按钮，进入分析窗口，然后单击工具栏左边的数据刷新按钮，即可在分析窗中观察到系统波形。在分析窗口单击接收计算器图标打开其窗口，选择Spectrum项，在右边"Select one window"窗口中选择w1:Sink3，单击OK，则在分析窗口中出现频率为4Hz的正弦信号频谱，如图6.5-2所示。

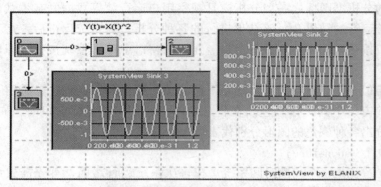

图 6.5-1　正弦波的平方率特性

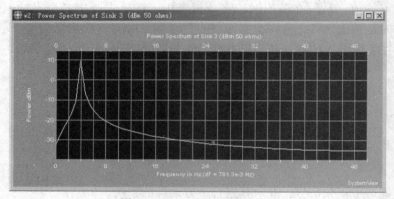

图 6.5-2　正弦波的频谱特性

　　用同样的方法，可得出正弦信号平方后的频谱。比较二者的频谱图形，可以看出，正弦信号平方后的频谱比原信号频谱多了直流分量和 2 倍频分量，也就是 8Hz 分量，而原来 4Hz 分量没有了，如图 6.5-3 所示。

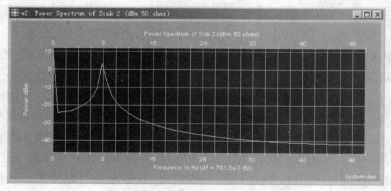

图 6.5-3　正弦波平方的频谱特性

6.5.2　模拟幅度调制的设计与仿真

1. 目的和意义

模拟信号的调制与解调是通信原理课程的经典内容，也是模拟通信时代的核心技术。

虽然当代技术已发展为数字通信新时代，但模拟信号的调制与解调理论仍然是通信技术中的基础内容之一。

模拟调制和解调是实现模拟通信系统的重要组成部分。调制是将原始电信号变换成其频带适合信道传输的信号，解调是在接收端将信道中传输的信号还原成原始的电信号，经过调制后的信号成为已调信号，发送端调制前和接收端解调后的信号成为基带信号。因此，原始电信号又称为基带信号，而已调信号又称为频带信号。

一般来讲，信源直接产生的信号频带范围处于低频，甚至零频范围，这种信号称为基带信号。基带信号未经过调制直接被发送到信道中而进行的传输称为基带传输。但是实际中的很多信道不是基带形式，不能进行基带信号的直接传输，因此需要将基带信号进行调制，变换为适合于信道的形式再进行传输。例如：传播声音时，可以用话筒把人声变成电信号，通过扩音器放大后再用喇叭(扬声器)播放出去，这属于基带传输。若想将声音传得更远一些，比如几十千米甚至更远，就要考虑采用电缆或无线电了。但随之会出现两个问题，其一是如果铺设一条几十千米甚至上百千米的电缆而只传一路声音信号，传输成本高，线路利用率低。若采用频分复用技术将多路声音信号分别调制到不同的频段上进行复合传输就可以有效地解决此问题。另一问题是若采用无线电通信，则需满足欲发射信号的波长与发射天线的几何尺寸具有可比性(通常认为天线尺寸应大于波长的1/10)的基本条件，信号才能通过天线有效地发射出去。而基带音频信号的频率范围是30Hz到30kHz，据波长公式可知，其最小波长也在千米以上。也就是说，如果将基带音频信号直接通过天线发送出去，所需天线尺寸应在百米以上，这显然不符合实际。采用调制技术将信号频带搬移到高频段上去，就能有效地降低信号波长，从而减小天线尺寸。

一般对调制的定义为：让原始基带信号去改变高频载波的某个(或某些)参量，使载波的这个(或这些)参量随基带信号的变化而变化，或者说使载波的这个(或这些)参量携带有基带信号的信息，这个过程就称为调制。调制是通信原理中一个十分重要的概念，是一种信号处理技术，无论在模拟通信、数字通信系统还是数据通信中都具有非常重要的作用。模拟通信系统的模型如图6.5-4所示。

图6.5-4　模拟通信系统模型

2. 幅度调制原理

幅度调制指的是使载波信号的幅度按照调制信号的规律变化的一种调制方式，设正弦波的载波公式为：

$$F(t) = B\cos[\omega_c + \varphi(t)] \tag{6.5-1}$$

式中，B 为载波的幅度；W_c 为载波的角频率；$\varphi(t)$ 为载波的初始相位[设 $\varphi(t) = 0$]，依据定义的调制，幅度的已调信号的表达式可以表示成：

$$E(t) = NP(t)\cos\omega t \tag{6.5-2}$$

这个表达式中的 $P(t)$ 是基带调制信号。假设调制信号中 $P(t)$ 的频谱为 $L(w)$，可以轻松地得到已调信号的 $E(t)$ 频谱：

$$E(\omega) = \frac{N}{2}\left[Y(\omega+\omega_c) + Y(\omega-\omega_c)\right] \qquad (6.5-3)$$

从上述方程式可以看出，在波形上已调信号的幅度的包络反映了调制信号的波形变化，在频谱的结构上，调幅信号的频谱是把调制信号的频谱不失真地搬移到载波信号频谱的左右两侧，频谱在基带信号中都是线性移动，所以幅度调制也可以视为线性调制。这里的线性，并不是调制信号和已调信号它们之间就符合线性改变的关系。

3. 普通调幅（AM）

1）普通调幅原理

普通调幅简称调幅（AM），电路模型由乘法器和加法器构成。我们可以给调制信号 $M(t)$ 设定一个特殊的值，再加上一个直流偏量 A 之后再与载波相乘，输入信号经过这样一个系统就能够形成普通调幅信号。它的时域表达式为：

$$S(t) = \left[A+M(t)\right]\cos\omega t = A\cos\omega t + M(t)\cos\omega t \qquad (6.5-4)$$

式中，A 表示额外增加的直流分量；$M(t)$ 一般是随机信号。

根据 AM 的频谱，AM 信号的频谱包括载频分量、上边频分量和下边频分量。载波分量中没有有用的信息，所以一般情况下就是滤除这一部分信号。上边带的频谱和下边带的频谱携带的信号是一致的，携带有调制信号的信息，它的带宽为基带 Fh 带宽的 2 倍。

通过以上内容可知，AM 信号的总功率中边带功率是不可或缺的，载波功率为无用功率。载波信号并不带有调制信息，只有边带分量上才有我们需要的调制信号。

2）AM 调幅的 SystemView 仿真

利用 SystemView 软件进行模拟仿真，模拟仿真电路如图 6.5-5 所示。

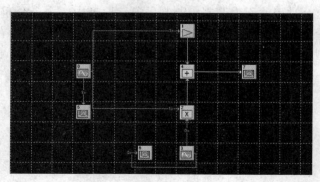

图 6.5-5　AM 模拟电路模型

图 6.5-5 电路图中各个模块的参数如下；

图符 0：图符名称为 Source，Sinusoid 参数为，$Amp=1V$，$Frep=100Hz$，$Phase=0deg$。

图符 1：图符名称为 Operator，Gain 参数为，$Gain=1.5V$，$Gain\ Units=Linear$。

图符 2：图符名称为 Multiplier，参数设置为默认。

图符 3：图符名称为 Source，Sinusoid 参数为 $Amp=1V$，$Freq=10Hz$，$Phase=0deg$。

图符 4：图符名称为 Adder，参数设置为默认。

图符5、6、7：图符名称为Sink，Analysis参数设置为默认。

然后运行仿真电路图，得到载波信号、调制信号和已调信号的波形，载波波形如图6.5-6所示，调制信号波形如图6.5-7所示，已调信号波形如图6.5-8所示。

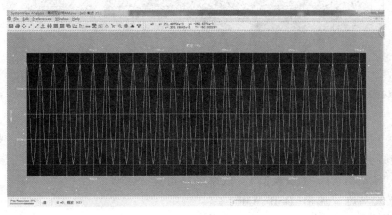

图6.5-6　载波信号波形

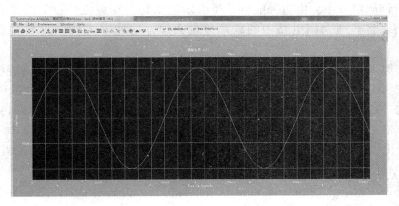

图6.5-7　调制信号波形

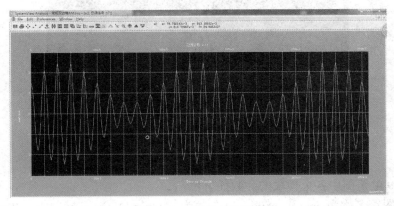

图6.5-8　调幅信号波形

单击左下角的根号a按钮，选择Spectrum按钮，再选择已调信号，点击OK按钮，已调信号的功率谱如图 6.5-9 所示。

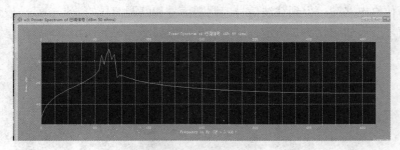

图 6.5-9　已调信号频谱

由图 6.5-9 的已调信号的功率谱波形可以看出，普通的 AM 调制方式，频谱中包含载频分量、上边频分量和下边频分量，其中有用的为边频分量，发射机的发射效率取决于调幅度 Ma 的值，当 $Ma=1$ 时（最大值），效率最高可达 33.3%。

4. 抑制载波双边带调幅（DSB-AM）

1）抑制载波双边带调幅原理

在双边带调幅信号中，由边带能够产生一定的信息，在载波分量上并没有调制信息的存在。我们可以将普通调幅电路中的载频分量去掉，这种方式被称为双边带调幅（DSB-AM）。

根据工作原理，双边带调幅电路由乘法器构成，缺少了加法器，这样就能够抑制了载波比重。相比较 AM 调幅，因为缺少载波分量，DSB 调制的发射机效率可以达到 100%，但是它传输所需要的带宽，却是调制信号的两倍，与 AM 调幅的带宽一致。从图 6.5-13 中可以看出，信号分为上边带和下边带，每一个边带都携带信号，所以，传输时候只传其中一个边带就能够将信号传送出去，这样既能节省功率又能节省带宽，这种方式被称为单边带调制。

2）DSB-AM 调幅的 System View 仿真

根据上述的原理，采用 System View 软件进行仿真，仿真模型图如图 6.5-10 所示。

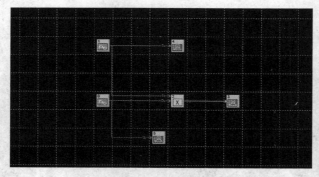

图 6.5-10　DSB-AM 电路模型

图 6.5-10 电路图中各个模块的参数如下：

图符 0：图符名称为 Source，Sinusoid 参数为，$Amp=1\text{V}$，$Freq=10\text{Hz}$，$Phase=0\text{deg}$。

图符 1：图符名称为 Source，Sinusoid 参数为，$Amp=1\text{V}$，$Freq=10\text{Hz}$，$Phase=0\text{deg}$。

图符 2：图符名称为 Multiplier，参数设置为默认。

图符 3、4、5：图符名称为 Sink，Analysis 参数设置为默认。

具体参数设置如下：

开始时间：0s。

停止时间：255e-3s。

抽样间隔：1e-3Hz。

采样点数：256。

抽样频率：1e+3Hz。

频率分辨力：3.90625Hz。

运行仿真软件，载波波形图如图 6.5-11 所示，调制信号波形图如图 6.5-12 所示，已调信号波形图如图 6.5-13 所示。

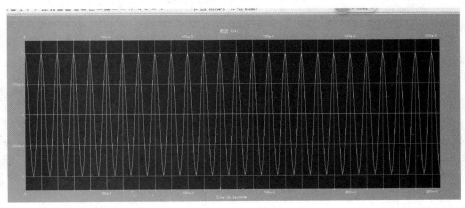

图 6.5-11　载波信号波形

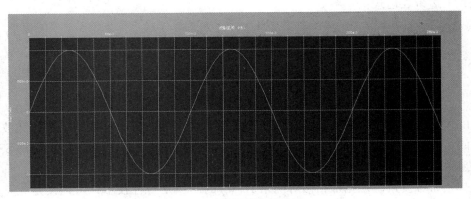

图 6.5-12　调制信号波形

DSB-AM 已调信号和普通 AM 调幅是有区别的，DSB-AM 信号的包络不能反映调制信号，而且在调制信号波形过零点处已调波的高频相位有 180°的突变。已调信号的频谱，如图 6.5-14 所示。

5. 单边带调幅(SSB-AM)

1) 单边带调幅原理

单边带调制信号，是滤掉双边带信号中一个边带而形成的。

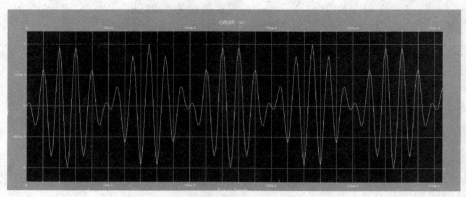

图 6.5-13　DSB-AM 已调波形

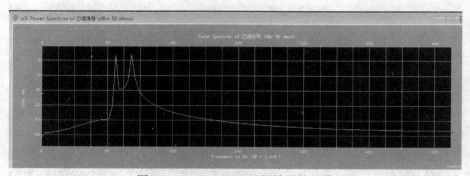

图 6.5-14　DSB-AM 已调波形的频谱

设置单频信号为：$m(t) = A_m\cos\omega t$，载波为：$S(t) = \cos\omega t$，

DSB 上边带表达式：

$$S_{usb} = \frac{1}{2}A_m\cos(\omega_c + \omega_m)t = \frac{1}{2}A_m\cos\omega_c t\cos\omega_m t - \frac{1}{2}A_m\sin\omega_c t\sin\omega_m t \tag{6.5-5}$$

DSB 下边带表达式：

$$S_{usb} = \frac{1}{2}A_m\cos(\omega_c - \omega_m)t = \frac{1}{2}A_m\cos\omega_c t\cos\omega_m t + \frac{1}{2}A_m\sin\omega_c t\sin\omega_m t \tag{6.5-6}$$

SSB-AM 信号采用相移法，相移法一般是用网络相移，从而对调制信号、载波都进行一部分的相位移动，这样就能在合成信号过程中，去除其中一个边带，最后获得 SSB 调制信号。采用相移法不用滤波器，截止特性非常陡峭，对载频的高度也没有限制，都能够实现 SSB 单边带幅度调制。宽带相移对网络 H(w) 的制作是一种技术，可以说是相移法技术中比较难的。这项技术必须让所有调制信号的频率分量，精准相位移动 $\pi/2$，在实际操作中，能够非常近似的接近 90°这一点也是很困难的。从三种调幅方式来看，SSB 相比 DSB 和 AM，是这些调幅方式中最复杂的，但是有一点，SSB 不仅功率少了一半，所占用消耗的带宽也是一半，这两个优点使 SSB-AM 成为一种在短波通信中重要的通信手段。

2）SSB-AM 的 SystemView 仿真

根据 SSB-AM 的原理图，可以用仿真软件将电路模型图连接出来，模拟电路图如图 6.5-15 所示。

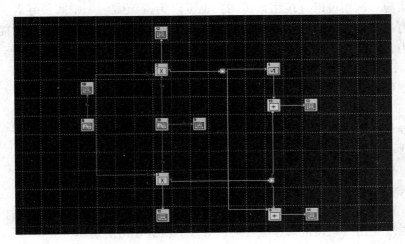

图 6.5-15　SSB-AM 电路模型

图 6.5-15 电路图中各个模块的参数如下：

图符 0：图符名称为 Source，Sinusoid 参数为，$Amp = 1V$，$Frep = 10Hz$，$Phase = 0deg$。

图符 4：图符名称为 Operator，Negate 参数为默认。

图符 2、3：图符名称为 Multiplier，参数设置为默认。

图符 20：图符名称为 Source，Sinusoid 参数为，$Amp = 1V$，$Freq = 100Hz$，$Phase = 0deg$。

图符 6、19：图符名称为 Adder，参数设置为默认。

图符 9、10、11、12、13、14：图符名称为 Sink，Analysis 参数设置为默认。

具体参数设置如下：

开始时间：0s。

停止时间：499.5e-3s。

抽样间隔：500e-3Hz。

采样点数：1000。

抽样频率：2e+3Hz。

频率分辨力：2Hz。

已调信号的上边带和下边带的频谱进行比较，上下边带携带的信息都是一致的，通过带通滤波器，传输其中一个边带即可，这样就能节省占用的带宽。

6.5.3　角度调制设计及仿真

1. 角度调制的基本介绍

角度调制分为频率调制和相位调制两种，一种是载波信号的频率随着调制信号的规律而变化，称为频率调制，简称调频（FM）。另一种是载波信号的相位随着调制信号的规律而变化，称为相位调制，简称调相（PM）。以上两种调制方式中，载波都会在频率和相位上发生偏移，从而统称为角度调制。

角度调制和幅度调制并不是一样的，角度调制信号为等幅波，已调信号的频谱线在频谱移动过程中产生新的频率，这种方式被称为非线性调制。在卫星传播和电话通信中都有比较广泛的实施。调相可以直接用作传输，也可以为调频做一个中间传导者，这说明调频和调相之间有着不可分割的关系。角度调制和幅度调制相比而言，角度调制能够有很好的抗噪声的能力，它相比幅度调制有着更大的带宽。

2. 角度调制原理

角度调制信号的一般表达式为：

$$S_m(t) = A\cos[\omega_c t + \varphi(t)] \tag{6.5-7}$$

上述方程式中，载波的稳定振幅是 A，$[wt+\varphi(t)]$ 作为信号的瞬时相位，记为：$\varphi_0(t)$，$\varphi(t)$ 是相对于 $W_c t$ 的瞬时偏移相位，$\partial[wt+\varphi(t)]/\partial t$ 作为信号的瞬时角频率。

一般瞬时相位偏移跟随调制信号变化而变化，这种方式被称为调相（PM）。

一般把瞬时频率偏移跟随调制信号变化而变化，这种变化也是在频率上进行部分的改变，这种方式被称为调频（FM）。调频（FM）和调相（PM）之间的差别在于，调相是相位随着调制信号呈线性变化，调频是相位随着调制信号呈现积分式变化。

FM 和 PM 之间是微积分关系，对于调相和调频之间的这种密切关系，一般可以对两者合并分析，在实际应用中，调频波（FM）调制的范围比调相波（PM）要大得多，因此应用得更加广泛。

3. 频率调制的 SystemView 仿真

根据调频的工作原理图，可以建造仿真电路模型如图 6.5-16 所示。

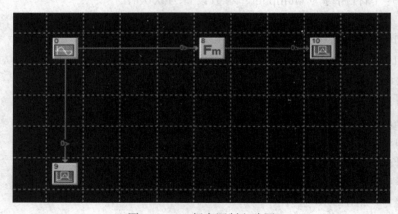

图 6.5-16　频率调制电路图

图 6.5-16 电路图中各个模块的参数如下：

图符 0：图符名称为 Source，Sinusoid 参数为，$Amp = 1V$，$Frep = 10Hz$，$Phase = 0deg$。

图符 1：图符名称为 Function，Freq Mod 参数为，$Amp = 1V$，$Freq = 100Hz$，初始相位为 0，调制增益为 50。

图符 2、3：图符名称为 Sink，Analysis 参数设置为默认。

该仿真模拟电路图运行配置参数如下：

开始时间：0s。

停止时间：749.5e-3s。

抽样间隔：500e-6Hz。

采样点数：1500。

抽样频率：2e+3Hz。

频率分辨力：1.3333333Hz。

参数设置好以后，点击运行，调频信号波形图如图6.5-17所示。

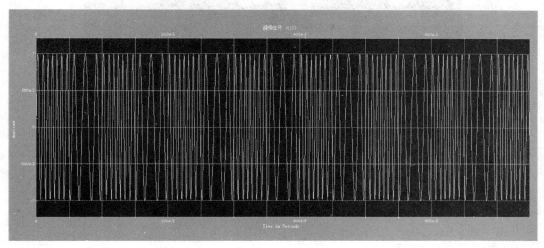

图6.5-17　调频信号波形图

调频信号的频谱如图6.5-18所示。

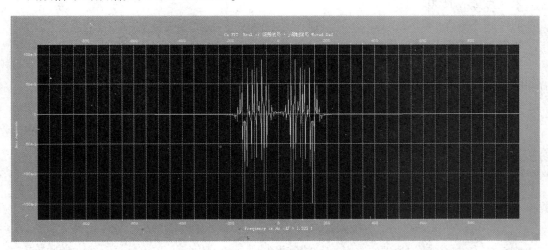

图6.5-18　调频信号频谱图

4. 相位调制的 System View 仿真

根据调相原理，创建相位调制电路模型如图6.5-19所示。

图6.5-19中各个模块的参数如下：

图符0：图符名称为 Source，Sinusoid 参数为，*Amp* = 1V，*Frep* = 10Hz，*Phase* = 0deg。

图符8：图符名称为 Function，Freq Mod 参数为，*Amp* = 1V，*Freq* = 100Hz，初始相位为0，调制增益为50。

图符9、10：图符名称为 Sink，Analysis 参数设置为默认。

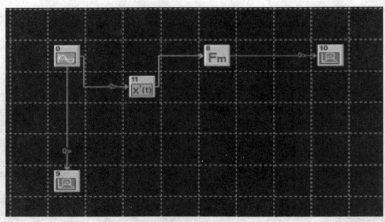

图 6.5-19　调相电路图

图符 11：图符名称为 Operator，Derivative 参数为，增益＝0.016。

上述仿真电路图运行所需要的参数如下：

开始时间：0s。

停止时间：749.5e-3s。

抽样间隔：500e-6Hz。

采样点数：1500。

抽样频率：2e+3Hz。

频率分辨力：1.3333333Hz。

参数设置好以后点击运行仿真软件，调相信号波形图如图 6.5-20 所示，调相信号的频谱如图 6.5-21 所示。

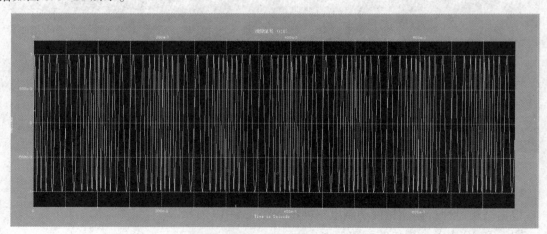

图 6.5-20　调相信号波形图

6.5.4　解调电路设计及仿真

已调信号的解调也称检波，是调制的逆过程，其作用是将已调信号中的基带信号恢复出来。解调方法可以分为相干解调和非相干解调。

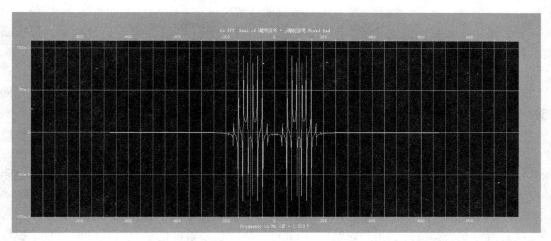

图 6.5-21 调相信号频谱图

相干解调也称作同步检波，它适用于所有线性调制信号的解调。实现相干解调的关键是在接收端恢复出一个与调制载波严格同步的相干载波。相干解调是指利用乘法器，输入一路载频相干(同频同相)的参考信号与载频相乘。恢复载波性能的好坏，直接关系到接收机解调性能的优劣。

非相干解调也称作包络检波，包络检波就是直接从已调波的幅度中恢复出原调制信号，不需要相干载波。AM 调制信号一般都采用包络检波。

1. 解调原理

1) 相干解调

相干解调就是将载频的频谱移动到基带位置附近，这一过程通过乘法器实现，乘法器的作用是让两个信号进行乘法运算，实现频谱的不失真搬移，最后实现解调过程。相干解调的时候，为了能够无失真地将原始基带信号还原出来，接收端要求一个可以和接收的已调载波做到同相同频的相干载波，也称本地载波。这样它与接收的已调信号进行相乘后，低通滤波器进行滤波就能够得到初始的基带信号。

送入解调器的已调信号的表达式为：

$$S_m(t) = S_1(t)\cos\omega t + S_q(t)\sin\omega(t) \qquad (6.5-8)$$

已调信号和同频率相同相位的载波进行相乘以后，得到：

$$S_p(t) = Sm(t)\cos\omega(t) = \frac{1}{2}S_1(t) + \frac{1}{2}S_1(t)\cos2\omega t + \frac{1}{2}S_q(t)\sin2\omega t \qquad (6.5-9)$$

经过低通滤波器滤波以后可以得到：

$$S_d(t) = \frac{1}{2}S_1(t) \qquad (6.5-10)$$

所以，$S_d(t)$ 是解调输出信号。

由上述结果可以推出，相干解调适合解调很多的调制方式，解调的过程也是比较复杂的，每一种解调都对应着一种调制信号，所有线性调制信号的解调都可以用相干解调。解调之后的信号含有其他信号杂质，AM 信号解调后含有直流分量，这样的分量在还原原始信号中是杂质信号,解调时加上一个直流电容就能够解决。

如果不能在接收端提供一个相同相位和相同频率的相干载波与载波信号相乘,那么必将会使恢复出来的信号出现失真现象,这是传输数字信号中比较严重的。

2)非相干解调(包络检波)

包络检波器一般是由全波整流或者是半波整流和低通滤波器组成的,它并不需要相同相位和相同频率的载波。可以设置输入系统的信号为 AM 信号,它的表达式为:

$$S_{am}(t) = [A+m(t)]\cos\omega t \qquad (6.5-11)$$

相对比较大的信号,在对它们检波的时候,一定要让其大于 0.5V,因为在这个时候二极管才能处于能开、能关的状态。二极管的状态决定着信号的走向,选择 RC 的状态,电阻和电容之间的关系一定确定好,这样才能够还原出原始信号,它们之间要满足 $f_h \leqslant 1/RC \leqslant f_c$,这个公式就可以看出在频率上一定限制住信号,否则还原出的信号会失真。

将直流分量去掉就能够得到原始信号 m(t),所以包络检波能够直接从已调信号中提取出原始信号,其解调的输出是相干解调的 2 倍,因此 AM 调制信号的解调用包络检波。

2. 频率解调的 SystemView 仿真

角度调制一般可以用相干解调方法对其进行解调,用和载波相同频率、相同相位的信号和已调信号进行相乘后,再进行滤波处理。因为调频用的比较广泛,所以采用锁相环进行解调。通过上述原理,模拟仿真电路图如图 6.5-22 所示,锁相环子系统电路图如图 6.5-23 所示。

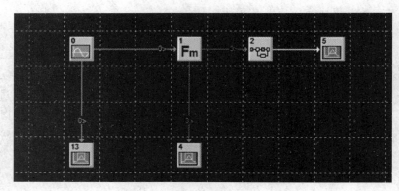

图 6.5-22 解调电路模型图

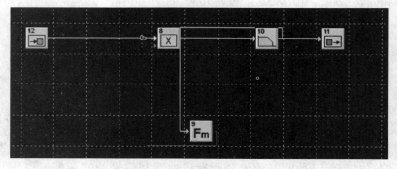

图 6.5-23 锁相环子系统电路图

图 6.5-22、图 6.5-23 电路中各模块的参数如下：

图符 0：图符名称为 Source，Sinusoid 参数为，$Amp=1V$，$Frep=10Hz$，$Phase=0deg$。

图符 1：图符名称为 Function，FM 参数为，$Amp=1V$，$Frep=100Hz$，$Mod\ Gain=50Hz/V$。

图符 2、3、5：图符名称为 Sink，Analysis 参数设置为默认。

图符 4：图符名称为 Multiplier，参数设置为默认。

图符 6：图符名称为 Function，FM 参数为，$Amp=1V$，$Frep=100Hz$，$Mod\ Gain=250Hz/V$。

图符 7：图符名称为 Operator，Linear Sys 参数为，Chebyshev Lowpass IIR，1 Poles，$Fc=10Hz$。

图符 8：图符名称为 MetaSystem，参数设置为默认。

图符 9：图符名称为 Meta I/O，Meta IN 参数设置为默认。

图符 10：图符名称为 Meta I/O，Meta OUT 参数设置为默认。

上述模拟仿真电路图运行所需要的参数设置如下：

开始时间：0s。

停止时间：600e-3s。

抽样间隔：1e-3Hz。

采样点数：601。

抽样频率：1e+3Hz。

频率分辨力：1.6638935108531Hz。

总系统的参数如下：

开始时间：0s。

停止时间：600e-3s。

抽样间隔：1e-3Hz。

采样点数：601。

抽样频率：1e+3Hz。

频率分辨力：1.6638935108531Hz。

参数设置好以后，点击运行即可，解调信号的波形图如图 6.5-24 所示。

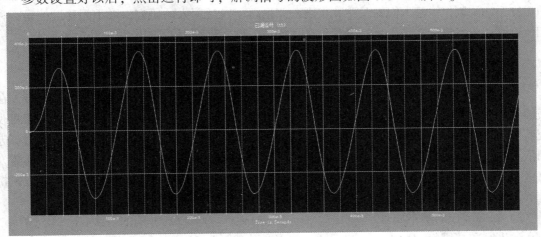

图 6.5-24　解调信号波形

通过使用 SystemView 软件进行电路仿真，通过频谱图之间比较，可以将频谱进行各种各样的分析。尽管调制方式和解调方式各有优点，在这些调制信号中，应该实际情况实际分析，对应信号采取对应的调制方式，解调上也是采取对应的解调，这样才能将信号的利用率达到最大。

6.5.5　新型数字带通通信系统的设计与仿真

随着互联网技术的发展，信息的传递变得越来越频繁和重要。通信的目的是传递包含信息的消息，而消息的形式也有多种多样，它包括语音、图像、符号和文字等。消息的载体是信号，信号有多种形式，其中包括模拟信号和数字信号。模拟信号是幅度和时间均取连续值的信号，而数字信号是幅度和时间取值均离散的信号。相对于模拟信号，数字信号便于存储、处理和传输，所以数字信号应用广泛。模拟信号通过抽样和量化可以转化为数字信号。原始信号是不能直接传输的，因为信道中有噪声干扰，还有许多其他信号的干扰，而且直接传输信号损耗太大，信号可能还没到接收端就衰减为零，因此信号需要调制，将低频信号调制为高频信号，提高信号传输的抗干扰性能。

数字带通调制技术就是将低频基带信号调制为高频带通信号，提高信号传输的可靠性和有效性。传统的数字带通调制技术有幅度键控、频移键控和相移键控，它们各有各的优点和长处，但是随着通信技术的发展，这些调制技术并不能满足传输的需要，抗干扰性能也达不到现代通信的需要。于是，寻找新型的数字带通调制技术来满足日益发展的通信行业的需要变得越来越迫切。这些新型的数字带通调制技术包括正交振幅调制、最小频移键控和正交频分复用，这些技术具有很好的抗干扰性。由于是数字调制技术，所以设备简单，价格低廉，使用方便。现在我国正在推广使用的 4G 通信使用的就是正交频分复用技术，这项技术把要传输的信号分给若干路并行的信号，每路信号可以使用不同的调制方式，因而抗多径干扰效果非常好，而且传输速度快。

正交振幅调制是一种频谱利用率很高的调制方式。在中、大容量数字微波通信系统，有线电视网络高速数据传输，卫星通信系统等领域得到广泛的应用。在移动通信中，随着微蜂窝和微微蜂窝的出现，使得信道传输特性发生了很大变化。过去在传统蜂窝系统中不能应用的正交振幅调制也引起人们的关注和重视，并进行了广泛深入的研究。最小频移键控是一种相位连续、包络恒定并且正交的频率调制信号，它可以消除相位不连续带来的包络起伏。

1. 二进制数字带通调制的基本原理

1）振幅键控的基本原理

二进制振幅键控（Amplitude Shift Keying）通常简写为 2ASK。从其名称中可以看出，在振幅键控中，携带调制信号信息的是载波信号的幅度，也就是载波幅度随着调制信号的改变而取不同值。在 2ASK 中，载波幅度只有两种取值，最简单的一种情况是调制信号为二进制信号 1 和 0，载波信号随之通或断。这种二进制幅度键控又称为通–断键控，简称为 OOK。2ASK 的产生方法通常有两种：相乘器法和键控法。2ASK 信号有两种解调方法：相干解调和包络检波。

2）频移键控的基本原理

二进制频移键控（Frequency Shift Keying）可以简写为 2FSK。在二进制频移键控中，载波信号的频率携带信息，随着调制信号为1或0而不同。1对应某一载波频率，0对应于另一个不同的载波频率，一个2FSK信号可以看成是两个不同载波频率的OOK信号的叠加。

2FSK信号的产生方法主要有两种：一种可以采用模拟调频电路来实现；另一种可以采用键控法来实现，即在二进制基带信号的控制下通过开关电路对两个不同的独立频率信号进行选择，使其在每一个码元 T_s 期间输出 f_1 或 f_2 两个载波之一。这两种方法产生2FSK信号的差异在于：由调频法产生的2FSK信号在相邻码元之间的相位是连续变化的，而键控法产生的2FSK信号，是由选通开关在两个不同的频率信号之间转换形成，所以相邻码元之间相位不一定连续。

2FSK信号的常用解调方法采用包络检波和相干解调。其解调原理是将2FSK信号通过两种不同的滤波器分成上、下两路不同的2ASK信号分别进行解调，然后进行判决。这里的抽样判决是直接比较两路信号抽样值的大小，可以不专门设置门限。判决规则应与调制规则相协调，如果调制时规定"1"符号对应载波频率 f_1，则接收时上支路的样值较大，应判为"1"；反之则判为"0"。

3）相移键控的基本原理

二进制相移键控（Phase Shift Keying）可以简写为2PSK。二进制相移键控是利用载波的相位变化来表达不同信息的，而振幅和频率保持不变。在2PSK中，最常用载波相位0°和180°来表示调制信号1和0。

2PSK信号的调制原理与2ASK信号产生方法相比较，只是对 $S(t)$ 的要求不同，在2ASK中 $S(t)$ 是单极性的，而在2PSK中 $S(t)$ 是双极性的基带信号。

2PSK信号的解调通常采用相干解调法，在相干解调中，如何得到与接收的2PSK信号同频、同相的相干载波是个关键问题。

2. 正交振幅调制

1）基本原理

正交振幅调制（Quadrature Amplitude Modulation）简称为QAM，是指用两个正交的载波分别以幅移键控独立地传输两个数字信息的一种方法。它利用两个已调的载波信号在相同频带内的频谱正交特性，来实现两路并行的、独立的数字传输。从星座图的角度来说，这种方式将幅度与相位参数结合起来，充分地利用整个信号平面，将矢量端点重新合理地分布。因此，可以在不减小各端点位置最小距离的情况下，增加信号矢量的端点数目，提高系统的抗干扰能力。目前，正交振幅调制正得到日益广泛的应用。在QAM体制中，信号的振幅和相位作为两个独立的参量同时受到调制。

2）正交振幅调制信号的产生与解调

QAM信号可以看成是两路正交的信号的叠加，两路正交的2ASK信号的叠加组成4QAM信号，两路正交的4ASK信号的叠加组成16QAM信号，两路正交的8ASK信号叠加组成64QAM信号。基带信号与载波相乘得到相互正交的幅度键控信号，不同进制的正交的幅度键控信号相加得到不同进制的正交振幅键控信号。

QAM信号解调有两种方法，分别是包络检波和相干解调，本文用的是相干解调，输入信号和正交载波相乘后通过不同的低通滤波器得到不同路的输出波形。

3. 最小频移键控

不论是二进制相移键控还是多进制相移键控，其码元交替处载波相位都会发生突变，经过带宽受限的信道后，信号包络不再保持恒定。再经过非线性电路后，会发生频谱扩展现象，从而影响通信质量。几种信号只是突变的程度不同，偏置正交相移键控虽然消除了正交相移键控信号中的 π 相位突变，但是没有从根本上解决包络起伏问题。为了克服相移键控信号的这种缺陷，产生了连续相位频移键控的调制方式。这种连续相位频移键控既能保持包络恒定，又能保持已调波信号的相位连续，目前主要应用于卫星通信和移动通信中。

最小频移键控通常简写为 MSK，是上述连续相位频移键控的一种。MSK 是 2FSK 的一种特殊情况，它在相邻符号交界处相位保持连续，具有正交信号的最小频差，因此称为最小频移键控。

1）信号的产生

由 PN 码发生器产生二进制脉冲信息，经串并变换子系统变换后分成两路，经过第一个乘法器进行波形整形后再经过乘法器进行正交调相就完成了整个调制过程。

2）信号的解调

接收端首先进行相干解调，然后通过抽样判决器，最后再进行并串变换。

4. 数字调制系统的模型创建及仿真分析

1）2ASK 的仿真

（1）调制模块的仿真如图 6.5-25 所示，图符 0 是有一个电平为 0 的二进制随机信号，图符 1 是载波信号，载波信号与二进制随机信号相乘得到 2ASK 已调信号。

（2）解调模块采用包络检波方法，图符 19 为半波整流器，图符 8 和 9 组成抽样判决器，如图 6.5-26 所示。

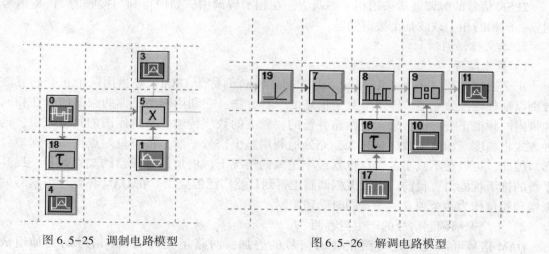

图 6.5-25　调制电路模型　　　　图 6.5-26　解调电路模型

（3）参数设置如表 6.5-1 所示。

表 6.5-1　参数设置表

图 符 编 号	库/图符名称	参　　数
3、4、11	Sink：Analysis	
0	Source：PN Seq	Amp=1V，Offset=1V，Rate=10Hz，Levels=2，Phase=0deg

续表

图符编号	库/图符名称	参　　数
16、18	Operator：Delay	Non-interpolating，Delay = 5. e-2sec
5	Multiplier	
1	Source：Sinusoid	Amp = 1V，Freq = 20Hz，Phase = 0deg
17	Source：Pulse Train	Amp = 1V，Freq = 10Hz，PulseW = 0.05，Offset = 0V，Phase = 0deg
10	Source：Step Fct	Amp = 0.1V，Start = 0sec，Offset = 0V
19	Function：Half Rctfy	Zero Point = 0V
7	Operator：Linear Sys	Butterworth Lowpass IIR，3 Poles，Fc = 10Hz
9	Operator：Compare	Comparison = ' > = '，True Output = 1V，False Output = -1V，A Input = t8 Output 0，B Input = t10 Output 0
8	Operator：Sample Hold	Ctrl Threshold = 0.05V

（4）仿真图形如图6.5-27~图6.5-29所示，已调信号功谱如图6.5-30所示。

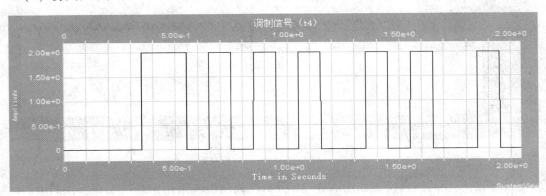

图6.5-27　调制信号波形

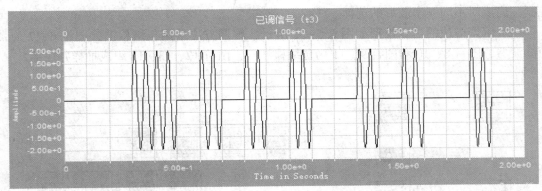

图6.5-28　已调信号波形

由图6.5-27~图6.5-29可以看出，调制波形和解调波形基本一致，说明滤波器的参数设置合理，滤波器滤波效果较好。上述系统参数设置并不唯一，可以根据系统需求更改幅度、频率和相位，达到预期的波形。振幅键控简单易懂，实现简单，但是它仅仅依靠振幅的变化来携带信息，而信道中有很多复杂的噪声和其他信号的干扰，这会对振幅键控造成很大的干扰，在解调端很容易因为这些干扰而发生错判，导致最终的接收信息出现错误。

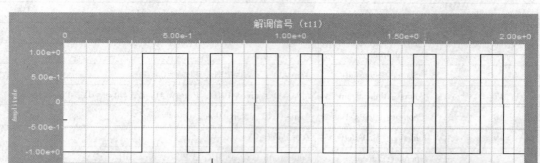

图 6.5-29 解调信号波形

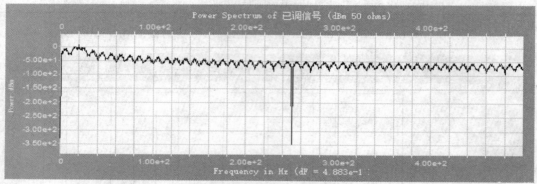

图 6.5-30 已调信号功率谱

2）2FSK 的仿真

（1）调制模块的仿真模型如图 6.5-31 所示，调制模块采用键控法实现。图符 0、1 为频率不同的载波信号，图符 2 为键控开关，图符 3 为二进制随机序列，图符 3 对图符 2 进行控制，完成对不同频率波形的选择。

（2）解调模块的仿真模型如图 6.5-32 所示，解调方法采用包络检波，图符 6、7 为带通滤波器，图符 8、10 和图符 9、11 为包络检波器，图符 12、13、18 组成抽样判决器。

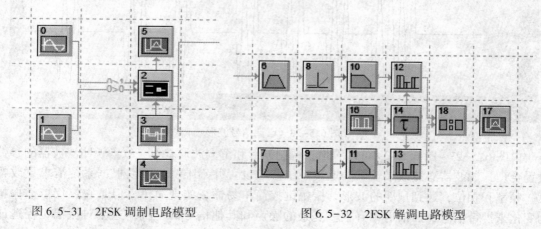

图 6.5-31 2FSK 调制电路模型   图 6.5-32 2FSK 解调电路模型

（3）解调模块的仿真模型的参数设置如表 6.5-2 所示。

表 6.5-2 参数设置表

图 符 编 号	库/图符名称	参 数
0	Source：Sinusoid	Amp = 1V，Freq = 65Hz，Phase = 0deg
1	Source：Sinusoid	Amp = 1V，Freq = 35Hz，Phase = 0deg
4、5、17	Sink：Analysis	
2	Logic：SPDT	Switch Delay = 0sec，Threshold = 0.5V，Input 0 = t1 Output 0，Input 1 = t0 Output 0，Control = t3 Output 0，Max Rate = 1000Hz
3	Source：PN Seq	Amp = 1V，Offset = 0V，Rate – 10Hz，Levels = 2，Phase = 0deg，Max Rate = 1000Hz
16	Source：Pulse Train	Amp = 1V，Freq = 10Hz，PulseW = 0.05sec，Offset = 0V，Phase = 0deg，Max Rate = 1kHz
6	Operator：Linear Sys	Butterworth Bandpass IIR，3Poles，Low Fc = 50Hz，Hi Fc = 80Hz
7	Operator：Linear Sys	Butterworth Bandpass IIR，3Poles，Low Fc = 20Hz，Hi Fc = 50Hz
8、9	Function：Half Rctfy	Zero Point = 0V
10、11	Operator：Linear Sys	Butterworth lowpass IIR，3Poles，Fc = 12Hz
12、13	Operator：Sample Hold	Ctrl Threshold = 0.1V
14	Operator：Delay	Non–Interpolating，Delay = 0.05sec
18	Operator：Compare	Comparison = '>='，True Output = 1V，False Output = –1V，A Input = t12 Output 0，B Input = t13 Output 0

（4）解调模块的仿真波形如图 6.5-33~图 6.5-35 所示，已调信号功率谱如图 6.5-36 所示。

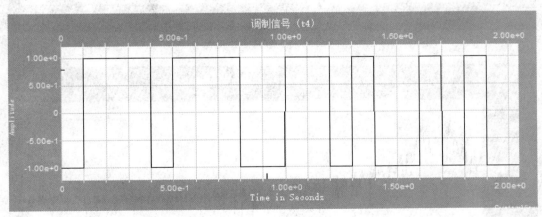

图 6.5-33 调制信号波形

由图 6.5-33~图 6.5-35 图形可以看出，仿真系统参数设置比较合理，解调波形几乎和输入调制波形一致。频移键控相对于振幅键控已经改善了很多，它的抗干扰性能也更好。频移键控依靠信号频率携带信息，不同的基带码元信号有不同频率的信号表示，这样的方式相比于使用幅度携带信息要可靠得多，但是如果干扰稍强的话还是会对接收产生一定的影响。由于频移键控的相位可能不是连续的，它在通过带通特性的电路时，会受到频带宽度的限制，信号波形的包络会出现较大的起伏，这是不希望看到的。

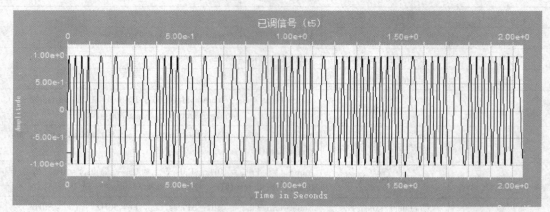

图 6.5-34　已调信号波形

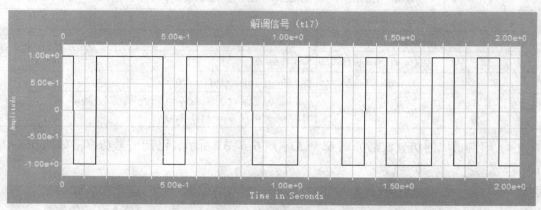

图 6.5-35　解调信号波形

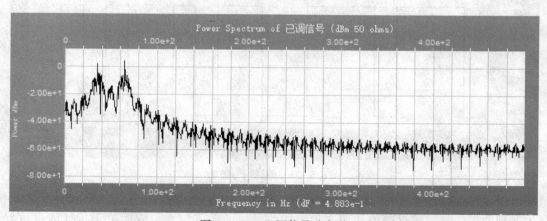

图 6.5-36　已调信号功率谱

3）2PSK 的仿真

（1）调制部分采用二进制信号与载波相乘的方式得到调制波形，图符 1 和 2 分别是输入信号和载波信号。调制模块的仿真模型如图 6.5-37 所示。

（2）解调方法采用的是相干解调，由于 2PSK 是抑制载波的双边带信号，不存在载波分量，所以必须通过非线性变换来产生载波频率分量，产生载波的电路采用科斯塔斯环。解调模块的电路仿真模型如图 6.5-38 所示，图符 14 是科斯塔斯环，产生本地载波，与已调信号相乘进行相干解调，图符 9、10 组成抽样判决器，最后输出解调波形。

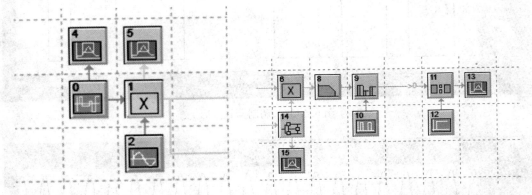

图 6.5-37　2PSK 调制电路模型　　　　图 6.5-38　2PSK 解调电路模型

（3）电路仿真模型的参数设置如表 6.5-3 所示。

表 6.5-3　参数设置表

图 符 编 号	库/图符名称	参　数
4、5、13、15	Sink：Analysis	
0	Source：PN Seq	Amp＝1V，Offset＝0V，Rate＝10Hz，Levels＝2，Phase＝0deg
2	Source：Sinusoid	Amp＝1V，Freq＝10Hz，Phase＝0deg
10	Source：Pulse Train	Amp＝1V，Freq＝10Hz，PulseW＝0.05s，Offset＝0.06，Phase＝0deg
12	Source：Step Fct	Amp＝0V，Start＝0s，Offset＝0V，Phase＝0deg
1，6	Multiplier	
14	Comm：Costas	VCO Freq＝10Hz，VCO Phase＝0deg，Mod Gain＝2Hz/V，LoopFltr＝$1+1/s+0/s\hat{}2$，Output0＝Baseband InPhase，OutputOutput 1＝Baseband Quadrature，Output 2＝VCO InPhase，Output 3＝VCO Quadrature t6 t15
8	Operator：Linear Sys	Butterworth Lowpass IIR，3Poles，Fc＝12Hz
9	Operator：Sample Hold	Ctrl Threshold＝0.1V，Signal＝t8 Output 0，Control＝t10，Output 0
11	Operator：Compare	Comparison＝'＞＝'，True Output＝1V，False Output＝0V，A Input＝t9 Output 0，B Input＝t12 Output 0

（4）电路仿真模型的仿真波形如图 6.5-39 ~ 图 6.5-42 所示，已调信号频谱如图 6.5-43 所示。

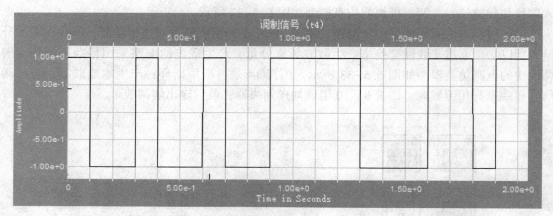

图 6.5-39　调制信号波形

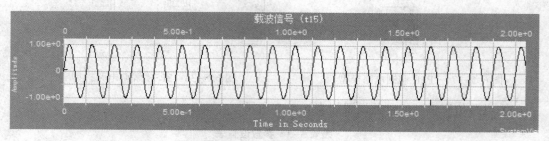

图 6.5-40　载波信号波形

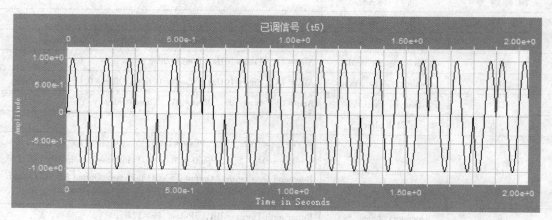

图 6.5-41　已调信号波形

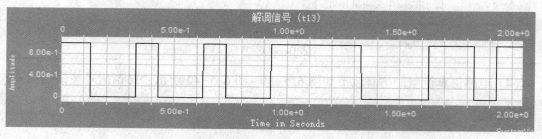

图 6.5-42　解调信号波形

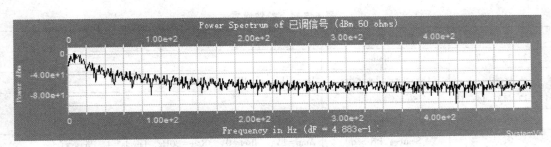

图 6.5-43 已调信号频谱

由图 6.5-39~图 6.5-42 波形可以看出，系统参数设置合理，波形清晰，解调波形和调制波形几乎是一致的，已调波形的相位信息也没有错误。相移键控是这三种键控调制方式中抗干扰性能最好的，它是一种依靠相位携带信息的调制方式，不同码元信号的波形除了初始相位不同，其他都相同，而相位在传输中受干扰的可能性和程度都较小，因而可靠性较好。但是，相移键控的解调端本地载波恢复过程中有可能出现 180° 的相位模糊，这可能会使解调后的基带信号波形与输入基带信号波形相反，这使得相移键控在实际中很少使用。

4）QAM 的仿真

（1）调制模块的仿真如图 6.5-44 所示，根据调制和解调方框图设计仿真系统，图符 0 和 1 是基带信号，图符 4 是三角函数信号，基带信号分别与相互正交的正弦和余弦信号相乘得到相互正交的幅度键控信号，最后两个信号叠加得到正交振幅调制信号。

（2）解调模块的仿真采用相干解调，图符 6、7 和 8 组成相干解调，图符 9 和 10 为低通滤波器，解调模块的仿真模型如图 6.5-45 所示。

（3）完整的 QAM 调制解调系统仿真模型如图 6.5-46 所示。

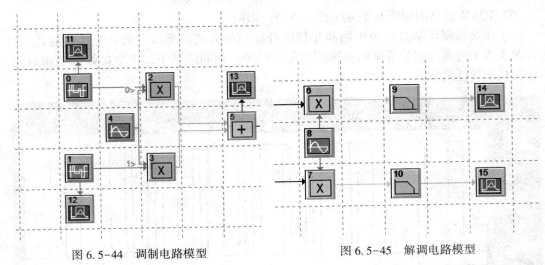

图 6.5-44 调制电路模型　　　　　　　图 6.5-45 解调电路模型

（4）QAM 仿真系统的参数设置以 16QAM 为例，参数设置如表 6.5-4 所示，其中可以通过改变输入序列的进制来得到不同进制的 QAM 信号。系统时间设置为 1.5s，采样点数为 30001，采样率为 20000。

表 6.5-4　参数设置表

图符编号	库/图符名称	参　数
2、3、6、7	Multiplier	
9、10	Operator：Linear Sys	Bessel Lowpass IIR，3 Poles，Fc = 200Hz
11、12、13、14、15	Sink：Analysis	
5	Adder	
0、1	Source：PN Seq	Amp = 1V，Offset = 0V，Rate = 30Hz，Levels = 4，Phase = 0deg
4、8	Source：Sinusoid	Amp = 1V，Freq = 1000Hz，Phase = 0deg

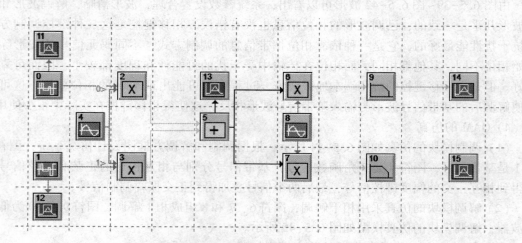

图 6.5-46　QAM 调制解调系统模型

（5）4QAM 仿真图如图 6.5-47~图 6.5-51 所示。

由于正交振幅调制是一种振幅和相位联合键控的方式，所以它的抗干扰性能比较好。它改善了由于提高进制数带来的抗噪声容限的减少，相同进制下，正交振幅调制相对于相移键控抗干扰性能更强。

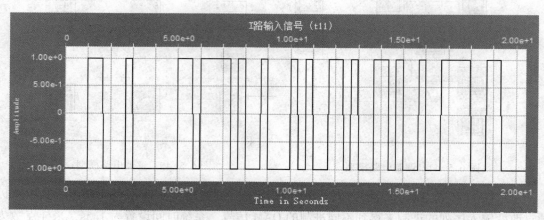

图 6.5-47　I 路输入信号波形

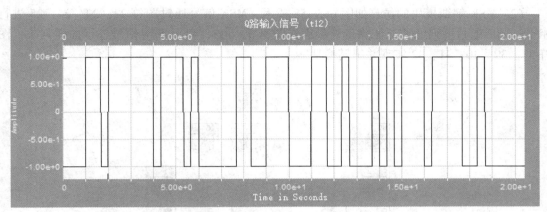

图 6.5-48　Q 路输入信号波形

图 6.5-49　已调信号波形

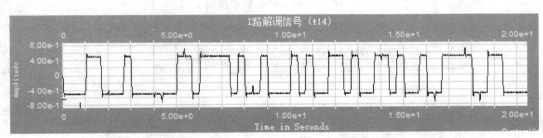

图 6.5-50　I 路解调信号波形

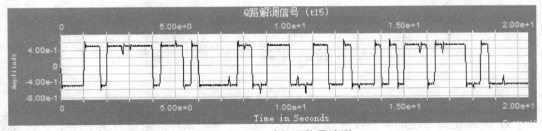

图 6.5-51　Q 路解调信号波形

5）MSK 的仿真

（1）MSK 调制模块的仿真如图 6.5-52 所示，图符 0 为二进制随机信号发生器，经过图符 1 后变成两路并行信号，图符 11、16、13 对两路信号进行整形，图符 15、17、14 对整形后的图形进行正交调制，然后图符 18 将两路信号相加得到 MSK 信号。

（2）MSK 解调模块的仿真如图 6.5-53 所示，MSK 信号通过图符 22、23、24、25 进行相干解调后通过低通滤波器滤除带外噪声，图符 32、33、44、45 对信号进行抽样判决，图符 37、39、40、41、42 实现并串转换功能。

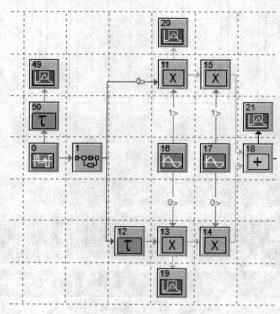

图 6.5-52　MSK 调制模块

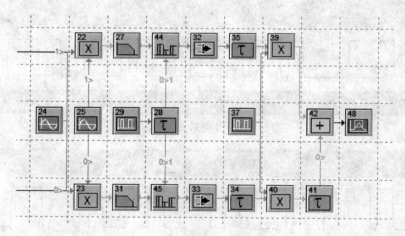

图 6.5-53　MSK 解调模块

（3）MSK 仿真系统的参数设置如表 6.5-5 所示，系统采样点数设置为 2048，采样频率设置为 500Hz。

表 6.5-5　MSK 系统的参数设置

图 符 编 号	库/图符名称	参　　数
19、20、21、48、49	Sink：Analysis	

续表

图 符 编 号	库/图符名称	参 数
50	Operator：Delay	Non−Interpolating，Delay＝0.4s
6、7、12、41	Operator：Delay	Non−Interpolating，Delay＝0.1s
28、34	Operator：Delay	Non−Interpolating，Delay＝0.05s
35	Operator：Delay	Non−Interpolating，Delay＝0.25s
0	Source：PN Seq	Amp＝1V，Offset＝0V，Rate＝10Hz，Levels＝2，Phase＝0deg
1	Metasystem	
11、13、14、15、22、23、39、40	Multiplier	
18、42	Adder	
16、24	Source：Sinusoid	Amp＝1V，Freq＝25Hz，Phase＝0deg
17、25	Source：Sinusoid	Amp＝1V，Freq＝20Hz，Phase＝0deg
29、37	Source：Pulse Train	Amp＝1V，Freq＝5Hz，PulseW＝0.1sec Offset＝0V，Phase＝0deg
27、31	Operator：Linear Sys	Bessel LowpassIIR，Fc＝6Hz，3Poles
3、10、44、45	Operator：Sample Hold	Ctrl Threshold＝0V
33	Logic：AnaCmp	Gate Delay＝0s，True Output＝1V，False Output＝−1V，Input＝t45 Output 0，Input−＝None
32	Logic：AnaCmp	Gate Delay＝0s，True Output＝1V，False Output＝−1V，Input＝t45 Output 0，Input−＝None
4、5	Source：Pulse Train	Amp＝1V，Freq＝5Hz，PulseW＝0.001s Offset＝−0.5V，Phase＝0deg
2	Meta I/O：Meta In	
8、9	Meta I/O：Meta Out	

（4）MSK仿真系统的仿真波形如图6.5−54～图6.5−58所示，已调信号功率谱如图6.5−59所示。

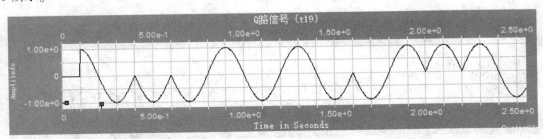

图6.5−54　Q路信号波形

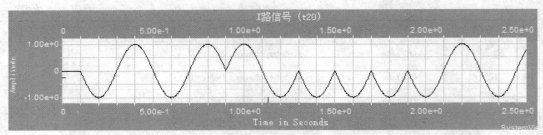

图 6.5-55 Ⅰ路信号波形

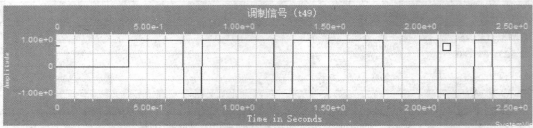

图 6.5-56 调制信号波形

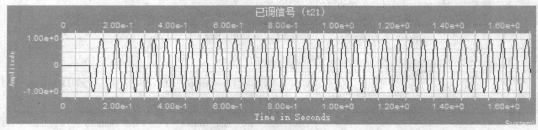

图 6.5-57 已调信号波形

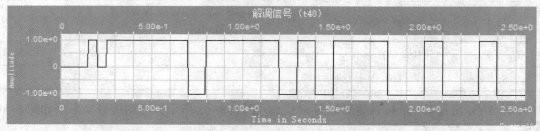

图 6.5-58 解调信号波形

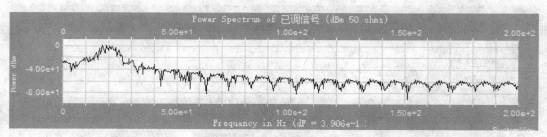

图 6.5-59 已调信号功率谱

　　由图 6.5-54~图 6.5-58 图形可以看出，系统调制、解调性能良好，参数设置合理，最小频移键控已调信号波形的相位是连续的，它的频带利用率比 2FSK 高，在通过带通特性的电路后信号波形不会出现由于频带限制导致的起伏，它的抗干扰性能应该是比较高的，在现代通信中应用广泛。

　　综合各方面可以看出，传统的数字带通调制有很多的缺陷，它们不能适应通信的需要，适用的范围很小，而新型的数字带通调制技术改善了传统调制方式的一些缺陷，能够适应复杂的信道环境，抗干扰性能更强，因而使用范围更加广泛。

参 考 文 献

[1] 张红琴，王云松. 电子工艺与实训(第 2 版)[M]. 北京：机械工业出版社，2018.

[2] 李凤祥. 电工电子工程实训技术[M]. 北京：机械工业出版社，2016.

[3] 刘佳琪，高敬鹏. Altium Designer 15 原理图与 PCB 设计教程[M]. 北京：机械工业出版社，2016.

[4] 李瑞，闫聪聪. Altium Designer 14 电路设计基础与实例教程[M]. 北京：机械工业出版社，2015.

[5] 胡寿松. 自动控制原理(第四版)[M]. 北京：科学出版社，2001.

[6] 王素青. 自动控制原理实验与实践[M]. 北京：国防工业出版社，2015.

[7] 赵文杰. Multisim 仿真实验在电路分析中的应用[J]. 北京：电子制作，2020(01).

[8] 孙屹，戴妍峰. SystemView 通信仿真开发手册[M]. 北京：国防工业出版社，2004.

[9] 李朝青. 单片机原理及接口技术(简明修订版)[M]. 北京：北京航空航天大学出版社，1999.

[10] 陈忠平，曹巧媛，曹琳琳. 单片机原理及接口[M]. 北京：电子工业出版社，2011.